水生态修复与水利工程施工技术管理研究

王　振　单发磊　刘春秀　著

吉林科学技术出版社

图书在版编目（CIP）数据

水生态修复与水利工程施工技术管理研究 / 王振，单发磊，刘春秀著. -- 长春 : 吉林科学技术出版社，2024.3

ISBN 978-7-5744-1114-2

Ⅰ. ①水… Ⅱ. ①王… ②单… ③刘… Ⅲ. ①水环境－生态恢复②水利工程－工程施工 Ⅳ. ①X171.4 ②TV52

中国国家版本馆 CIP 数据核字(2024)第 059490 号

水生态修复与水利工程施工技术管理研究

著　王　振　单发磊　刘春秀
出 版 人　宛　霞
责任编辑　郝沛龙
封面设计　南昌德昭文化传媒有限公司
制　　版　南昌德昭文化传媒有限公司
幅面尺寸　185mm×260mm
开　　本　16
字　　数　325 千字
印　　张　14.5
印　　数　1~1500 册
版　　次　2024年3月第1版
印　　次　2024年12月第1次印刷

出　　版　吉林科学技术出版社
发　　行　吉林科学技术出版社
地　　址　长春市福祉大路5788 号出版大厦A 座
邮　　编　130118
发行部电话/传真　0431-81629529 81629530 81629531
81629532 81629533 81629534
储运部电话　0431-86059116
编辑部电话　0431-81629510
印　　刷　三河市嵩川印刷有限公司

书　　号　ISBN 978-7-5744-1114-2
定　　价　66.00元

前 言

随着全球科技的进步，人类活动的频繁和社会经济增长模式的转变，水资源的开发利用达到了前所未有的强度，水生态环境遭到了严重破坏。而与此同时，随着生活水平的提高，人们对绿色健康生活品质的追求，使得水生态环境这一问题日益引起人们的关注，水生态环境修复技术的研究刻不容缓。针对水利施工工程来说，要正确认识施工行为与实际生态设计之间的关系，树立生态文明意识，采取有效的工程管理机制，然后引导实际的施工行为与生态系统保护，生态系统修复之间处于和谐的状态，这样才能够使得实际水利施工工程进入到持续发展的状态。水利工程施工建设的目的是开展防洪蓄洪工作，具体的施工项目包括兴建水库、大坝施工、护坡建设工作等多个环节。这属于城市基础设施建设工作中的关键一环，基于新时期城市化进展进程的重点任务就是节约资源及爱惜环境。因此，如何在水利施工工作中科学运用生态修复技术，从而达到保持水土的目的，就是目前工作的难点所在。

本书是水生态与水利工程方向的书籍，主要研究水生态修复与水利工程施工技术管理，本书从水生态修复概述入手，针对生境修复与生物多样性保护技术、河流生态治理和修复技术体系、湖泊生态保护与修复技术体系进行了分析研究；另外对水利工程施工导流与地基处理、水库大坝混凝土生产施工与养护修理、水利工程质量与进度管理、水利工程施工安全与环境安全管理做了一定的介绍；还对水利工程与生态环境建设提出了一些建议；本书结构合理，条理清晰，内容丰富新颖，是一本值得学习研究的著作，可供从事水生态修复与水利工程的相关人员参考使用。

作者在写作本书的过程中，借鉴了许多前人的研究成果，在此表示衷心的感谢！由于水生态修复和水利工程的应用范畴比较广，需要探索的层面比较深，作者在撰写的过程中难免会存在一定的不足，对一些相关问题的研究不透彻，提出的水利工程施工技术手段也有一定的局限性，恳请前辈、同行以及广大读者斧正。

《水生态修复与水利工程施工技术管理研究》
审读委员会

目 录

第一章　水生态修复概述

第一节　水生态系统及其保护与修复

一、水生态系统概述

（一）淡水生态系统及构成

生态系统是由植物、动物和微生物及其群落与无机环境相互作用而构成的一个动态、复杂功能单元。本书所指的水生态系统为淡水生态系统。

淡水生态系统是由植物、动物和微生物及其群落与淡水、近岸环境相互作用组成的开放、动态的复杂功能单元。一般认为，淡水生态系统的范围包括河道、河漫滩、湖泊、湖滨带、水库以及湿地沼泽等。

淡水生态系统作为地球生态系统的一个分支，是地球表面各类水域生态系统的总称。水生态系统的结构是由非生命与生命系统两部分组成。前者是指生物赖以生存所必需的基本条件，主要包括以水为主体的非生物环境，包括碳、氧、氮等无机物；后者是指动物、植物和微生物等，包括：

1．生产者

是能以简单的无机物制造食物的自养生物，主要包括陆地植物和水生植物。

2. 消费者

直接依赖于生产者所制造的有机物质，属于异养生物。

3. 分解者

也属于异养生物，其作用是把动植物残体、复杂的有机物分解为简单的无机物，并释放出能量。水生态系统中的生产者、消费者、分解者构成了生态系统中的食物链和生态链，以水为主体的非生物环境则是水生态系统的能量供给者和动植物生存的载体。

（二）水生态系统的四个过程

水生态系统的四个过程包括水文过程、地貌过程、物理化学过程和生物过程。

1. 水文过程

水生态系统的完整性依赖于自然水文条件的动态性。自然水文过程在维持生物多样性和生态系统完整性方面发挥了至关重要的作用。很多物种的生活史过程需要自然水文过程在不同季节提供多种类型的栖息地。然而，由于受人类活动、气候变化等人或自然因素的影响，自然水文过程遭到不同程度的改变。

导致对水生态系统造成了一系列负面影响。因此，水文过程调查分析的目的在于：评估当前水文过程偏离自然水文过程的程度，识别改变程度较大的水文指标，基于这些水文指标与水生态影响之间的相关关系预测可能产生的生态效应，指导水生态保护与修复。

2. 地貌过程

地貌过程是指地表物质在力的作用下被侵蚀、转移和堆积的过程。决定这一过程的实质是地表作用力和抵抗力的对比关系。侵蚀地貌过程是在溯源侵蚀、下蚀和侧蚀共同作用下形成的；转移地貌过程是泥沙在水体中的转移过程；堆积地貌过程则是泥沙在水体搬运能力减弱的情况下发生淤积的过程。地貌过程是形成水系形态的主要因素。地貌为水生态系统的各种生态过程提供了物理基础，通过多种类型的塑造作用，形成了不同的生物栖息地特点。

3. 物理化学过程

水质物理量测参数包括流量、温度、电导率、悬移质、浊度、颜色。水质化学量测参数包括 pH 值、碱度、硬度、盐度、生化需氧量、溶解氧、有机碳等。其他水化学主要控制指标包括阴离子、阳离子、营养物质等（磷酸盐、硝酸盐、亚硝酸盐、氨、硅）。如果水体的化学和物理性质不适宜，就无法确保健康的生态系统。应横向和纵向地审视水体的物理和化学过程。横向角度指流域对水质的影响，特别要注意沿岸地区对水质的影响；纵向角度则指考虑水体水动力学特征变化对水质的影响。

4. 生物过程

生活在水域及周边的生物群落，既包括淡水水生生物，也包括滨水带及其周围的陆生生物，其生命现象和生物学过程与栖息地特征密切相关。生物过程主要指生物群落的于栖息地众多因子变化的响应，以及生命系统与非生命系统之间的交互作用。

（三）水生态系统的服务功能

生态系统服务是指生态系统与生态过程所形成及维持的人类赖以生存的自然环境条件与效用。生态系统服务功能是人类生存与现代文明的基础，它不但为人类提供食物、药品和工农业所需原料，更重要的是支撑与维系了地球生命支持系统。它的概念是随着对生态系统结构、功能及其生态过程的深入研究而逐渐提出并不断发展的，是人类从生态系统获得的所有惠益，包括供给服务（如提供食物和水）、调节服务（如控制洪水和疾病）、文化服务（如精神、娱乐和文化收益）以及支持服务（如维持地球生命生存环境的养分循环）。

水生态系统服务功能也包括提供产品、调节、文化和支持四大功能。其中，产品提供功能是指生态系统生产或提供的产品；调节功能是指调节人类生态环境的生态系统服务功能；文化功能是指人们通过精神感受、知识获取、主观映像、消遣娱乐和美学体验从生态系统中获得的非物质利益；支持功能是指保证其他所有生态系统服务功能提供所必需的基础功能。与产品提供功能、调节功能和文化服务功能不同的是，支持功能对人类的影响是间接的，或通过较长时间才能发挥作用，而其他类型的服务则是相对直接的或快速发挥作用。淡水生态系统的服务功能具体详见表 1–1。

表 1–1　水生态系统的服务功能

功能区域	提供产品功能				调节功能				文化功能		支持功能			
	供水	供给水产品	水力发电	航运	调节大气组分	调蓄洪水	输沙功能	调节气候	旅游服务	科研服务	净化水质	涵养水源	保护生物多样性	保护土壤
湖泊	√	√	—	—	√	√	—	√	√	√	√	√	√	√
河流	√	√	√	√	√	√	√	√	√	√	√	√	√	—

水生态系统不仅为人类提供了食品、医药、水及其他生产生活原料，还创造并维持了全球生态支持系统，形成了人类生存所必需的环境条件。水生态系统服务功能的内涵除了包括有机质的合成与生产外，还包括保护生物多样性、调节气候和大气、水质净化、调蓄洪水、营养物质贮存与循环、基因库等。其具体内涵如下：

1. 保护生物多样性

生物多样性是指从分子到景观各种层次生命形态的集合。水生态系统不仅为各类生物物种提供繁衍生息的场所，而且还为生物进化及生物多样性的产生与形成提供了条件。

2. 调节气候与大气

水生态系统通过水汽循环起到调节气候的作用。水生态系统中的绿色植物通过光合作用释放氧气，同时固定大气中的二氧化碳，从而保证了生命活动必需的氧气含量和基本气候条件。此外，部分水生植物还具有吸收空气中有害气体的功能，而水体自身还具有一定的吸附粉尘及微生物的空气净化能力。

3．水质净化

水生态系统具有削减污染物的作用。生活生产废污水进入水生态系统后，首先被稀释，而后通过水生植物的吸附、吸收作用，及水中微生物的分解作用，被消纳降解。河流湖泊中的各种水生植物（包括挺水、浮水、沉水植物）能够有效吸收污染物，许多植物组织能够富集浓度比周围水体高出10万倍以上的重金属，从而净化水质，降解污染。而河流生态系统中，由于水流速度不同，在水流速度趋缓处，水中悬浮的固体物质沉降下来，部分污染物黏结在沉积物上随之沉积，加速了污染物降解过程。

4．调蓄洪水

蓄积洪水水量、调节洪峰是水库、湖泊、河流等生态系统的重要服务功能。以洞庭湖为例，洞庭湖是调蓄长江中游干、支流洪水的重要的天然水库。

5．营养物质贮存与循环

河流湖泊通过自身生态系统的营养循环完成氮、碳、磷等大量营养元素在水体与大气、土壤等介质的交换。以氮循环的过程为例，水中动植物的尸体及水生生物的排泄物等有机氮经细菌等微生物的分解成为铵态氮（NH_4）、分子态氨（NH_3）、硝态氮（NO_3）和亚硝态氮（NO_2）等无机氮，或一部分经脱氮细菌的分解变成氮气挥发到空气中，而大气中的氮气经雷雨以硝态氮的形式进入水体，而硝态氮可以被水中的藻类或其他水生植物吸收利用转化为有机氮。

6．基因库

由于水生态系统同时具有陆地与水体两种生存环境，因此水生态系统同时兼具丰富的陆生和水生动植物资源，形成了单一生态系统无法比拟的天然基因库，其水文、土壤和气候造就了复杂且完备的动植物群落，同时形成了复杂的基因库。

7．景观文化

自古以来人们依水而居，随水而耕，以水溉田，人们亲水近水的天性，始终伴随着社会发展而不断延续，形成了以各种载体表达的水文化。同时，伴随社会现代化的进程，人们对水域空间的景观和休闲娱乐功能的要求不断提高。改善水域空间的景观，提高文化底蕴，为居民提供安全、舒适的亲水环境，成为当前水生态文明建设的一个重要目标。

二、水生态保护与修复

（一）水生态保护与修复概述

水生态保护与修复的基本内容有两部分，即保护水生态和修复水生态系统。保护和修复相互推进，保护推动修复，修复促进保护。其一，保护水生态包括保护水量水质，防治水污染，使其质量不再下降。同时保护水系和河流的自然形态，保护水中生物及其多样性，保护水生生物群落结构，保护本地历史物种、特有物种、珍稀濒危物种，保护生物栖息地。此外，还要注意保护水文化。其二，对已经退化或受到损害的水生态采取工程技术措施进行修复，遏制退化趋势，使其转向良性循环。水生态保护和修复的工程技术措施应是综合性的，可利用现有的各类工程技术措施，进行合理选配。目的是要起到削减污染物产生量和进入水体量、提高水体自净能力的作用，增加水环境容量，改善水质，使水生态进入良性循环。同时要有相应的保障措施配套，确保工程技术措施的全面实施，发挥其最大的水生态保护与修复效果。

按照国际生态恢复学会的定义，生态修复是帮助研究和管理原生生态系统的完整性的过程，这种完整性包括生物多样性的临界变化范围、生态系统结构和过程、区域和历史状况以及可持续的社会实践等。

河湖生态修复是指在充分发挥系统自修复功能的基础上，采取工程与非工程措施，促使水生态系统恢复到较为自然的状态，改善其生态完整性和可持续性的一种生态保护行动。其任务有四大项：①水质改善；②水文情势改善；③河流地貌景观修复；④生物群落多样性的维持与恢复。总的目的是改善河湖生态系统的结构、功能和过程，使之趋于自然化。

（二）水生态保护与修复的原则

水生态修复应遵循自然规律和经济规律，既重视生态效益，也讲求社会经济效益。其目标和内容应体现水资源开发利用与生态环境相结合；人工适度干预与自然界自我修复相结合；工程措施和非工程措施相结合。生态效益的重点放在水质改善、自然界水文情势和河流自然地貌形态修复。应遵循产出效益最大化和投入成本最小化的一般经济原则，采取负反馈分析规划设计方法，统筹兼顾，因地制宜。应遵循如下原则：

第一，水生态保护与修复与社会经济协调发展；

第二，生态效益与社会经济效益相统一；

第三，恢复河流自然地貌形态和自然水文情势；

第四，投入最小化和生态效益最大化；

第五，发挥生态系统自我修复功能；

第六，工程措施与非工程措施相结合；

第七，遵循负反馈调节设计原则。

（三）水生态保护与修复的必要性及意义

1. 水生态保护与修复是维持水生态系统功能正常发挥的有效手段

水生态保护与修复的根本目的是通过一系列工程与非工程措施（如生态保护立法、执法、流域综合管理等），使水生态系统的四个过程因子得以改善，即水质和水文情势改善、河湖地貌景观修复、生物群落多样性的维持与恢复，从而改善河湖生态系统的结构、功能和过程，使之趋于自然化。由此可见，水生态保护与修复是维持水生态系统功能正常发挥的有效手段。

2. 水生态保护与修复是经济社会高度发展的必然要求

区域经济的高速发展，水和水生态系统是重要的基础支撑和保障，一个持续发展的社会，不仅表现在经济发展的可持续性，而且应包括水资源、水生态环境的可持续性。在区域经济发展到现阶段，人水关系已由片面追求对河湖资源功能的工具化开发利用向尊重自然、尊重其价值，体现人水和谐的本体价值的转变，这也是经济社会发展的必然结果。

3. 水生态保护与修复是水利工程建设发展新阶段的必然

随着经济社会发展，生产力水平提高，在科学发展观的指导下，对水利建设的内容和水资源开发利用与管理，赋予了崭新的内涵，从理念和实践上要求实现根本转型，即从传统水利向资源水利和现代水利转变。在遵从河湖自然客观规律的前提下，顺应经济发展要求，发挥人的主观能动性，有意识地将人水和谐理念，贯穿于水利建设全过程，达到支撑经济发展、人与自然和谐、实现河湖的健康可持续发展目标，而不以牺牲子孙后代的发展条件为代价来求得眼前的发展。所以说，水生态保护与修复是对水利工程规划、设计、建设的进一步补充和优化，也是对水利工程、水资源保护工作的有力推动，更是促进防洪保障，强化水资源优化管理，满足社会生态改善，环境优化的需要，是现代水利工作内涵的外延和拓展。

4. 水生态保护与修复是现代社会以人为本，人与水自然和谐共处的迫切要求

进入 21 世纪，经济社会将进入一个持续稳定发展的新时期，应强化河湖水网的总体构建，改善河湖综合条件，提高防洪保障，抵御洪涝风险的能力；把水资源保护和水污染防治提到支撑经济社会可持续发展的高度；建设生态河湖，恢复利用河湖自净能力，隔断污染对水体的侵害；保护和恢复河湖的自然多样性特征，恢复和重建其水生态系统；尽可能保持河湖自然特性，营建优美水边环境，提供丰富自然的亲水空间，构建现代水系统与风景旅游生态城市建设适应性；对河湖的开发治理考虑其生态的可持续性和区域经济的可持续发展。水生态保护与修复是对前期不合理开发和利用的补偿，也是持续利用河湖的保障，促进水生态系统的稳定和良性发展。

第二节　水生态保护与修复技术简述

一、水环境污染治理技术

水环境污染治理技术是一种典型的水质改善技术，包括以过滤为手段的下凹式绿地技术、透水铺装技术、砂滤技术和土壤渗滤技术；以增氧为手段的人工曝气增氧技术、跌水曝气技术；以强化生物作用为手段的生物强化技术、生物膜技术；以自然作用为手段的稳定塘技术、雨水利用塘技术、生物景观塘技术、人工湿地技术、前置库技术和生

态浮床技术；以植物拦截为手段的缓冲带技术、生态沟渠技术。

（一）下凹式绿地技术

下凹式绿地是一种生态的雨水渗透设施，它既可以设置在城区范围内的建筑物、街道、广场等不透水的地面周边，用于收集蓄渗小面积汇水区域的径流雨水，又能在立交桥附近、市郊等空旷区域大规模应用，从而提高立交桥及整个城市的防洪能力。

（二）透水铺装技术

透水铺装由一系列与外部空气相连通的多孔结构形成的骨架，同时又能满足路面及铺地强度和耐久性要求的地面铺装。所采用的透水砖由多种级配的骨料、水泥、外加剂和水等经特定工艺制成，其骨料间以点接触形成混凝土骨架，骨料周围包裹一层均匀的水泥浆薄膜，骨料颗粒通过硬化的水泥浆薄层胶结而成多孔的堆聚结构，内部形成大量的连通孔隙。其好处是：①雨水能够迅速地渗入地下，补给地下水。同时，减少路面积水，大大减轻排水系统的压力，也减少了对自然水体的污染；②提高地表的透气、透水性，保持土壤湿度，改善城市地表生态平衡及铺装地面以下的动植物及微生物的生存空间；③吸收车辆行驶时产生的噪声，创造安静舒适的交通环境；④下垫层土壤中丰富的毛细水可以通过自然蒸发作用（透水性铺装的多孔构造同样是水蒸发的通道），降低铺装表面的温度，进而缓解了城市热岛效应。

（三）砂滤技术

砂滤技术是一种通过砂、有机质、土壤等的过滤作用来达到径流污染控制目的的技术，主要作用是截留水中的大粒径固体颗粒和胶体，使水澄清。根据滤料性质和所处位置可分为表面砂滤池、地下式砂滤池、周边型砂滤池等类型。

（四）土壤渗滤技术

土壤渗滤技术，也称土地处理系统，是一种就地污水处理技术。它充分利用土壤的物理、化学特性以及土壤一微生物一动物一植物等构成的生态系统自我调控机制和对污染物的综合净化功能，吸附、微生物降解、硝化反硝化、过滤、吸收、氧化还原等多种作用过程同时起作用，实现污水资源化与无害化。该技术由于利用了土壤的自然净化能力，因而具有基建投资低、运行费用少、操作管理简便等优点，另外还具有无臭味、不滋生蚊蝇等优点。

（五）人工曝气增氧技术

人工曝气增氧技术是通过机械作用鼓风、压缩空气进入水体的方式对水体进行充氧曝气。其充氧效率高、选择灵活，但耗能高、维护管理要求高，多用于黑臭河道治理、人工湖、公园水体等净化和景观中。

（六）跌水曝气技术

跌水曝气是指利用河床比降形成的落差或者使用潜水泵提升水体，使水体从高处自由跌落，跌落的同时携带一定的空气跌入下层水体中，被带入水中的空气以气泡形式与水面下层水体充分接触，气泡破裂后，为下层水体富氧。相对于人工曝气，该技术充氧效率低、能耗低，维护管理简单。

（七）生物强化技术

生物强化技术是指在生物处理系统中，通过投加具有特定功能的微生物、营养物或基质类似物，增强处理系统对特定污染物的降解能力、提高降解速率、达到有效净化水质的目的。生物强化技术比一般的废水生物治理方法对目标污染物的去除更有针对性，效果更佳，表现出很好的应用前景。

（八）生物膜技术

生物膜技术是依靠固定于载体表面上的微生物膜来净化水质。由于微生物细胞几乎能在水环境中任何适宜的载体表面牢固地附着、生长和繁殖，由细胞内向外伸展的胞外多聚物使微生物细胞形成纤维桩的缠结结构，可利用生物膜附着在载体的表面，在膜的表面上和一定深度的内部生长繁殖着大量的微生物及微型动物，并形成由有机污染物→细菌→原生动物（后生动物）组成的食物链。污水在流过载体表面时，污水中的有机污染物被生物膜中的微生物吸附，并通过氧向生物膜内部扩散，在膜中发生生物氧化等作用，从而完成对有机物的降解。生物膜载体是该项技术的核心。

（九）稳定塘技术

稳定塘是一种利用天然净化能力的生物处理构筑物的总称，主要利用菌藻的共同作用处理废水中的有机物。稳定塘技术在面源汇集、截留净化等方面具有重要作用，可调蓄水量，收集初期径流，降低面源污染对受纳水体的影响。

稳定塘结构简单，其营建对地形的要求不高，在沼泽、峡谷、河道、废弃水库等地形较复杂的地方均可以营建，且大多采用土石为原材料，工程周期较短，营建费用和运转费用较低，维护和维修简单、便于操作。另外，稳定塘能有效去除污水中的有机物和病原体，无需污泥处理，且具有很强的抗冲击能力，无论面对浓度多少的污水，稳定塘系统都能很快适应并对其实施处理。

（十）雨水利用塘技术

雨水利用塘是雨水利用工程中的一种，通过滞留、沉淀、过滤和生物作用等方式达到高峰削减和径流污染控制目的的雨水塘。具有削减高峰流量、控制径流污染、收集利用雨水等好处。

（十一）生物景观塘技术

生物景观塘是在生物塘内种植一些具有良好的净水效果、较强的耐污能力、易于收获和有较高的利用价值的纤维管束水生植物，如芦苇、水花生、水浮莲、水葫芦等，能够有效地去除水中的污染物，尤其是对氮磷有较好的祛除效果。

（十二）人工湿地技术

人工湿地技术是利用由土壤或人工填料（如碎石等）和生长在其上的水生植物所组

成的独特的土壤—植物—微生物—动物生态系统，使水中的有机质、氮、磷等营养成分在发生复杂的物理、化学和生物的转化作用下，被截留、吸收和降解。在恰当设计和良好管理的条件下，可以有效地处理生活污水、工业污水、农业面源污染、垃圾场渗滤液、暴雨径流、富营养化水体等，显著减少水体内的生化需氧量、悬浮固体颗粒和氮磷，同时还可以去除金属、微量有机物和病原体。与传统的二级生化处理相比，人工湿地具有氮、磷去除能力强，投资低，处理效果好，操作简单，维护和运行费用低等优点。但人工湿地污水处理技术存在较为严重的二次污染问题，收获的植物茎叶无法妥善处置；工程占地面积大，且受气候条件限制较大，部分水生植物不耐寒，易受病虫害影响，容易产生淤积和饱和现象等。

（十三）前置库技术

前置库技术是利用水库的蓄水功能，将因表层土壤中的污染物（营养物质）淋溶而产生的径流污水截留在水库中，经物理、生物作用强化净化后，排入所要保护的水体。前置库对控制面源污染，减少湖泊外源有机污染负荷，特别是去除入湖地表径流中的氮、磷安全有效。但前置库技术存在着植被二次污染、不同季节水生植被交替和前置库淤积等问题。

（十四）生态浮床技术

生物浮床技术是以可漂浮材料为基质或载体，将高等水生植物或陆生植物栽植到富营养化水体中，通过植物的根系吸收或吸附作用，削减水体中的氮、磷及有机污染物质，从而净化水质的生物防治法。“生物浮岛”“人工生物浮床”“生物浮床”“人工浮岛”“浮床无土栽培”等均为相同或类似的概念。生物浮床技术，需要设计制造一种浮力大、承载力强、耐水性好、不易老化，既能固定植物根系，又能保证植物生长所需要的水分、养分和空气的浮体装置。

（十五）缓冲带技术

缓冲带是指河岸两边向岸坡爬升的由树木（乔木）及其他植被组成的缓冲区域，其功能是防止由坡地地表径流、废水排放、地下径流和深层地下水流所带来的养分、沉积物、有机质、杀虫剂及其他污染物进入河湖系统。

（十六）生态沟渠技术

生态沟渠是指应用生态学原理，在保证输水安全的前提下，在排水沟渠内通过植草、铺设过滤层，使其具备较高的净化水质的能力。在我国部分农村，一般是将现有的硬质化沟道改成生态型沟道，在沟渠中配置植物，并可根据实际情况设置透水坝、拦截坝等辅助措施，形成具有较高水质净化能力的生态排水沟渠。

二、环境流调控技术

（一）生态需水

生态需水从广义上讲是指维持全球生态系统水分平衡，包括水热平衡、水盐平衡、水沙平衡等所需用的水；狭义上是指为维护生态环境不再恶化，并逐渐改善所需要消耗的水资源总量。按照生态系统所处的空间位置可将生态需水划分为河道内生态需水与河道外生态需水。河道内生态需水包括河流、湖泊与河口生态需水，河道外生态需水包括植被、湿地、城市、沼泽生态需水等。

（二）生态调度

水利工程具有防洪、发电、灌溉、航运、供水等综合功能，对经济发展和社会进步起到巨大的推动作用，在抵御洪涝灾害对生态系统的冲击干扰、改善干旱与半干旱地区生态环境状况等方面也发挥有积极作用。广义的“生态调度”包括：在强调水利工程的经济效益与社会效益的同时，将生态效益提高到应有的位置；保护流域生态系统健康，对筑坝给河流带来的生态环境影响进行补偿；考虑河流水质的变化；以保证下游河道的生态环境需水量为准则等。狭义的“生态调度”可理解为：在实现防洪、发电、供水、灌溉、航运等社会经济目标的前提下，兼顾河流生态系统需求的调度方式。

三、水景观与水文化营建技术

水景观和水文化营建的初衷，是在滨水景观建设中，实现满足生态功能基础上的景观表现最优化目标。在滨水景观建设中，在按照生态功能设计的要求下，对滨水开放空间形态、植物景观加以设计和改造，使其在保持原有生态功能的前提下，更好地满足使用者的功能需求和观赏效果。

水景观与水文化营建技术包括仿自然水景营建技术、植被景观营建技术、文化与游憩设施营建等技术。仿自然水景营建技术又包括浅水湾和景观水景营建技术，植被景观营建技术又包括原生植被保护技术、植被筛选技术和群落营建技术，文化与游憩设施按营建设施类型，可分为线性游步道系统、游憩场地、景观设施和水文化景观。

（一）水景营建技术

水景观是园林景观设计的重要内容，水的景观表现灵活、形式多样。与景观和建筑协调的水景，能够起到组织开放空间、满足休闲功能、提升景观品质等方面的作用。城市化地区，需要满足城市的景观和滨水休闲需求；水源充足、汇水条件较好的区域，需要通过绿地进行雨洪调蓄与利用，结合海绵型城市建设进行开发。贫水地区应限制建设人工水景。

景观水景营建技术包括基底分析评价、水体深度与规模确定、生物栖息地营建、植被景观营建和设计营建等部分。

（二）浅水湾营建技术

模拟天然河流水体的塑造形式，在河床宽阔处或者冲刷作用弱的区域，扩大水面设置浅水湾，形成缓坡断面。浅水湾既可以增加过流断面，便于构建蜿蜒型河道；又可以在冬季形成冰盖整体推移，防止护岸冻蚀。浅水湾区域便于结合植被种植和景观设施，形成水生动植物的栖息地，同时满足城市居民中的亲水功能需求。浅水湾有淤泥质浅水湾和块石底浅水湾。

（三）景观跌水营建技术

广义的来说跌水是水流从高向低由于落差跌落而形成的动态水景，有瀑布和流水等不同形式。瀑布是指自然形态的落水景观，多与山石、溪流等结合。本部分所说的跌水是指规则形态的落水景观，其在景观表现上并多与建筑、景观构筑物相结合，既具有水的韵律之美，又具有景观设计的形式之美，兼有曝气充氧作用，是水景观建设的重要内容。跌水又包括块石跌水、水槽式跌水和多级跌水。

（四）景观喷泉营建技术

喷泉在水生态处理上，是一种优良的曝气方式。喷泉是利用压力使水从孔中喷向空中，再自由落下的一种优秀的造园水景工程。喷泉以壮观的水姿、奔放的水流、多变的水形，被广泛应用在水景观营建中。近年来，出现了多种造型喷泉、构成抽象形体的水雕塑和强调动态的活动喷泉等，大大丰富了喷泉构成水景的艺术效果。

（五）植被景观营建技术

植被景观营建是指科学配置植物群落，构建具有生态防护和景观效果的滨水植被带，发挥滨水植被带对水陆生态系统的廊道、过滤和防护作用，提升生态系统在水体保护、岸堤稳定、气候调节、环境美化和旅游休闲等方面的功能。

滨水植被带是河流生态系统的重要组成部分之一，对水陆生态系统间的物质流、能量流、信息流和生物流能够发挥廊道、过滤器和屏障等生态作用。

通过植被景观营建技术，在保育原生植被基础上，重建退化的河岸带植被群落，提高河岸带生态系统多样性是水生态保护与修复的重要内容。滨水带植物景观营建技术包括原生植被保护、生态植被筛选和植物群落配置等内容，其既要遵循它的艺术规律，也要保持它的相对独立性，但不是孤立的，必须统一考虑其他诸多要素，进行总体规划设计。

第二章 生境修复与生物多样性保护技术

第一节 生境保护与修复技术

一、河流蜿蜒度构建技术

（一）概述

蜿蜒度构建技术是指利用复制法、经验关系法等多种方法修复河流的平面蜿蜒性特征。其主要目的是在满足河道行洪能力的前提下，通过改善河流蜿蜒度提高河流平面形态多样性，从而形成异质性的地貌单元，增加河流地貌特征的多样性。

（二）技术与方法

河流蜿蜒性特征的修复可采用如下几种方法：①复制法：完全采用干扰前的蜿蜒模式；②应用经验关系：采用航拍等手段对某一特定区域的蜿蜒模式进行调查，并在此基础上建立河道蜿蜒参数与流域水文和地貌特征的关系；③参考附近未受干扰河段的模式：在恢复河道段的蜿蜒设计中，将附近未受干扰河段的蜿蜒模式作为模板；④自然恢复法：通过适当设计，允许河流自身调整，并逐渐演变到一个稳定的蜿蜒模式。

二、河流横断面多样性修复技术

（一）概述

河流横断面多样性修复技术是指根据自然河流的横断面特点，采用人工设计与河床演变相结合的方式对横断面的多样性特征进行修复。其主要目的是在满足河道行洪能力要求的前提下，对现有经过人工改造过的矩形断面或梯形断面河道进行多样性修复。

（二）技术与方法

自然河流在横向上的主要组成部分包括主河槽、洪泛区和过渡带。以复合型断面作为典型断面，在满足设计洪峰流量和平滩流量的基础上，对典型断面进行局部调整，以形成多样化的断面形态。

三、河道内栖息地加强技术

河道内栖息地是指具有生物个体和种群赖以生存的具有物理化学特征的河流区域。河道内栖息地加强技术是指利用木材、块石、适宜植物以及其他生态工程材料相结合而在河道内局部区域构筑特殊结构，通过调节水流及其与河床或岸坡岩土体的相互作用而在河道内形成多样性地貌和水流条件，例如水的深度、湍流和均匀流、深潭或浅滩等，从而增强鱼类和其他水生生物栖息地功能，促使生物群落多样性提高。

河道内栖息地加强结构的技术关键在于通过河道坡降及流场的局部改变，调整河道泥沙冲淤变化格局，形成相对蜿蜒的河道形态，使之具有深潭—浅滩序列特征；同时利用掩蔽物，增强水域栖息地功能。工程设计中需致力于满足尽可能多的物种对适宜栖息地的要求。具体设计目标包括：创建深水区，重建深潭栖息地；缩窄局部河道断面，增强局部冲刷作用，调整泥沙冲淤变化格局，重建浅滩；增加掩蔽物，为鱼类创建躲避被捕食或休息的区域；通过添加木质残骸，为水生生物提供适宜的河床底质和食物等。河道内栖息地加强结构类型一般分为五大类：砾石 / 砾石群、具有护坡和掩蔽作用的圆木、叠木支撑、挑流丁坝和生态堰等。

（一）砾石和砾石群

1．概述

传统水利工程从防洪、航运等目的出发，往往要清除河道内的障碍（如突出的砾石），从而使河床相对比较平坦。可是河道障碍物的清除及河床平坦化会导致栖息地多样性和复杂度降低甚至丧失。在均匀河道断面上安放砾石或砾石群可以增加或修复河道结构的复杂度和水力条件的多样性，这对于很多生物都是非常重要的，包括水生昆虫、鱼类、两栖动物、哺乳动物和鸟类等。除此之外，其对生物的多度、组成、水生生物群的分布也具有重大影响。

2. 技术与方法

砾石群的栖息地加强作用能否得到充分发挥取决于诸多因素，在设计中必须给予重视，例如河道坡降、河床底质条件、泥沙组成及其运动力学问题等。砾石群一般应用于微观栖息地修复与加强，比较适合于顺直、稳定、坡降介于 0.5% ~ 4% 的河道，在河床材料为砾石的宽浅式河道中应用效果最佳。注意不宜在细沙河床上应用这种结构，否则会在砾石附近产生河床淘刷现象，并可能导致砾石失稳后沉入冲坑。设计中可以参考类似河段的资料来确定砾石的直径、间距、砾石与河岸的距离、砾石密度、砾石排列模式和方向，以及预测可能产生的效果。

在平滩断面上，砾石所阻断的过流区域应在 20% ~ 30% 范围内。取决于河道规模，一组砾石群一般包括 3 ~ 7 块砾石，间距在 15cm ~ 1m 之间。砾石群之间的间距一般介于 3 ~ 3.5m 之间。砾石要尽量靠近主河槽，约在深泓线两侧各 1/3 的范围，以便加强枯水期栖息地功能。

（二）具有护坡和掩蔽作用的圆木

1. 概述

圆木具有多种栖息地加强功能，不仅可用于构建护坡、掩蔽、挑流等结构物，而且还可向水中补充有机物碎屑。具有护坡功能的结构常采用较粗的圆木或树墩挡土和抵御水流冲击。一般与植物纤维垫组合应用，同时起到冲刷侵蚀防护的作用。也可以应用多根圆木，形成木框挡土墙或叠木支撑，起到护坡和栖息地加强的作用。

2. 技术与方法

放置于河道主槽内的圆木或树根除具有护坡、补充碳源的功能之外，还具有掩蔽物的作用。在一些情况下，可以采用带树根的圆木（树墩）控导水流，保护岸坡抵御水流冲刷，并为鱼类和其他水生生物提供栖息地，为水生昆虫提供食物来源。一般而言，树墩根部的直径为 25 ~ 60cm，树干长度为 3 ~ 4m。树墩主要应用于受水流顶冲比较严重的弯道凹岸坡脚防护，可以联成一排使用，也可以单独使用，用于局部防护。

一般要求树根盘正对上游水流流向，树根盘的 1/3 ~ 1/2 埋入枯水位以下。如果冲坑较深，可在树墩首端垫一根枕木，如果河岸不高（平滩高度的 1 ~ 1.5 倍），需在树墩尾端用漂石压重。如果河岸较高，并且植被茂密、根系发育，也可不使用枕木和漂石压重。

树墩的施工方法有两种，一种是插入法，使用施工机械把树干端部削尖后插入坡脚土体，为方便施工，树根盘一端可适当向上倾斜。这种方法对原土体和植被的干扰小，费用较低。另一种方法是开挖法，其施工步骤是首先根据树墩尺寸和设计思路，对岸坡进行开挖，然后根据需要，进行枕木施工，枕木要与河岸平行放置，并埋入开挖沟内，沟底要位于河床之下。然后把树墩与枕木垂直安放，并用钢筋固定，要保证树根直径的 1/3 以上位于枯水位之下。树墩安装完成后，将开挖的岸坡回填至原地表高程。为保证回填土能够抵御水流侵蚀并尽快恢复植被，可应用土工布或植物纤维垫包裹土体，逐层

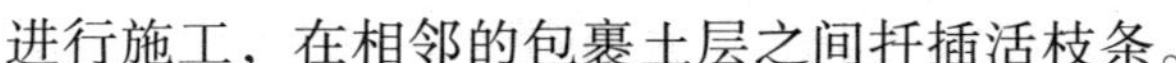

进行施工，在相邻的包裹土层之间扦插活枝条。

（三）挑流丁坝

1. 概述

挑流丁坝一般应用于纵坡降缓于 2%，河道断面相对比较宽而且水流缓慢的河段，通常沿河道两岸交叉布置，或成对布置在顺直河段的两岸，用于防止治理河段的泥沙淤积，重建边滩或诱导主流呈弯曲形式，使河流逐渐发育成深潭和浅滩交错的蜿蜒形态。但是，因自然形成的浅滩是重要的鱼类觅食和产卵区，需加以保护，不应在此类区域修建挑流丁坝。

2. 技术与方法

可单独采用圆木或块石，也可以采用石笼或在圆木框内填充块石的结构形式修建挑流丁坝。此类结构对于防止河岸侵蚀、维持河岸稳定也具有一定的作用。但是，若丁坝位置和布局设计不合理，则有可能导致对面河岸的淘刷侵蚀，造成河岸坍塌，此时需要在对岸采取适宜的岸坡防护措施。一般来说，自然河道内相邻两个深潭（浅滩）的距离在 5 ~ 7 倍河道平滩宽度范围，因此，上下游两个挑流丁坝的间距至少应达到 7 倍河道平滩宽度。丁坝向河道中心的伸展范围要适宜，对于小型河流或溪流，挑流丁坝顶端至河对岸的距离即缩窄后的河道宽度可在原宽度的 70% ~ 80% 范围。

挑流丁坝轴线与河岸夹角应通过论证或参考类似工程经验确定，其上游面与河岸夹角一般在 30° 左右，要确保水流以适宜流速流向主槽；其下游面与河岸夹角约 60° ，以确保洪水期间漫过丁坝的水流流向主槽，从而避免冲刷该侧河岸。为防止出现此类问题，可在挑流丁坝的上下游端与河岸交接部位堆放一些块石，并设置反滤层，以起到侵蚀防护的作用。挑流丁坝顶面一般要高出正常水位 15 ~ 45cm，但必须低于平滩水位或河岸顶面，以确保汛期洪水能顺利通过，且洪水中的树枝等杂物不至于被阻挡而沉积，否则很容易造成洪水位异常抬高，并导致严重的河岸淘刷侵蚀。

若使用圆木或与块石组合修建挑流丁坝，需要采取适宜措施固定圆木，例如采用锚筋把伸向河底的圆木端头固定在河床上，或采用绳索或不锈钢丝把伸向岸坡的圆木端头固定在附近的树上，也可采用锚筋固定在岸坡上。如果单根圆木直径小，不足以形成适宜高度的挑流丁坝，可采用双层圆木，但圆木间要铆接。若单独使用块石修建挑流丁坝，需要采取开挖措施，把块石铺填在密实度或强度相对比较高的土层上，防止底部淘刷或冲蚀。如果是岩基，则需要首先铺填一层约 30cm 的砾石垫层，然后再铺填直径较大的块石。挑流丁坝上游端或外层的块石直径要满足抗冲稳定性要求，一般可按照原河床中最大砾石直径的 1.5 倍确定。上游端大块石至少应有两排，选用有棱角的块石并交错码放，以保证足够的稳定性。如果当地缺少大直径块石，可采用石笼或圆木框结构修建丁坝。

（四）叠木支撑

1. 概述

叠木支撑是由圆木按照纵横交错的格局铰接而形成的层状框架结构，框架内填土和块石，并扦插活的植物枝条。这一结构类型可布置在河岸冲刷侵蚀严重的区域，起到岸坡防护作用。尽管这种结构不能直接增强河道内栖息地功能，但通过岸坡侵蚀防护作用及后期发育形成的植被，也会有助于提高河岸带栖息地质量。经过一定时间，圆木结构可能会腐烂,但那时这种结构内活的植物枝条发育形成的根系将继续发挥岸坡防护作用。

2．技术与方法

叠木支撑的设计属于岩土工程和结构工程的专业范畴，须由相关专业人员参与，对所涉及到的土坡稳定性、土压力和基础承载力等问题，需要经过专业计算分析。一般来说，圆木的直径在 15 ~ 45cm 之间，具体尺寸和材质要求主要取决于叠木支撑结构的高度及河道的水流特性，要满足抗滑、抗倾覆及沉降变形等方面的稳定性要求。

在平面布置上，要依据河道地形条件，进行合理设计。顺河向的圆木要水平布置在河道坡面，在弯道处要顺势平滑过渡。垂直于河道岸坡平面的圆木要深入岸坡内一定深度，一般在 1/2 圆木长度范围以上，使之具有一定的抗拉拔力。

叠木支撑结构一般与鱼类掩蔽区建设相结合，采用叠木支撑结构，在枯水位以下区域，形成圆木结构框架和空腔，这种空腔可以作为鱼类的掩蔽区。其形态和几何尺寸应按照目标鱼种的生活习性进行设计，但考虑到结构设计和施工的可行性，并且要满足框架结构和岸坡的稳定性要求，一般设计成箱式结构。如果岸坡较陡或极易被水流淘刷侵蚀，需要采用圆木挡墙或其他结构对岸坡面进行防护。

与上述掩蔽区结构相类似，可以在岸坡防护结构内嵌入木框架和厚木板组成的箱式结构，形成鱼巢。此类鱼巢的几何尺寸设计一定要考虑目标鱼种在特定生活阶段对栖息地的要求，有助于形成适宜的水温和流场环境，要避免出现可能的泥沙淤积问题。一般来说，此类鱼巢结构顺河向长 1.8 ~ 2.4m，垂直岸坡方向宽 1.6m，鱼巢口宽度为 25 ~ 30cm，高度为 15 ~ 20cm。

上述结构适于安装在不同的岸坡防护结构内，例如自然材料护坡、石笼和木框挡土墙、挑流丁坝等。鱼巢结构周边堆石要按照岸坡防护结构进行设计，在其顶面木板上坡脚位置可锚固一条圆木块或采用大块石，防止后面的堆石滚落或受到水流冲刷作用而失稳。鱼巢要位于稳定的河床之上，若为沙质河床，可采用圆木作为桩基础，支撑上部的鱼巢结构框架。

（五）生态堰

1．概述

生态堰是利用圆木或块石营建的跨越河道的横式建筑物，生态堰的功能是调节水流冲刷作用，阻拦砾石，在上游形成深水区，在生态堰下游形成深潭，塑造多样性的地貌与水域环境。生态堰作为一类主要的栖息地加强结构，其作用主要表现在四个方面：上游的静水区和下游的深潭周边区域有利于有机质的沉淀，为无脊椎动物提供营养；因靠近河岸区域的水位有不同程度的提高，从而增加了河岸遮蔽；生态堰下游所形成的深潭或跌水潭有助于鱼类等生物的滞留，在洪水期和枯水期为其提供了避难所；因河道中心

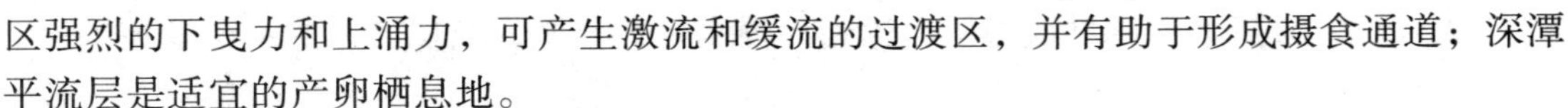

区强烈的下曳力和上涌力，可产生激流和缓流的过渡区，并有助于形成摄食通道；深潭平流层是适宜的产卵栖息地。

2. 技术与方法

生态堰不同于传统水利工程的堰坝，其高度一般不超过30cm，不影响鱼类洄游。根据不同的地形地质条件，生态堰可以具有不同结构形式，在平面上呈I字形、J字形、V字形、U形或W形等。

W形堆石生态堰结构的生态堰顶面使用较大尺寸块石，满足抗冲稳定性要求，下游面较大块石之间间距约20cm，以便形成低流速的鱼道。生态堰上游面坡度1 ∶ 4，下游面坡度1 ∶ 10至1 ∶ 20，以保证鱼类能够顺利通过。生态堰的最低部分应位于河槽的中心。块石要延伸到河槽顶部，以保护岸坡。

在沙质河床的河流中，不适宜采用砾石材料，可以应用大型圆木作为生态堰材料。圆木生态堰的高度以不超过0.3m为宜，以便于鱼类的通过。可以应用木桩或钢桩等材料来固定圆木，并用大块石压重，桩埋入沙层的深度应大于1.5m。如果应用圆木生态堰控制河床侵蚀，应在圆木的上游面安装土工织物作为反滤材料，以控制水流侵蚀和圆木底部的河床淘刷，土工织物在河床材料中的埋设深度应不小于1m。

四、生态型边坡防护技术

生态型边坡防护技术是指满足规模最小化、外型缓坡化、内外透水化、表面粗糙化、材质自然化及成本经济化等要求，并保证稳定安全、生态健康、景观优美的多功能型岸坡防护技术。其目标是在满足人类需求的前提下，使工程结构对河流的生态系统冲击最小，亦即对水流的流量、流速、冲淤平衡、环境外观等影响最小，同时大量创造动物栖息及植物生长所需要的多样性生活空间。

根据不同河道岸坡的具体情况和设计要求，常采用渗滤植生砌块护岸技术、坡改平砌块植生护坡技术、格网网箱生态护坡结构、格网土石笼生态护坡结构、护坡工程袋柔性边坡、铰接混凝土块护岸技术、生物基质混凝土、自嵌式植生挡土墙边坡、植物纤维毯覆盖技术、三维土工植被网覆盖技术和巢室生态护坡技术等。

由于过往大量的钢筋混凝土和浆砌石岸堤无法在短时期内完全拆除重建，很大程度上影响了河湖生态保护与修复的效果，目前各地正在倡导睡堤唤醒的计划。睡堤唤醒就是对城市河道硬质护岸进行生态改造，将一部分已有的硬质护岸改造成柔性生态护岸，其技术体系也大量采用以上所提到的技术来进行实施。

（一）渗滤植生砌块护岸技术

1. 概述

渗滤植生护岸体系是利用其特殊的互锁齿形结构砌块铺装形成重力式“咬合”体，与植物根系“加筋”共同作用，有效保证河岸的安全稳定；同时作为河湖水体和陆地之间物质、能量、信息交换的纽带为河岸边动物、微生物提供了栖息繁衍的生境以及植物生长的基质，增强了水体自洁功能，达到修复水生态环境，模拟自然的水岸景观。

2. 适用范围

渗滤植生护岸技术适用于水环境综合治理的生态护岸、浅水湾收边结构和各类护坡工程。

3. 技术与方法

首先进行地基处理，有淤泥的要将淤泥层全部清理干净，然后进行机械分层碾压，压实度不小于 0.93，然后进行混凝土基础的浇筑或直接放置在既有的硬质基础上。

在混凝土条形基础上铺设无纺布，其上砌筑第一层渗滤砌块，使凹凸槽互相咬合，采用镀锌钢丝绳将相邻砌块后端的孔洞进行绑扎。在每层砌块的孔洞内放置种植包或回填土（位于水位线以下的砌块孔洞内放置种植包，水位线以上的砌块孔洞内可以回填种植土）。种植包放置时要求扎口朝下放置。依次码放第二层砌块，将下层的钢丝绳穿入上层的砌块后端的孔洞，使其四块连为一个整体，采用铝制卡扣将上、下两层相邻砌块捆扎并锁紧，注意将两个绳头同时穿入铝制卡套，每个绳头都要留不小于 100mm 的长度，然后用压紧钳将铝制卡套压紧。逐层垒砌，直至达到设计高度，垒砌过程中及时进行墙背回填、碾压，密实度不小于 0.85。

4. 要点

渗滤砌块采用高强混凝土预制加工而成，具有高透水性，砌块四周带有齿形结构，铺装时要保证两个相邻的边齿紧密“咬合”，同时配合镀锌钢丝绳捆绑施工作业。套装铝制卡套时需注意钢丝绳必须是两根从同一方向穿入卡套内，同时绳头的预留长度为 10cm。需要注意的是，钢丝绳捆绑呈连环式，左右相邻以及上下两层，即每根钢丝绳捆绑的是四块渗滤砌块。其材料技术参数见表 2-1 所示。

表 2-1　材料技术参数表

材料名称	功能	项目	技术参数
渗滤砌块	挡土、生态、过滤、堤岸防护	标志尺寸 /mm	600×400×150
		抗压强度 /MPa	15 ~ 30（依设计指定）
		抗冻性能 / 循环次数	D50 ~ D100（依设计指定）
		孔隙率 /%	45
		重量 /(kg · 块 −1)	43
镀锌钢丝绳	用于砌块间相互绑扎，不易锈蚀，使用方便	规格尺寸 /mm	结构：6×7FC ϕ 4×1100
		抗拉强度 /MPa	1470
		拉力 kg	795
钢丝绳铝制卡扣	用于锁紧钢丝绳	规格尺寸 /mm	4 ~ 5
		抗拉强度 /MPa	160

续表

无纺布生态袋	透水、透气可降解，在水下防止土壤流失	规格尺寸 /mm	300 × 250
		质量 /(g · m−2)	≥ 130
自锁尼龙绑扎带	用于生态袋口绑扎	规格尺寸 /mm	4 × 200
		拉力 /kg	18.2

（二）坡改平砌块植生护坡技术

1. 概述

目前在很多河道边坡工程中存在着严重的土壤流失问题。土壤流失使护坡植物失去了赖以生存的土壤基础，流失的土壤顺水而下，流入城市排水管网、沟渠和水库，产生大量淤积，缩短了排水系统和水利工程的服务年限，造成社会资源的极大浪费，这与我国经济建设和生态环境建设的大方向背道而驰。

坡改平砌块植生护坡技术通过特殊的“坡改平”结构把坡面分解为若干个小的水平面，借助“小平面”土体的稳定性，达到整个坡面的稳定，从而解决坡面的土壤流失问题。由于坡改平砌块特殊的保水结构，各类植物生长迅速，植物群落内容丰富，人工与野生植被演替速度明显超过传统护坡措施，有利于野外护坡植物群落的良性持续发展，并大幅度减少后期人工管护费用，保土效果和绿化效果非常显著。

坡改平砌块植生护岸技术适用于 1 ∶ 1.25 ～ 1 ∶ 3.0 的土质边坡防护。

2. 技术与方法

首先沿坡度纵、横挂线，然后按线铺装，自下而上铺设，相邻护坡砌块挤紧，做到横、竖、斜线对齐，上表面水平，以竖向边缘砌块为基准，依次水平方向进行垒砌，横向相邻砌块在同一水平线上，且保持绝对水平。设置下坡脚趾墙，坡脚第一排砌块紧密倚靠在趾墙上，且顶面与趾墙顶面平齐。施工完成后调整个别歪扭的砌块。砌块内填土以低于上边缘 2cm 为宜，护坡的起、始边角处不够整砖、不满足栽植植物的部分用 3 ～ 5cm 的石子码齐，以防局部土壤流失。

3. 要点

在完成坡面整理并确保坡面满足设计要求（如边坡稳定、坡度、密实度等）的前提下：先完成趾墙、排水沟（槽）、步道，再开始铺装护坡砌块。铺装时应从下部趾墙开始，本着“自下而上，从一端向另一端”或按“自下而上、从中部向两端”的顺序铺装，块与块尽可能挤紧，做到横、竖和斜线对齐。趾墙、排水沟（槽）、步道等位置的土方应密实，以防局部沉降。锥坡或弯道施工应当随坡就势，砌块要铺砌紧密，并注意对转角后产生的下部不规则空档加固，以免产生滑塌和局部沉降。在可能产生冲淘的部位（如道路排水管口或过水部分）应在砌块下铺土工布反滤。砌块铺装完成后进行种植土的回填，种植结束后砌块内土壤表面距上沿 2cm 即可，以确保植物栽植后砖内有足够的空间拦蓄上游来水和土壤，切不可将土填满砌块甚至高于砌块上沿。

（三）格网网箱柔性边坡

1. 概述

在2700余年前的都江堰水利工程中，李冰就采用了“竹笼”“羊圈”等作为笼体，用江河中的卵石构成完整的构件，用于堤坝、围堰、护岸、护坡等用途，这也被认为是格网网箱应用的前身和雏形。

格网网箱柔性边坡是指将抗腐蚀、耐磨损、高强度材料采用专用设备制造而成的多孔网片，经裁剪、拼装并绑扎封口而成的正方体或长方体箱体，在箱体内填充符合要求的块状材料而形成的柔性护坡结构。通常格网网箱的钢丝会选用低碳热镀锌钢丝、铝锌混合稀土合金镀层钢丝，包覆PVC或经高抗腐处理的以上同质钢丝，其网片根据其材料或制作工艺的不同，可分为机编网、无锈熔接网、扩张金属网。

机编网：由热镀锌钢丝、热镀锌铝合金钢丝或包覆PVC护膜的以上同质钢丝，编织而成的两绞或多绞状、六角形网目的网片。

无锈熔接网：将经过深度防腐处理的合金钢丝，以一定的间距排列成网状，并将合金钢丝的交叉点经过瞬间高压熔接在一起，形成具有一定规格尺寸的矩形网目的网片。

扩张金属网（钢板网）：将整张低碳锰钢板，经切割、拉伸、扩张而成，呈菱形网目整体性网片。金属网片分为表面经热浸锌处理和不处理两种。

格网网箱柔性边坡具有优良的透水性、可植生、良好的岸坡交互性、适应地基变形能力强、较强的抗冲刷性、耐久性好等优点。

格网网箱柔性边坡结构广泛应用于河道支档结构、河道坡面衬砌、防冲刷结构、市政、岩土、海防、灾害治理等众多领域。

2. 技术与方法

综合考虑边坡设计总体要求、工程及水文地质条件、施工条件以及景观绿化效果等因素，格网网箱边坡结构布置可采用重力式、阶梯式及贴坡式等形式，并做好防止水流冲刷、水土流失等工程控制措施。

（四）格网土石笼护坡结构

1. 概述

格网土石笼护坡结构是指在格网网箱内衬土石笼袋，袋内充填土石料，形成具有固土、护坡、防冲、植生等功能的生态护砌结构。

格网土石笼护坡系统用于城市行洪河道，起到稳固堤防、保护边坡、防止土壤流失的作用，是生态工法里唯一具有结构性的护岸治理，有极强的抗冲刷能力；用于水流湍急的河段坡岸及河道内汀、洲、岛的保护，完工后主体覆土后可以直接绿化美化植生。

机织有纺土石笼袋主要成分为聚丙烯（简称PP）加碳黑处理，由单一纤维单股编织而成的透水织布，因此具有高拉力、高撕裂度、抗穿刺力以及很好的延伸率，该产品还具有抗老化、抗冻的性能。纤维厚度、宽度均匀、织扎紧密、空隙均匀、有良好透水性且耐酸碱侵蚀。袋身为封闭圆形无接缝编织，除上下盖外袋体没有接缝处，增强了袋体整体的强度。

就地取材是格网土石笼护坡结构的一大优势，根据土工石笼袋放置的不同部位，可填放砂、砾土或天然级配土，快速形成挡水结构体。

2. 适用范围

格网土石笼护坡结构可用于河川护坡、塌岸治理、人工湿地、高速公路、铁路边坡治理和山体滑坡抢险等工程。

3. 技术与方法

格网土石笼护坡系统的施工流程包括：面处理、笼网编制及铺设、土石笼袋与笼网组合、土石料装填、封盖等步骤。

格网土石笼护坡系统的布置及结构形式参考格网网箱的做法，在施工中需要注意的是：

土石笼袋与网箱组合时，将土石笼袋底部撑展，并将袋身与网箱绑扎牢；在网箱1/2 高处设置十字拉筋；土石料装填：结合工程的挖填平衡，装填土料选用当地土。分两次装填，每填高 1/2，用人工夯实或机械作业，避免装填后产生不平整现象。其装填土石料应高于笼体 80 ~ 100mm，作为预留沉降量；有种植要求时，面层袋内应填充种植土。

封盖：封盖前，土石笼袋顶面应填充平整，然后将袋口向内折回，以粘扣带黏合，并以铁棒先行固定角端，再绑扎边框线与石笼网封盖。

流速与石笼规格及其填石的关系如表 2-2 所示。

表 2-2　流速与填石及石笼规格关系表

石笼厚度 /mm	填石尺寸 /mm	填石中值粒径 /mm	临界流速 /(m·s-1)	极限流速 /(m·s-1)
150 ~ 170	70 ~ 100	85	3.5	4.2
	70 ~ 150	110	4.2	4.5
230 ~ 250	70 ~ 100	85	3.6	5.5
	70 ~ 150	120	4.5	6.1
300	70 ~ 120	100	4.2	5.5
	100 ~ 150	125	5.0	6.4
500	100 ~ 200	150	5.8	7.6
	120 ~ 250	190	6.4	8.0

注：临界流速是网箱中的填石不产生移动的河流的最大流速；极限流速是网箱中填石移 动导致网箱变形，但尚未形成破坏的最大流速。

（五）护坡工程袋柔性边坡

1. 概述

护坡工程袋是由高强度长丝无纺聚丙烯（PP）为原材料制成的双面熨烫针刺无纺布加工而成的袋子。对抗紫外生态袋的厚度、单位质量、物理力学性能、外形、纤维类型、受力方式、方向、几何尺寸和透水性能及满足植物生长的等效孔径等指标进行了严格的筛选，具有抗紫外线（UV），抗老化，无毒，不助燃，裂口不延伸的特点。主要运用于营建柔性生态边坡。

护坡工程袋具有目标性透水不透土的过滤功能，既能防止填充物（土壤和营养成分混合物）流失，又能实现水分在土壤中的正常交流，植物生长所需的水分得到了有效的保持和及时的补充，对植物非常友善，使植物穿过袋体自由生长。根系进入工程基础土壤中，如无数根锚杆完成了袋体与主体间的再次稳固作用，时间越长，越加牢固，更进一步实现了营建稳定性永久边坡的目的，大大降低了维护费用。

标准联结扣在施工中把无数个生态填充袋连接在一起，并形成紧密内锁结构。它不仅具备很高的强度，同时还具备很好的柔韧度，对构建稳固的边坡起到了重要的作用。在构建有荷载及抗冲击要求的堤坝、墙体时，把加筋格栅通过标准联结扣和生态袋之间进行联结，对工程的坚固和稳定起到重要作用。

根据护坡工程袋的功能和适用条件的不同，可以将护坡工程袋分为：普通型护坡工程袋、多功能组合生态袋和长袋三种。

其中多功能组合式护坡工程袋是根据河道边坡的不同位置对生态袋的性能要求不同，创造性地采用不同材质和技术特点的生态袋材料的生态袋护坡系统。其中Ⅰ型生态袋用于正常水位线以下，为防泥沙型；Ⅱ型生态袋位于变水位区域，设有反滤结构，可防管涌流土发生；Ⅲ型生态袋位于水位线以上，为护坡种植型。

长袋护坡法是指顺坡长方向拉设一条长袋并用每隔一段距离用土工锚杆固定，生态长袋根据现场具体情况确定，适用于大部分坡体稳定的边坡，尤其是喷砼边坡及石质边坡，坡度不限。

护坡工程袋柔性护坡系统主要应用在城市河岸边，起到边坡稳定、绿化美化及环境修复的作用。既可用于河道内汀、洲、岛的保护，也可用于人工岛。

2. 技术与方法

护坡工程袋柔性护坡系统的施工流程包括：进行坡面和基础处理，定桩防线，填土搅拌，装袋封口，码放，预沉降控制和绿化等七个步骤。

护坡工程袋护坡系统应依据边坡坡度、高度确定铺码方式。

高陡硬质边坡可采用覆网锚固叠码方式，即在护坡工程袋外侧覆网（金属网、格栅网等），利用锚杆（钉）将其固定在坡面上。

护坡工程袋护坡结构具有一定透水和排水性能，当坡面汇水区域较小且地下水对坡体稳定性无不利影响时，可不另设置排水设施，否则，应根据实际情况设置截水沟、排水沟等设施。在植物选择方面，需要从自然地理、护坡功能及景观要求等方面综合考虑，宜选择耐候性强、根系发达的多年生当地品种。为保障植生效果，宜选用理化性能良好、适宜植物生长的土壤，否则应对土壤进行改良；植物种植时可采用喷播、穴播、压播、混播和插播等方式。

3. 典型案例

水下、变水位、水位线以上等不同部位，对袋体的透水率和抗老化性能要求不同，可以在不同部位使用不同性能的生态袋。水底下的袋体重点是不透土，水位线以上的重点是植物生长。苏州相城区景观河道柔性护坡系统工程即采用了这种多功能的生态护坡工程袋系统，取得了非常良好的护坡和景观效果。

（六）铰接式混凝土护岸技术

1. 概述

铰接式护坡系统是一种连锁型预制高强混凝土块铺面系统，作为传统浆砌块石硬化护坡的代替品，其产品采用工厂化全自动设备生产，高温蒸汽养护而成。经过统一的模具和独特的成型工艺，可于工厂内进行标准化生产。铰接式护坡防冲刷系统中间通过一系列绳索相互连接形成连锁型矩阵，块体立面有50° 左右的正向倒角，可适应基础变形，单个块体单元有一定重量，能抵抗波浪冲刷。

铰接式护坡混凝土块有两种主要类型：中间开孔式和中间封闭式，两种类型的混凝土块都有不同的尺寸和厚度以适应各种水流情况。开孔式的铰接式护坡块，开孔和孔间隙可种植植物，可为生物的生长发育提供栖息地，发挥河流的自净化功能。

铰接式护坡技术可适用于海岸、排水沟渠、湖泊和水库岸坡等工程。

2. 技术与方法

铰接式混凝土护岸工程的施工方法有两种，一是现场安装，二是在工厂将一组尺寸、形状和重量一致的预制混凝土块用一系列绳索相互连接而形成的连锁型柔性矩阵，在其下面铺好符合土质要求的反滤土工布后，用铁丝将土工布和柔性矩阵相扣，运至施工现场进行吊装，然后将安装好的一块块矩阵用锁扣连成一个整体。

铰接式混凝土护岸工程在设计过程中要进行严格的稳定性计算，通常包括连锁块风浪设计、连锁块稳定计算和坡体抗滑稳定计算。此类设计可采用的最大坡度为1 ：1，一般讲，1 ：2 的坡度以内是最佳选择。在1 ：1 的边坡上使用时，若柔性垫子长度超过2m必须采用有效措施把垫子锚固在基土内。钢绞线的承重安全系数一般考虑3 ：1。

（七）生物基质混凝土

1. 概述

生物基质混凝土属于广义混凝土的范畴。本意为包含了BSC（Bio-Substrate Concrete，高分子团粒结构）生物活性菌群、植物以及后期出现动物的大骨料型植被生态恢复水泥混凝土。

2. 技术与方法

生物基质混凝土护坡是指往具有 10 ~ 15MPa 抗压强度、≥ 25% 的连续孔隙率的大骨料水泥混凝土中的孔隙注入生物基质，使得植物可以在具孔隙的混凝土中生长并恢复生态。生物的概念既是指基质中富含的活性菌群，同时也包含混凝土上生长的花、草、昆虫、小动物等生物集合体。

生物基质混凝土制备过程中使用了粒径较大的单一级配石料、高标号水泥、BSC 水泥调节剂等水泥混凝土材料，也同时使用具超强活性的 BSC 活性菌群、有机肥、种子、土壤、黏合、保水剂等植物生长基质和植物活体材料。BSC 生物基质混凝土在不削弱水泥抗压强度的前提下使得混凝土中能长出花、草、灌木类植物，从而对河、湖、大坝、水利枢纽、公路铁路、道路立交系统、废弃矿山、采石场等目标工程体的边坡、立面进行生态植被修复的综合技术系统。

BSC 生物基质混凝土技术解决了水利工程中传统混凝土技术不能进行植被恢复和传统绿化方式不能满足水利工程堤防安全要求之间的矛盾。

（八）自嵌式植生挡土墙边坡

1. 概述

自嵌式挡土墙是在干垒挡土墙的基础上开发的另一种结构。该结构是一种新型的拟重力式结构，它主要依靠自嵌块块体、填土通过土工格栅连接构成的复合体来抵抗动、静荷载的作用，达到稳定的目的。

2. 技术与方法

自嵌式植生挡土墙是自嵌式挡土墙和植生挡土墙的有机结合。由自嵌植生块体、塑胶棒、加筋材料、滤水填料和土体组成。独特的后缘设计使得墙体砌筑成了简单的“堆码”，楔形结构可形成任意曲线墙体，具有传统钢筋混凝土或毛石挡土墙无法比拟的环境装饰效果。在水环境应用时，其水下部分可以种水草，特有的空洞形成天然鱼巢，为鱼类生存提供保障。

自嵌式植生挡土墙墙面上生态孔可以植草、种花，墙体填土中可以种小型乔木，各种水环境中、水下部分可以种植水草。块体后缘内孔用于填充植生土壤，形成立体式的植生效果，景观效果良好。研究表明，水生植物对水体具有良好的净化效果，可以有效去除水体中的氮、磷，能耗低，简单易行。同时植物的根系可以穿过挡土块，达到固化墙体的作用。

长期的水力作用带起的泥沙等物遇到墙体的阻挡减速后，在重力的作用下会沉积在两个内孔，提供水生植物生长的土壤，而积淀的矿物元素更满足于植物的生长所需，实现可持续的绿化效果。

“鱼巢”设计和生长起来的水生植物为鱼类产卵繁殖提供场所，发挥了“以鱼养水”的作用，为水体的整体生态平衡起到一定的作用。

自嵌式植生型挡土墙由于不用砂浆，挡而不隔的渗透性可以充分保证河岸与河流水体之间的水分交换和调节功能，有效抑制藻类的生长繁殖，发挥水体自净作用，并调整生态循环系统，重建河道以及河堤的生态系统。同时具有一定的抗洪强度。

（九）植物纤维毯覆盖技术

1. 概述

植物纤维毯用椰壳、棕、麻纤维、小麦、水稻、玉米秸杆等一种或者几种植物纤维，以热压、针扎制作而成的复合产品，不含任何黏结剂。在 3 ~ 5 年内可以百分之百地降解为腐质，一方面符合生态环保要求，同时又能改善土壤成分，有利于植物的生长。

2. 技术与方法

根据坡比和坡长，可以使用不同抗拉强度的网和缝合线。根据抗侵蚀要求和目标植被需要，可以采用秸秆、椰丝等不同生物质材料组成不同厚度和混合比例的基质层，可以加入不同配方的种子和营养物质。植物纤维毯覆盖地表既起到固土、护土作用，也能保种、育苗，维系植物生长所需水湿条件。天然植物纤维具有保水特性，一般正常状况下能保存 20% ~ 25% 的灌溉水分，增强植物生长的有利条件。随着植株体木质化程度提高，植被生态护坡的作用增强，纤维毯逐步降解成为地表腐质层。

3. 要点

植物纤维毯施工方便，基础坡面整理后，顺直、平滑、平整铺设纤维毯，稳定结合处可用门形钉或竹竿固定，还可用植物扦插，更能加强绿化效果。预先喷播或草毯自带的草种发芽生长，即能形成生态植被。植物纤维在自然降解后与土壤成为一体，成为植被的营养基质。

工程完工初期起到保护边坡土壤不受雨水冲蚀，而后因其有充足空隙可让土壤渗入其中，达到土壤与材料完全结合，形成天然的坡面保护层，具有很强的控制水土流失的能力。

（十）三维土工植被网覆盖技术

1. 概述

三维土工植被网是一种立体网结构，植被、网垫和土壤三者相互缠绕交织形成一种牢固的复合力学嵌锁体系，从而有效地防止了表面土层的滑移，使边坡具有较好的稳定性，是一种永久性的边坡防护方式。它无腐蚀性，化学性稳定，对大气、土壤、微生物呈惰性。

三维土工植被网是以热塑性树脂为原料，由单层或多层热塑性树脂凹凸网和高强度双向拉伸网经热熔后黏结而成的一种立体网结构。采用科学配方，经挤出、拉伸等工序精制而成，它无腐蚀性，化学性稳定，对土壤、微生物呈惰性。面层凹凸不平，材质疏松柔软，留有 90% 以上的空间可充填土壤及沙粒。底层为一个高模量基础层，采用双向拉伸技术，具有延伸率低、强度高的特性，足以防止植被网变形，起着防止坡体下滑的作用。蓬松的网包，通过填入土壤，种上草籽，帮助固土，三维的结构能更好地与土壤结合。

2. 技术与方法

其施工流程包括边坡场地处理、挂网、固定、回填土、喷播草籽、覆盖无纺布等几个步骤，并进行养护管理。

（十一）巢室生态护坡技术

1. 概述

蜂巢约束系统（CCS，简称蜂巢系统或巢室系统）是实现土体约束、加筋和稳定，水土保持，生态绿化和生态修复的复合型工程解决方案。蜂巢约束系统通过三维柔性蜂巢形网状结构的蜂巢格室（简称巢室）、填料（种植土、碎石或混凝土）、植被等生物群落、锚钎、其他土工材料、土基的复合作用，达成土体加筋稳固、水土保持、生态绿化和生态修复等综合工程目标。

蜂巢格室（简称巢室，HC）是由一组条形的高分子复合合金（NPA）片材焊接而成，这些片材用一系列垂直对齐于板条纵轴的、错位均布的、长度为整个板条宽度的超声波焊缝相连接，展开后相互连接的片材组成可在其中填装颗粒填充材料的三维柔性蜂巢形网状结构（蜂窝约束结构）壁板。蜂巢格室所用片材一般有表面凹纹和通孔。蜂巢格室作为蜂巢约束系统的核心元件，是一种生态、环保、高性能的绿色建材。

蜂巢约束系统可应用于边坡防护、土体拦固（挡土墙）、河渠保护、承载稳固、水土保持、地灾防治、生态修复等领域。

（1）边坡防护——解决坡面表土稳定与保护问题。

巢室边坡防护系统是指由巢室、填料、土工布和植被构建的三维约束和稳定表土、保护边坡、绿化坡面的复合覆盖保护层。其常见应用方式：一是平铺护坡（坡度≤1 ：0.5），二是护面墙（弱化支挡作用，墙厚≥40cm的巢室贴壁叠砌护坡，1 ：0.1≥坡度≥1 ：0.75，是一种厚基质陡坡生态护坡）。

（2）土体拦固——解决陡坡土体支挡稳固问题。

巢室土体拦固系统（挡土墙）是指由蜂巢形三维网状结构的蜂巢格室和颗粒充填料组成的半刚性结构层，按很陡坡度层层堆叠形成的一个能抗冲蚀、墙面可植被绿化并且在其自重与外部荷载下的结构稳定的柔性复合构造物。

（3）河渠保护——解决堤岸、坝面、河床与沟渠的冲蚀防护问题，堤岸渗排及内部结构潜在变形问题。

巢室河渠保护系统是指采用蜂巢约束技术为暴露于从低到高的间歇或连续水流冲蚀下的露天河渠和水工建筑所构筑的稳定的柔性保护土工复合构造物。

（4）承载稳固——解决软基荷载分布、基础稳固、表面稳定问题。

巢室承载稳固系统是指由蜂巢格室、压实粒料及土工布隔离垫层组成的具有半刚性作用的柔性复合结构层构成的软土地基上的承载结构。该层可阻断其上集中或分散荷载所产生的土体冲剪力的扩散路径，并在三维方向上限制该层所影响区内的粒料的剪切、横向与纵向运动，从而提高岩土结构的承载能力、稳定性和耐久性。巢室承载稳固系统完美解决了透水铺面的带水承载问题。

（5）水土保持基于植被固土、多孔隙滞容渗蓄、土工布反滤及巢室壁板的微型拦渣坝功能，减少径流并补充地下水，解决水土流失问题。

（6）地灾防治——综合应用蜂巢约束系统，防治泥石流、滑坡、塌岸、崩塌、落石等地质灾害造成的环境问题。

（7）生态修复——通过建立开放的多孔隙宜生环境，形成多样化生物群落，部分恢复边坡、河川、路面的自然地形与/或自然功能，改善生态环境，实现多样化生物群落的良性自然演替。

巢室生态护岸技术主要有三种形式：巢室平铺式生态护岸；巢室叠砌生态护岸；巢室生态护岸挡墙。

2. 适用范围

巢室生态护岸技术适用于间歇水流、持续水流的河川湖泊护岸、塌岸治理、硬质堤岸生态修复等工程。其柔性结构使之适应和保留河川湖泊的岸线的变截面、变坡度的自然地形，其生态护岸可保留河川湖泊的堤岸的自然功能。

（1）填充种植土、表面建植完全郁闭的巢室平铺式生态护岸

①持续水流的常水位消落带（超高位置）之上，坡度≤ 63°（1 ∶ 0.5）。

②持续水流流速≤ 1m/s 且浪涌较小时，可草坡入水，坡度≤ 26.6°（1 ∶ 2）。

③历时 24h、流速≤ 6m/s，或历时 48h、流速≤ 4.8m/s 的间歇水流，坡度≤ 34°（1 ∶ 1.5）。

④表面敷设植物纤维毯，短时流速≤ 10m/s 的间歇水流，坡度≤ 45°（1 ∶ 1）。

（2）填充碎石或碎石土的巢室平铺式生态护岸

①常水位消落带之下。

②排水管道出口下方，且流速小于粒料临界流速。

③水流峰值流速≤ 4.5m/s。

④岸坡坡度≤ 42°，通常≤ 38.7°（1 ∶ 1.25）。

⑤常水位的流速较低，可建植或自然植生挺水植物或沉水植物。

（3）填充生物基质混凝土的巢室平铺式生态护岸

①填充 7.5cm 厚的生物基质混凝土，允许最大流速≤ 8m/s。

②填充 10cm 厚的生物基质混凝土，允许最大流速≤ 13m/s。

（4）巢室叠砌式生态护岸与巢室加筋挡墙生态护岸

①巢室叠砌式生态护岸用于坡度≥ 1 ∶ 1.5 的较陡的稳定岸坡。

②巢室加筋挡墙生态护岸用于坡度 1 ∶ 0.75 ~ 0.1 的陡峭不稳定岸坡。

③历时 24h、流速≤ 6m/s 或历时 48h、流速≤ 4.8m/s 的间歇水流，叠砌巢室外侧巢格中可填充种植土。

④持续水流峰值流速≤ 3.2m/s（按碎石特征粒径 Dso=38mm），叠砌巢室外侧巢格

中可填充碎石或碎石土。

⑤持续水流峰值流速≤ 3.2m/s，叠砌巢室外侧巢格中可填充生物基质混凝土。

3．技术与方法

巢室生态护岸技术是巢室河渠保护系统的特定应用解决方案。

（1）巢室平铺式生态护岸

巢室平铺式生态护岸用于间歇水流和持续水流时，其填充材料、植被选配有所差别。

巢室平铺式生态护岸锚钎阵列的锚钎密度基于坡面巢室保护覆盖层的稳定性静力分析和巢室在设计年限内的最高环境温度下的长期设计强度。长期设计强度是指考虑设计年限内的蠕变、光老化与氧化、安装损伤和最高环境温度等相关因素影响后的土工合成材料抗拉屈服强度。按长期设计强度设计的巢室平铺式生态护岸结构的可靠性是传统设计方法的 3 ~ 5 倍，且使用寿命更长。

（2）巢室挡墙生态护岸

常用的巢室挡墙生态护岸有两种结构：巢室加筋挡墙和复合式巢室生态护岸挡墙。

巢室加筋挡墙在设计时需逐层验算挡墙的外部与内部稳定性：抗滑移稳定性（安全系数 1.5）、抗倾覆稳定性（安全系数 2.0）和地基承载力（安全系数 1.0 ~ 1.2），验算加筋结构的抗拔、抗拉伸过载、抗墙面连接失效等内部稳定性和局部稳定性。

复合式巢室生态护岸挡墙除了“巢室 + 干砌石”复合式生态护岸挡墙外，还可与浆砌石挡墙、钢筋混凝土挡墙、石笼网箱挡墙组成复合式生态护岸挡墙。

4．主要特性

（1）抗水流冲蚀，保持水土。

（2）建立适宜微生物附集、昆虫蛹化、植被生长、生物群落自然良性演替的开放的多孔隙环境。

（3）建立以植被为主、陆水交融、可自然良性演替的生态群落。

（4）蓝带水景与绿带植被景观相映成趣，具有极佳的景观效果。巢室平铺式生态护岸建植郁闭后实现 100% 绿化，且无工程痕迹。巢室叠砌式生态护岸与巢室挡墙生态护岸的波浪形凹凸起伏的彩色面板具有良好的装饰效果。叠砌露台建植后，可实现垂直绿化。

（5）提高水体自净能力和岸基土壤渗滤净化、植被拦截吸附净污的能力。

（6）柔性结构，可保留河川湖泊的蜿蜒曲折、高低起伏、变坡度的自然地形和功能。

（7）施工速度快，是传统工艺的 5 ~ 10 倍。

五、生态清淤技术

（一）概述

生态清淤是指去除沉积于湖底（河底）的富营养物质，包括高营养含量的软状沉积物（淤泥）和半悬浮的絮状物（藻类残骸和休眠状活体藻类等），生态清淤清除的是底层富含有机质的表层流泥，它以生态修复为目的，最大限度地清除底泥污染物、减少湖泛发生概率。在生态清淤的基础上，通过环境治理、生态工程和有效管理等综合工程和非工程措施，修复生态系统，保障湖泊生命健康和可持续发展。

（二）技术与方法

生态清淤技术包括底泥调查技术、清淤范围与深度确定技术、施工技术及余水处理技术等各个方面。

1．底泥调查技术

生态清淤实施前需要制定严格的清淤方案。清淤方案的制定通常包括以下步骤：首先，应通过底泥调查，掌握污染底泥的沉积特征、分布规律、理化性质；其次，确定合理的疏挖范围及规模、疏挖深度、疏挖方式及机械配置、工作制度及工期等；最后，选择底泥堆放场地并选取底泥处置工艺，明确底泥的最终出路。底泥调查主要包含水下地形测量、底泥勘探及淤积量计算及底泥污染状况调查等。

2．清淤范围与深度确定技术

清淤范围的确定方法包括聚类分析法、层次分析法、经验法等。疏浚深度不仅决定着疏浚工程量和疏浚工程规模，而且直接影响疏浚效果。疏浚过浅达不到有效去除污染物质的目的，而疏浚过深又会破坏性地改变湖底形态，影响底栖生态环境和疏浚后的生态修复。清淤深度确定方法包括背景值比较法、拐点法、底泥分层释放法、生态风险系数法及经验值法等。

3．施工技术

生态清淤工程目的是清除悬浮状与流动状的淤泥，同时施工中尽可能减少污泥扩散对周围水体的污染，减少施工对水体的扰动。施工设备须满足精确疏浚的要求，满足对细颗粒淤泥的清除要求，满足低扰动疏浚的要求，满足疏浚技术经济的要求。在挖泥船的选择上，机械式挖泥船、水力式挖泥船及气动式挖泥船等各种类型的挖泥船和疏浚机具设备，在用于生态清淤时需重点在机械产生的扰动、疏浚精度控制能力、头部装置的密封和防扩散程度以及机械的抽吸能力等几个方面进行改进。

六、水系连通技术

（一）概述

水系连通技术指的是在水电工程建设过程中，为提高流域和区域水资源统筹调配能力，为洪水提供畅通出路和蓄泄空间，并增强水体自净能力和修复水生态功能，需合理连通相关的河流、水库、湖泊、淀洼、蓄滞洪区等功能水体，统筹规划闸坝、堤防建设布局，合理优化现有闸坝调度运行方式，减缓工程建设引发的生态阻隔效应。其目的是恢复河湖水系在纵向（上下游、干支流）、横向（主槽与河漫滩及湿地）和竖向（地表水与地下水）的连通性特征。

（二）技术与方法

水系连通技术包括工程措施和非工程措施两类。

1. 工程措施包括

①连接通道的开挖和疏浚；②拆除控制闸坝，退渔还湖，退田还湖，恢复湖泊湿地河滩；③拆除岸线内非法建筑物、道路改线；④清除河道行洪障碍；扩大堤防间距，加宽河漫滩；⑤建设洄游鱼类的过鱼设施；⑥生物工程措施，包括人工适度干预，恢复湖泊天然水生植被，提高湖泊水生植物覆盖率。

2. 非工程措施包括

①改进已建河湖连通控制闸坝的调度运行方式，制定运行标准，保障枯水季湖泊、湿地的水量；②建立湖泊健康评价标准，科学确定湖泊生态需水；③依据湖泊生态承载能力，划定环湖岸带生态保护区和缓冲区范围，明确生态功能定位；④实施流域水资源综合管理，对河流、湖泊、湿地、河漫滩实施一体化管理，建立跨行业、跨部门协商合作机制，推动社会公众参与；⑤建设生态监测网，开展河湖水系连通性和水文－地貌－生物状况定期评价。

七、河湖岸线控制技术

（一）概述

河湖岸线控制技术指的是在分析总结岸线开发利用与保护中所存在的主要问题的基础上，合理确定岸线的范围、划分岸线功能区，并提出岸线布局调整和控制利用与保护措施。其目的是为保障河道（湖泊）行（蓄）洪安全和维护河流健康，科学合理地利用和保护岸线资源。

（二）技术与方法

岸线控制线是指沿河流水流方向或湖泊沿岸周边为加强岸线资源的保护和合理开发而划定的管理控制线。岸线控制线分为临水控制线和外缘控制线。临水控制线是指为稳定河势、保障河道行洪安全和维护河流健康生命的基本要求，在河岸的临水一侧顺水流方向或湖泊沿岸周边临水一侧划定的管理控制线。外缘控制线是指岸线资源保护和管理的外缘边界线，一般以河（湖）堤防工程背水侧管理范围的外边线作为外缘控制线，对无堤段河道以设计洪水位与岸边的交界线作为外缘控制线。在外缘控制线和临水控制线之间的带状区域即为岸线。岸线既具有行洪、调节水流和维护河流（湖泊）健康的自然生态功能属性，同时在一定情况下，也具有开发利用价值的资源功能属性。任何进入外缘控制线以内岸线区域的开发利用行为都必须符合岸线功能区划的规定及管理要求，且原则上不得逾越临水控制线。

岸线功能区是根据岸线资源的自然和经济社会功能属性以及不同的要求，将岸线资源划分为不同类型的区段。岸线功能区界线与岸线控制线垂向或斜向相交。岸线功能区分为岸线保护区、岸线保留区、岸线控制利用区和岸线开发利用区四类。

第二节　生物多样性保护技术

一、过鱼设施

（一）概述

过鱼设施是指为使洄游鱼类繁殖时能溯河或降河通过河道中的水利枢纽或天然河坝而设置的建筑物及设施的总称。通常采用的过鱼设施包括鱼道、仿自然通道、鱼闸、升鱼机和集运鱼船等（见表 2–3）。

表 2–3　过鱼设施分类

过鱼设施	定义	优点	缺点	适用条件
鱼道	供鱼类洄游的人工水道	可连续过鱼，过鱼能力强，运行保证率高	一次性投资较高	中低水头
仿自然通道	通过模拟自然河流而建立的联系障碍物上下游的旁通水道	近自然状态，过鱼种类多、效果好，维护成本低	占地面积大，通道距离长，对上游水位波动敏感	水头，大空间河段，适合多种鱼类双向通过
鱼闸	利用上下闸门的启闭向通道注水来形成引流，将下游鱼类吸引并输送到上游的结构	占地面积少，一次性投资	操作复杂，过鱼量小，运行管理费用高	中、高水头且空间狭小河道，游泳能力差的鱼类
升鱼机	将鱼类吸引到位于障碍物下游的集鱼室 内，然后将其提升到 闸坝上游的设备	灵活性较好	集鱼困难，提运时间长，不利于大批鱼类过坝，运行管理费用高	高水头河流，适用于游泳能力差或体型较大的鱼类
集运鱼船	在下游捕获上溯的洄游鱼类并通过渔船或陆运方式转运到闸坝上游	移动方便，捕获灵活性好，重建洄游鱼类种群效果显著	捕捉和转运实施困难、费用昂贵，对鱼类损伤较大	高水头或鱼道设置存在困难地区，或在闸坝拦截河段缺少繁殖生境河段

（二）技术与方法

1. 过鱼设施设计的基本步骤

（1）设计条件与方案选择

通过调查基本环境条件，包括相关法律法规、水文和水力学条件、地质与地貌条件、河流断面特征、底质；目标鱼种、过鱼季节等要素，选择鱼道结构形式。

（2）过鱼设施设计

过鱼设施设计的初始步骤是在多种技术方法中，根据具体条件进行选择，然后依据技术规范或手册进行设计。对于溯河洄游鱼类可能的选择是：①拆除已经失去功能的闸坝等水利设施；②仿自然通道；③鱼道、升鱼机、鱼闸和集运鱼船；④改善闸坝调度方式为鱼类提供洄游条件。

（3）设计评价与管理

溯河洄游鱼类设施设计的评价内容包括：是否在洄游主要时期有足够的流量吸引鱼类；鱼道入口是否靠近坝址；鱼道出口是否远离堰、坝；每种目标鱼类物种是否都能通过鱼道：鱼道尺寸是否能够满足洄游高峰期鱼类通过的需要；鱼道的紊流是否在可接受的范围内；鱼道是否便于清理和维护，是否有过鱼设施的维护和清障技术规则等。

2. 过鱼设施及其设计要求

（1）鱼道

鱼道按其结构型式可分为槽式鱼道、池式鱼道、梯级鱼道、鳗鱼道等。

鱼道池室宽度应根据过鱼对象的体长和设计过鱼规模综合分析后确定，一般取 2 ~ 5m。池室长度应按池室消能效果、鱼类的大小、习性和休息条件而定，约为鱼道宽度的 1.2 ~ 1.5 倍。池室水深应视鱼类习性而定，一般取 1.0 ~ 3.0m，对于表层型鱼类取小值，底层型鱼类取大值。鱼道的池间落差应按主要过鱼对象的种类及游泳能力确定，一般取 0.05 ~ 0.3m。鱼道底坡宜取统一的固定底坡。如因布置条件所限需变坡时，必须保持底坡的连续和缓变。当鱼道总落差较大、长度较长时，应间隔一定距离布置休息池，一般每隔 5 ~ 10 个标准水池设一个休息池。休息池长宜取池室长度的 1.7 ~ 2.0 倍。鱼道方向改变处应设置休息池，池内水流不可直接冲击池壁，避免形成螺旋流。

鱼道进口应设在经常有水流下泄、鱼类洄游路线及经常集群的地方，并尽可能靠近鱼类能上溯到达的最前沿。鱼道进口前水流不应有漩涡、水跃和大环流。进口下泄水流应使鱼类易于分辨和发现，有利于鱼类集结。如进口布置在电站尾水口上方，利用电站泄水诱鱼，或者布置在溢洪道侧旁，以及闸坝下游两侧岸坡处。鱼道进口位置应避开泥沙易淤积处，选择水质新鲜、肥沃的水域，避开有油污、化学性污染和漂浮物的水域。鱼道进口应能适应目标洄游鱼类对水流的要求及运行水位变化范围；为适应下游水位变化和不同过鱼对象的要求，可设置多个不同高程的进口。鱼道进口前宜设计成一个平面上呈“八”字张开的喇叭形水域，以帮助鱼群发现进口。在此水域中，应有明显的从进口流出的水流，且该水流占总水流的比例通常不应小于 1% ~ 1.5%，枯水期应占到总水流的 10% 左右。进口底板高程应低于下游最低设计进鱼水位 1.0 ~ 1.5m。一般进口设计成宽高比为 0.6 ~ 1.25 的方形入口。进口宜根据鱼类对光色、声音的反应设置照明、洒水管等诱鱼设施。

鱼道出口的平面位置应靠岸并远离泄水流道、发电厂房和取水泵房的进水口，以免过坝亲鱼被泄水或进水口前的水流，重新卷入下游。一般要求鱼道出口与取水、泄水建筑物进水口的距离不小于 100m。鱼道出口一定范围内不应有妨碍鱼类继续上溯的不利环境，如水质严重污染区、码头和船闸上游引航道出口等，要求水质清洁、无污染。鱼道出口要求布置在水深较大和流速较小的地点，位置设在最低水位线下，便于鱼类继续上溯。鱼道出口高程应能适应水库水位涨落的变化，确保出口处有一定的水深，一般应低于过鱼季节水库最低运行水位以下 1 ～ 2m。出口高程还需适应过鱼对象的习性，对于底层鱼应设置深潜的出口，幼鱼、中上层鱼的出口，可在水面以下 1 ～ 2m 处。如水库水位变幅较大，鱼道应设置若干个不同高程的出口，或采取其他结构、机械调节措施，以适应上游水位变幅，保持鱼道水池的水位、流量、流态条件的稳定。出口结构一般为开敞式，为控制鱼道进水量和鱼道检修，需设置闸门。出口视情况设置拦污和清污、冲污设施。

（2）仿自然通道

仿自然通道是绕过河流障碍物并模仿自然河流形态而建立的联系障碍物上下游的旁通水道，适用于已建闸坝建筑物但需改造的工程。仿自然通道不仅为鱼类提供洄游通道，也可以为鱼类及其他喜流物种提供适宜栖息地。仿自然通道的建设以坡度变化丰富，河流地貌形态多样的自然河流为设计模型，满足洄游鱼类的需求。

仿自然旁通道一般分为进口、通道和出口三部分，可单独使用，也可与其他过鱼构筑物相结合，形式和形状可多样化。

仿自然旁通道系统要求有足够的空间，一般不适宜水头过高的大坝，也不适宜高山峡谷地区，并避开人口密集区域。仿自然旁通道应尽量利用或改造工程区内现有溪流、沟渠和废弃河道，增加鱼类栖息地面积，减少占地和工程成本。

近自然通道应满足以下要求：通道断面形状应尽可能多样，底部宽度应不小于0.8m；坡降应尽可能平缓，一般不应超过 1：20；通道应设置流量调节设施，确保丰、枯不同季节洄游鱼类均能顺利通过；通道内水深应能满足鱼类洄游的需要，平均水深一般大于0.5m；仿自然旁通道的水流流速、流量、落差和湍流应与河流中洄游鱼类的游泳能力和行为相适应。仿自然旁通道的设计应体现“亲近自然”的原则，通道底坡和边坡采用植物或捆枝与石块混合的结构；尽量避免使用钢筋混凝土、浆砌砖石等不透水结构。

近自然通道进口设计原则与鱼道类似。进口底部必须与河床和河岸基质相连，使底层鱼类能够进入，和河床底部之间应除去直立跌坎，若其间有高差应以斜坡相衔接。进口处可铺设一些原河床的卵砾石，以模拟自然河床的底质和色泽。进口应能适应下游水位的涨落，适应鱼类对水深的要求，保证在过鱼季节进鱼口水深不小于 1.0m，必要时可设计多个不同高程的进口。进口应确保在任何情况下都有足够的吸引水流，必要时可设置补水设施。

近自然通道出口设计原则与鱼道类似。出口位置的选择应满足以下要求：应远离泄水闸、船闸及取水建筑物，周边不应有妨碍鱼类继续上溯的不利环境；出口外水流平顺，没有漩涡，鱼类能够沿着水流和岸边线顺利上溯；出口应能适应上游水位的变动，保证有足够的水深，与上游水面衔接良好；应设置水流控制闸门，调节进入旁通道的流量。

（3）鱼闸

鱼闸结构与船闸类似，由闸室及具有闭合装置的下闸门和上闸门组成。闸室和闭合装置的结构设计取决于工程具体条件。闸室设计时，为防止鱼类滞留在因水量下泄变干涸的部位，闸室底部可采用阶梯式或者倾斜式。为满足大量鱼类在闸室内长时间停留的需要，闸室的尺寸应大于普通鱼道池室尺寸。

通过旁路送水可产生或加强吸引流，闸室出水口的横断面尺寸应确保吸引流流速范围在 0.9 ～ 2.0m/s 之间。在设计闸室充水阶段、过渡阶段的流入量和排出量时，需使闸室内的流速低于 1.5m/s，闸室内的水位涨落幅度应低于 2.5m/min。

鱼闸位置和进出口布置可采用与鱼道相同的标准，由于其结构轻便，鱼闸可安放在隔墩之间。

（4）升鱼机

升鱼机一般用于水位变幅较大（一般大于 6 ～ 10m），由于空间布置、流量、鱼类行为习性等限制不能采用传统鱼道的工程。

升鱼机用水槽作为输送装置，水槽安装有可关闭或翻转的门。在坝下游侧水槽沉入水底，采用吸引流将鱼引至升鱼机。升降机的下门定时关闭，聚集在水槽内的鱼被运送至坝顶部。出口处可与上游水体做不漏水连接，也可让水槽在高于上游水位处倾入渠道，鱼类通过对上游吸引流的察觉到达上游水体。升鱼机的循环操作周期可根据鱼类实际洄游活动确定。

二、增殖放流

（一）概述

洄游鱼类增殖放流是指对处于濒危状况或受到人类活动胁迫严重，具有生态及经济价值的特定鱼类进行驯化、养殖和人工放流，使之得到有效保护，设置鱼类增殖放流站是缓解胁迫作用和恢复鱼类资源的有效手段之一。增殖放流站的主要任务是通过对开发河段野生亲本的捕捞、运输、驯养、人工繁殖和苗种培育，对放流苗种进行标志（或标记），建立遗传档案并实施增殖放流。

（二）技术与方法

鱼类增殖放流站的设计内容主要包括站址选择、建设规模、工程布置和运行管理。增殖放流站建设条件主要包括：水源充足、给水及排水方便、水质清洁、环境良好、抗洪能力强、无工业污染、交通、用电方便等。建设规模结合增殖放流站近期和远期放流任务的需求和放流对象人工繁殖技术综合确定。增殖放流站的主要建筑物包括蓄水池、孵化车间、亲鱼驯化培育池、后备亲鱼培育池、苗种培育池、综合楼等。增殖放流站的技术工作包括亲鱼选择与亲鱼培育、人工繁殖、鱼卵孵化、鱼苗鱼种培育、大规格鱼种培育等任务。在实施放流时，需对放流鱼种质量、放流规格和数量、放流位置、放流技术等进行全面了解。增殖放流站生产工艺流程如下。

1. 放流鱼种质量

在增殖放流前充分了解拟引进或放流种类的生物学特性及其放流的环境条件。根据《水产苗种管理办法》，放流的幼鱼必须是由野生亲本人工繁殖的子一代。放流苗种必须无伤残、无病害，体格健壮，应禁止向天然水域放流杂交种、转基因种、外来物种及其他种质不纯的物种。

2. 放流规格和数量

增大放流鱼种的规格是提高其成活率的重要因素，通常是苗种规格越大成活率越高，并且在其规格达到能够躲避敌害鱼类时，自然死亡率变得很低。增大规格会提高放流成本，因此，最佳的放流规格应是种苗放流存活率较高的最小体长。放流数量主要从物种保护的角度出发，在经济合理的基础上，合理确定放流数量，以达到增加鱼类种群数量，遏制鱼类资源衰退的目的。

3. 放流位置

根据鱼类对生存环境的要求，放流地点的选择需避开坝址下泄水所造成的气体过饱和及下泄低温水影响的河段。放流地点的选择应满足以下要求：交通方便水流平缓，水域较开阔的库湾或河道中回水湾；水深5m以内，凶猛性鱼类少；饵料生物相对丰富。

三、迁地保护

（一）概述

迁地保护是指为洄游鱼类提供新的产卵场、索饵场和越冬场的一种保护措施，它是就地保护的一种补充。

（二）技术与方法

迁地保护的鱼类选择应符合以下原则：①物种原有生境破碎或消失；②物种的数目下降到极低的水平，种内难以进行交配；③物种的生存条件突然恶化。这类物种常常具有极窄的生态位阈值，适应能力较差，当生境条件的某一个或某几个生态因子突然恶化时，将导致该物种的灭绝。

迁地保护主要环节包括引种、驯养、繁育及野化。引种是迁地保护的首要工作，指捕捉、检疫、运输等一系列工作。应针对不同鱼类物种采用适宜的捕捉和运输方式，并合理引入雌雄个体及成幼个体的数量与比例。驯养是保证被保护鱼类存活的基本工作，驯养早期阶段应有专人饲喂及日常管理，以使鱼类早日适应人工饲养环境。遗传管理是一项较新的任务，指应用现代新技术检测饲育鱼类的遗传多样性，建立谱系记录簿，以利于持久地保存其遗传多样性，避免近亲繁殖。野化即物种再引入，指把饲养下繁殖的后代再引入到自然栖息地，复壮面临灭绝的鱼类物种或重建已消失的种群的过程。野化前应先进行驯化，待其具有独立生活能力后，才可减少人为管理。

由于各方面因素的制约，迁地保护工作存在着一定的局限性。迁地保护的成效多取决于政策和经费的连续性，而且由于迁地保护场所在数量上和面积上的限制，不同的亚种、不同的生态型个体常常混养在一起，物种的遗传成分混杂。同时，迁地保护的濒危物种由于长期受到无意识的人工选择，并不能获取有利于进化的遗传多样性，缺乏野外生存所必需的觅食、逃避天敌的行为技巧难以适应变化了的环境条件。

四、“三场”维护技术

（一）概述

“三场”维护技术指的是在水电工程建设过程中，为保护特有、濒危、土著及重要渔业资源，需特殊保护和保留未开发的河段，对“三场”（产卵场、索饵场、越冬场）等重要原生境进行保护。

（二）技术与方法

在对“三场”分布进行综合评价的基础上，对于有重要“三场”分布的区域，应根据鱼类产卵类型，提出“三场”保护要求，并以水生态区为单元，确定保护优先顺序，划定重点原生境保护区，以便更集中地进行保护。重点原生境保护区的划定需要考虑：保护对象的分布地点、土地利用形式、水域和涉水建筑物的管理权限、利益相关人的意见以及保护区可能受到威胁的人类活动。在此基础上，提出要实现保护目标需要采取的行动及研究计划。鱼类“三场”保护的具体要求可通过流速、水深、水面宽、过水断面面积、湿周、水温等水力参数及急流、缓流、深潭、浅滩等流态和地貌参数进行表征。

五、分层取水技术

（一）概述

分层取水技术是指为减缓下泄低温水对下游水生生物或农田灌溉的不利影响所采取的水温恢复与调控措施，一般可设置分层取水建筑物，尽可能下泄表层水。

（二）技术与方法

在掌握水温分布规律的基础上，根据下游具有生物目标的水温需求，经综合分析，选择适宜的水温恢复措施和目标，在大坝结构中设置水库分层取水设施。

1. 分层取水结构

（1）多孔式取水设施

在取水范围内设置高程不同的多个孔口，取水口中心高程根据取水水温的要求设定，不同高程的孔口通过竖井或斜井连通，每个孔口分别由闸门控制。运行时可根据需要，启闭不同高程的闸门，达到分层取水的目的。其结构简单，运行管理方便，工程造价较低，其缺点是由于孔口分层的限制而不能连续取得表层水。

（2）叠梁门分层取水设施

在常规进水口拦污栅与检修闸门之间设置钢筋混凝土隔墩，隔墩与进水口两侧边墙

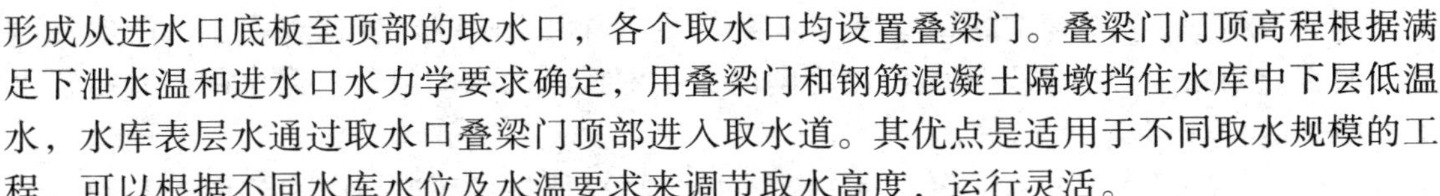

形成从进水口底板至顶部的取水口，各个取水口均设置叠梁门。叠梁门门顶高程根据满足下泄水温和进水口水力学要求确定，用叠梁门和钢筋混凝土隔墩挡住水库中下层低温水，水库表层水通过取水口叠梁门顶部进入取水道。其优点是适用于不同取水规模的工程，可以根据不同水库水位及水温要求来调节取水高度，运行灵活。

（3）半圆套筒闸门取水设施

半圆套筒取水闸门是由一组互相迭套的钢结构半圆筒组成，同心的几个半圆筒内径自上而下由大到小，经迭套形成整体半圆套筒闸门挡水。单独的半圆筒可以独立升降，这样组合起来的整体半圆套筒可以随水位变化而伸缩，达到取表层水的目的。

当水库水位变化时，筒顶水深也随之变化，这时启闭系统配置的自动跟踪装置发出讯号，控制半圆套筒伸缩。当水库水位已下降至表层取水范围的下限值时，闸门已完全叠套在一起，这时将整体套筒全部提起，就能取到最下一层水。这种取水方案流态简单，整个表层取水过程都是薄壁堰流或实用堰流。所需控制的是筒内外水头差、进口行进流速和筒内流速，这些因素相互影响，是决定整套取水装置尺寸的基本参数。半圆筒取水闸门对制作工艺、运输和安装要求较高，若不能达到较高的圆度要求，稍有变形，运行时容易发生卡阻，不能自由伸缩。当水头较高，而套筒无法收缩时，会出现水头差过大，甚至空筒，从而造成套筒失稳破坏。

（4）圆套筒式分层取水装置

圆套筒式分层取水装置由多节圆筒形门叶组成，其结构类似电视机上的拉杆天线。为使闸门伸缩自如，每节门叶均需设置悬臂杆，杆端安装主滚轮或滑瓦，使圆筒闸门沿埋在取水塔上的主轨上下行走。按照取水方式分，有吸入式和溢流式两大类。按照闸门升降方式分，有机械式和浮动式两种。机械式利用固定式启闭机通过联系构件与圆筒相连，用启闭机提升筒体，靠自重下降；浮动式把第一节圆筒悬挂在一个盘状浮子上，靠浮子的浮力支持，使筒首喇叭口随库水位变化而升降，保持固定的取水深度。

2. 分层取水结构设计

分层取水设施布置和结构设计应遵循《水利水电工程进水口设计规范》和《水电站进水口设计规范》。采用叠梁门和多层取水口设计时，应考虑下列内容：

（1）叠梁门控制分层取水时，门顶过流水深应通过取水流量与流态、取水水温计算以及单节门高度等综合分析后选定。

（2）叠梁门单节高度应结合水库库容及水温计算成果进行设置，确保下泄水温，同时也应避免频繁启闭，一般单节叠梁门高度 5 ~ 10m，就近设置叠梁门库，便于操作管理。

（3）多个取水口并排的叠梁门式分层取水建筑物，可在叠梁门与取水口之间设置通仓流道。通仓宽度应根据流量、流速、流态等确定，必要时应通过水工模型试验论证，一般不宜小于取水口喇叭段最前缘宽度的 1/2，通仓内流速不宜超过 1.0 ~ 1.5m/s。若通仓内存在漩涡，应进行消涡措施计算与分析。

（4）多层取水口形式的分层取水建筑物，不同高程的取水口可根据实际情况上下重叠布置或水平错开布置，且应确保每层取水口的取水深度和最小淹没水深。

（5）多层取水口形式的每层取水口应设置一扇阻水闸门，根据水库水位的变化以及下泄水温要求，开启或关闭相应高程闸门，达到控制取水的目的。阻水闸门宜布置紧凑，便于运行管理。

（6）多层取水口之间一般通过汇流竖井连通，竖井底部连接引水隧洞。为确保竖井内水流平顺，竖井断面不宜小于取水口过流面积。

（7）叠梁门分层取水进水口的门顶过流为堰流形式，除应根据门顶过水深度计算过流能力外，还应计算叠梁门上下游水位差，确保叠梁门及门槽结构安全。

（8）多层取水口分层取水各高程进水口及叠梁门后进水口应计算最小淹没深度，防止产生贯通漩涡以及出现负压。

六、过饱和气体控制技术

（一）概述

过饱和气体控制技术指的是结合水库运行、发电、泄洪等需求，设计尽可能满足鱼类栖息和繁殖所需水文节律的水库运行及泄洪方式，其目的是降低水库下泄水气体饱和度，减轻水电工程对水生态的不利影响。

（二）技术与方法

水电工程水体中气体过饱和现象主要产生在泄洪时期，为减少气体过饱和现象的产生，需结合水电工程设计、建设和运行管理等环节综合解决，准确预测水文气象情势，做好优化调度，减少泄洪，从而减少过饱和气体对下游水生生态的影响。在工程设计过程中，要尽可能地采取底流消能方式，减少挑流消能方式，从根本上减少气体过饱和现象的发生。同时，需加强监测工作，监测内容包括物理化学要素监测（如溶解性氮气、溶解氧、总溶解性气体）、生物要素监测（如鱼类生物学致死效应监测、鱼苗气泡病监测、鱼类生物学异常监测）等。

环境流，指维持淡水生态系统及其对人类提供的服务所必需的水流条件，包括水量、水质及时空分布。环境流可以解释为维持河流生态环境需要保留在河道内的基本流量及过程，不仅包括枯季最小流量，也包括汛期洪水过程；不仅包括水量过程，也包括水动力及水的物理化学变化过程。环境流是人类在进行水资源配置和管理中分配给河流生态系统的流量，具有维持河流持续性、保证河流自净扩散能力、维持泥沙营养物质输移和水生态系统平衡等作用，并可为水库生态调度和河道生态修复等提供依据，类似的概念如生态环境需水量、生态需水量、环境需水量等。环境流强调不但要维持流域生态环境健康和生活服务价值，而且要符合一定水质、水量和时空分布规律要求，强调一个完整的水文过程。因此，环境流不仅仅是一个科学术语，而且是比技术问题更为复杂的管理问题，环境流调控技术也应运而生。

第三章 河流生态治理和修复技术体系

第一节 河流生态系统服务功能

河流常被人们称为地球的动脉，是地球陆地表面因流水作用而形成的典型地貌类型。河流可以汇集和接纳地表径流，连通内陆和大海，是自然界能量流动和物质循环的一个重要途径。我国拥有丰富的河流资源，流域面积在1000km^{2}以上的河流有1500多条，其中长江、黄河、珠江是世界闻名的大河。近几年在河流整治过程中，发现河流生态系统普遍退化严重，因而对河流生态系统的功能深感忧虑。河流具有其特定的结构特征和服务功能，河流生态系统是结构和功能的统一体。

一、河流生态系统的典型特征

（一）河流生态系统的组成特征

河流生态系统组成包括生物和非生物环境两大部分。非生物环境由能源、气候、基质和介质、物质代谢原料等因素组成，其中能源包括太阳能、水能；气候包括光照、温度、降水、风等；基质包括岩石、土壤及河床地质、地貌；介质包括水、空气；物质代谢原料包括参加物质循环的无机物质（C、N、P、CO_2、H_2O等）和联系生物和非生物的有机化合物（蛋白质、脂肪、碳水化合物、腐殖质等）。这些非生物成分是河流生态系统中各种生物赖以生存的基础。生物部分则由生产者、消费者和分解者所组成，其中生产者是能用简单的无机物制造有机物的自养生物，主要包括绿色植物（含水草）、藻类和某些细菌，它们通过光合作用制造初级产品——碳水化合物，并进一步合成脂肪和蛋白质，建造自身；消费者是不能用无机物制造有机物质的生物，称异养生物，主要包括各类水禽、鱼类、浮游动物等水生或两栖动物，它们直接或间接地利用生产者所制造的有机物质，起着对初级

生产物质的加工和再生产的作用；分解者皆为异养生物，又称还原者，主要指细菌、真菌、放线菌等微生物及原生动物等，它们把复杂的有机物质逐步分解为简单的无机物，并最终以无机物的形式还原到环境中。

河流生态系统组成的显著特征之一是水作为生物的主要栖息环境。由于水的理化特性，水环境在许多方面不同于陆地环境。水是一种很好的溶剂，具有很强的溶解能力，因此水体中许多呈溶解状态的无机物和有机物可被生物直接利用，这为水体中浮游生物提供了有利条件。但是太阳辐射通过水层时会进一步衰减，以致水体光照强度明显低于陆地，从而限制了绿色植物的分布。其中在浅水区生长的绿色植物，如挺水植物和沉水植物，其生长状况主要决定于水层的透明度。显著特征之二是其生物成分与陆地生态系统的生物有明显区别。河流生态系统中的生产者主要是个体很小的浮游生物（即藻类），它们按照日光所能到达的深度分布于整个水域，其生产力远比陆地植物要高得多。这一点常常被人们所忽视。显著特征之三是河道河床作为水的载体，使得河流储存有巨大的能量。水能载舟，亦可覆舟，能量利用得当，可为人类造福，处理不当，便为人类带来洪涝灾害。

（二）河流生态系统的结构特征

河流生态系统的结构是指系统内各组成因素（生物组分与非生物环境）在时空连续及空间上的排列组合方式、相互作用形式以及相互联系规则，是生态系统构成要素的组织形式和秩序。河流生态系统同其他水域生态系统一样，具有一定的营养结构、生物多样性、时空结构等基本结构。作为一个特定的地理空间单元，河流生态系统有着自己的鲜明的特点。一个完整的河流生态系统应该是动态的、开放的、连续的系统，它应该是从源头开始，流经上游和下游，并最后到达河口的连续整体。这种从源头上游诸多小溪至下游大河及河口的连续，不仅是指河流在地理空间上的连续，而更重要的是生物过程及非生物环境的连续，河流下游中的生态系统过程同河流上游直接相关。河流生态系统的结构特征可用纵向、横向、垂向和时间分量等四维框架模型来描述。

1. 河流生态系统结构的纵向特征

从纵向分析，河流包括上游、中游、下游，从河源到河口均发生物理的、化学的和生物的变化。其典型特征是河流形态多样性。

（1）上、中、下游生境的异质性。河流大多发源于高山，流经丘陵，穿过冲积平原而到达河口。上、中、下游所流经地区的气象、水文、地貌和地质条件等有很大差异，从而形成不同主流、支流、河湾、沼泽，其流态、流速、流量、水质以及水文周期等呈

现不同的变化，从而造就了丰富多样的生境。

（2）河流纵向形态的蜿蜒性。自然界的河流都是蜿蜒曲折的，使得河流形成急流、瀑布、跌水、缓流等丰富多样的生境，从而孕育了生物的多样性。

（3）河流横断面形状的多样性。表现为交替出现的浅滩和深潭。浅滩增加水流的紊动，促进河水充氧，是很多水生动物的主要栖息地和觅食的场所；深潭还是鱼类的保护区和缓慢释放到河流中的有机物储存区。这些典型特征是维持河流生物群落多样性的重要基础。

2. 河流生态系统结构的横向特征

从横向分析，大多数河流由河道、洪泛区、高地边缘过渡带组成。河道是河流的主体，是汇集和接纳地表和地下径流的场所和连通内陆和大海的通道。洪泛区是河道两侧受洪水影响、周期性淹没的高度变化的区域，包括一些滩地、浅水湖泊和湿地。洪泛区可拦蓄洪水及流域内产生的泥沙，吸收并逐渐释放洪水，这种特性可使洪水滞后。洪泛区光照及土壤条件优越，可作为鸟类、两栖动物和昆虫的栖息地。同时湿地和河滩适于各种湿生植物和水生植物的生长。它们可降解径流中污染物的含量，截留或吸收径流中的有机物，起过滤或屏障作用。河道及附属的浅水湖泊按区域可划分为沿岸带、敞水带和深水带，它们分布有挺水植物、漂浮植物、沉水植物、浮游植物、浮游动物及鱼类等不同类型的生物群落。高地边缘过渡带是洪泛区和周围景观的过渡带，常用来种植农作物或栽植树木，形成岸边植被带。河岸的植物提供了生态环境，并且起着调节水温、光线、渗漏、侵蚀和营养输送的作用。

3. 河流生态系统结构的垂向特征

在垂向上，河流可分为表层、中层、底层和基底。在表层，由于河水流动，与大气接触面大，水气交换良好，特别在急流、跌水和瀑布河段，曝气作用更为明显，因而河水含有较丰富的氧气。这有利于喜氧性水生生物的生存和好气性微生物的分解作用。表层光照充足，利于植物的光合作用，因而表层分布有丰富的浮游植物，表层是河流初级生产最主要的水层。在中层和下层，太阳光辐射作用随水深加大而减弱，水温变化迟缓，氧气含量下降，浮游生物随着水深的增加而逐渐减少。由于水的密度和温度存在特殊关系，在较深的深潭水体，存在热分层现象，甚至形成跃温层。由于光照、水温、浮游生物（其他生物的食物）等因子随着水深而变化，导致生物群落产生分层现象。河流中的鱼类，有营表层生活的，有营底层生活的，还有大量生活在水体中下层。对于许多生物来讲，基底起着支持（如底栖生物）、屏蔽（如穴居生物）、提供固着点和营养来源（如植物）等作用。基底的结构、物质组成、稳定程度、含有的营养物质的性质和数量等，都直接影响着水生生物的分布。另外大部分河流的河床材料由卵石、砾石、沙土、黏土等材料构成，都具有透水性和多孔性，适于水生植物、湿生植物以及微生物生存。不同粒径卵石的自然组合，又为一些鱼类产卵提供了场所。同时，透水的河床又是连接地表水和地下水的通道。这些特征丰富了河流的生境多样性，是维持河流生物多样性及河流生态系统功能完整的重要基础。

4. 河流生态系统结构的时间分量特征

在时间上，河流系统的时间尺度在许多方面都是很重要的，随着时间的推移和季节的变化，河流生态系统的结构特点及其功能也呈现出不同的变化。由于水、光、热在时空中的不平均分布，河流的水量、水温、营养物质呈季节变化，水生生物活动及群落演替也相应呈明显变化，从而影响着河流生态系统的功能的发挥。河流是有生命的，河道形态演变可能要在很长时期内才能形成，即使是人为介入干扰，其形态的改变也需很长时间才能显现出来。然而，表征河流生命力的河流生态系统服务功能在人为的干扰下，却会在不太长的时间内就可能发生退化，例如生态支持、环境调节等功能，对此，人们应该给予足够的重视。

二、河流生态系统的服务功能

生态系统的服务功能是指生态系统与生态过程所形成及所维持的人类赖以生存的自然环境条件与效用。生态系统向来被人们誉为生命之舟。不同类型生态系统的服务功能是不尽相同的。河流生态系统服务功能是指人类直接或间接从河流生态系统功能中获取的利益。根据河流生态系统组成特点、结构特征和生态过程，河流生态系统的服务功能具体体现在供水、发电、航运、水产养殖、水生生物栖息、纳污、降解污染物、调节气候、补给地下水、泄洪、防洪、排水、输沙、景观、文化等多个方面。按照功能作用性质的不同，河流生态系统服务功能的类型可归纳划分为淡水供应、水能提供、物质生产、生物多样性的维持、生态支持、环境净化、灾害调节、休闲娱乐和文化孕育等。

（一）淡水供应功能

水是生命的源泉，是人类生存和发展的宝贵资源。河流是淡水贮存和保持的重要场所。首先，河流淡水是人类生存所需要的饮用淡水的主要来源；其次，河流淡水是其他动物（家畜、家禽及其他野生动物）饮用的必需之物；同时，所有植物的生长和新陈代谢都离不开淡水。因此，河流生态系统为人类饮水、农业灌溉用水、工业用水以及城市生态环境用水等提供了保障。

（二）水能提供功能

水能是最清洁的能源。河流因地形地貌的落差产生并储蓄了丰富的势能。水力发电是该功能的有效转换形式，众多的水力发电站借此而兴建，为人类提供了大量能源。同时，河水的浮力特性为承载航运提供了优越的条件，水运事业借此快速发展，人们甚至修造人工运河发展水运。

（三）物质生产功能

生态系统最显著的特征之一就是生产力。生物生产力是生态系统中物质循环和能量流动这两大基本功能的综合体现。河流生态系统中自养生物（高等植物和藻类等）通过光合作用，将二氧化碳、水和无机盐等合成为有机物质，并把太阳能转化为化学能贮存在有机物质中，而异养生物对初级生产的物质进行取食加工和再生产而形成次级生产。

河流生态系统通过这些初级生产和次级生产，生产了丰富的水生植物和水生动物产品，为人类生存需要提供了物质保障，包括：

（1）初级生产为人们提供了许多生活必需品和原材料以及畜牧业和养殖业的饲料。

（2）为人类提供了优质的碳水化合物和蛋白质，一些名特优新河鲜水产品堪称绿色食品，成为人们餐桌上的美味佳肴，保障了人们的粮食安全，满足了人们生活水平日益提高的需要。

（四）生物多样性的维持功能

生物多样性是指生态系统中生物种类、种内遗传变异和生物生存环境和生态过程的多样化和丰富性，包括物种多样性、遗传多样性、生态系统多样性和景观多样性。其中物种多样性是指物种水平的生物多样性；遗传多样性是指广泛存在于生物体内、物种之间的基因多样性；生态系统多样性是指生境的多样性（主要指无机环境，如地形、地貌、河床、河岸、气候、水文等）、生物群落多样性（群落的组成、结构和功能）、生态过程的多样性（指生态系统组成、结构和功能在时间、空间上的变化）；景观多样性是指不同类型的景观在空间结构、功能机制和时间动态方面的多样化和变异性。生物多样性是河流生态系统生产和生态服务的基础和源泉。河流生态系统中的洪泛区、湿地及河道等多种多样的生境不仅为各类生物物种提供繁衍生息的场所，还为生物进化及生物多样性的产生与形成提供了条件，同时还为天然优良物种的种质保护及其经济性状的改良提供了基因库。

（五）生态支持功能

河流生态系统的生态支持功能具体体现在调节水文循环、调节气候、土壤形成、涵养水源等方面。河流生态系统是由陆地－水体、水体－气体共同组成的相对开放的生态系统。而洪泛区有囤蓄洪水的能力，囤蓄洪水后，促进了降水资源向地下水的转化，从而调节了河川径流。洪泛区还有拦蓄泥沙的作用，两岸陆地的树木森林等植物，通过拦蓄降水，起到涵养水源的作用，同时可控制土壤侵蚀，减少河流泥沙，保持了土壤肥沃，有利于水土保持。河流与大气有大面积的接触，降雨通过水汽蒸发和蒸腾作用，又回到天空，可对气温、云量和降雨进行调节，在一定尺度上影响着气候。河流具有排沙功能，可将泥沙沉积在河口地区，从而产生大片滩涂陆地。因此，一个完善的河流生态系统，具有较好的蓄洪、涵养水源、调节气候、补给地下水等作用，这对更大尺度上的生态系统的稳定具有很好的支持功能。

（六）环境净化功能

河流生态系统在一定程度上能够通过自然稀释、扩散、氧化等一系列物理和生物化学反应来净化由径流带入河流的污染物，河流生态系统中的植物、藻类、微生物能够吸附水中的悬浮颗粒和有机的或无机的化合物等营养物质，将水域中氮、磷等营养物质有选择地吸收、分解、同化或排出。水生动物可以对活的或死的有机体进行机械的或生物化学的切割和分解，然后把这些物质加以吸收、加工、利用或排出。这些生物在河流生态系统中进行新陈代谢的摄食、吸收、分解、组合，并伴随着氧化、还原作用使化学元素进行种种分分合合，在不断地循环过程中，保证了各种物质在河流生态系统中的循环利用，有效地防止了物质的过分积累所形成的污染。一些有毒有害物质经过生物的吸收和降解后得以消除或减少，河流的水质因而得到保护和改善，河流水环境因而得到净化和改良。组成河流生态系统的陆地河岸生态系统、湿地及沼泽生态系统、水生生态系统等子系统都对水环境污染具有很强的净化能力。湿地历来就有“地球之肾”的美称，在河流生态系统中起着重要的净化作用。湿地生长着大量水生植物，对多种污染物质有很强的吸收净化能力。湿地植被还可减缓地表水流速，使水中的泥沙得以沉降，并使水中的各种有机的和无机的溶解物和悬浮物被截留，从而使水得到澄清，同时可将许多有毒有害的复合物分解转化为无害的甚至是有用的物质。这种环境净化作用为人们提供了巨大的生态效益和社会效益。

（七）灾害调节功能

河流生态系统对灾害的调节功能主要体现在防止洪涝、干旱、泥沙淤积、水土流失、环境负荷超载等灾害方面。作为河道本身，即具有纳洪、行洪、排水、输沙功能。在洪涝季节，河流沿岸的洪泛区具有蓄洪能力，可自动调节水文过程，从而减缓水的流速，削减了洪峰，缓解洪水向陆地的袭击。而在干旱季节，河水可供灌溉。洪泛区涵养的地下水在枯水期可对河川径流进行补给。湿地在区域性水循环中起着重要的调节和缓冲作用。湿地草根层和泥炭层具有很高的持水能力，是巨大的贮水库，可为河流提供水源，缓解旱季水资源不足的压力，提高区域水的稳定性。同时，湿地具有蓄洪防旱、调节气候、促淤造陆、控制土壤侵蚀和降解环境污染等作用。河流水体也有净化水质的功能。因此使河流生态系统对多种自然灾害和生态灾害具有较好的调节作用。

（八）休闲娱乐功能

河流生态系统景观独特，具有很好的休闲娱乐功能。河流纵向上游森林、草地景观和下游湖滩、湿地景观相结合，使其景观多样性明显，横向高地—河岸—河面—水体镶嵌格局使其景观特异性显著，且流水与河岸、鱼鸟与林草的动与静对照呼应，构成河流景观的和谐与统一。高峡出平湖，让人豪情万丈，小桥流水人家，使人宁静温馨。同时，河谷急流、弯道险滩、沿岸柳摆、浅底鱼翔等景致，赏心悦目，给人们以视觉上的享受及精神上的美感体验。因此，人们凭借河流生态系统的景观休闲的服务功能，在闲暇节日进行休闲活动，如远足、露营、摄影、游泳、滑水、划船、漂流、渔猎、野餐等，这些活动，有助于促进人们的身心健康，享受生命的美好，提高生活的质量。

（九）文化孕育功能

欣赏自然美、创造生态美是人类生活的重要内容，和谐的自然形态与充满生机生态环境可让人们在享受生态美的过程中使人格得到发展的升华。不同的河流生态系统深刻地影响着人们的美学倾向、艺术创造、感性认知和理性智慧，各地独特的生态环境在漫长的文化发展过程中塑造了当地人们特定的多姿多彩的民风民俗和性格特征，由此也直

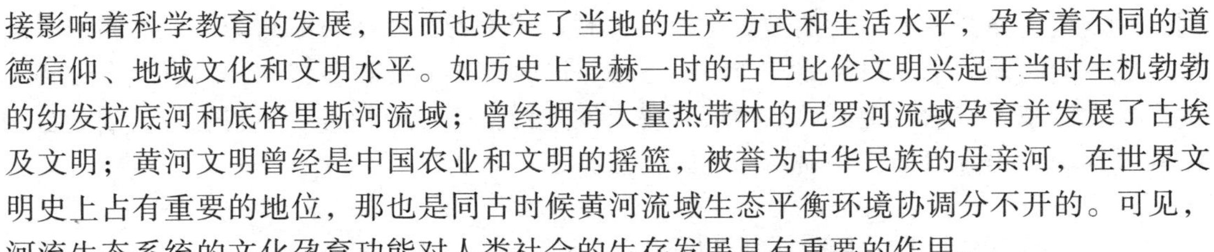
接影响着科学教育的发展，因而也决定了当地的生产方式和生活水平，孕育着不同的道德信仰、地域文化和文明水平。如历史上显赫一时的古巴比伦文明兴起于当时生机勃勃的幼发拉底河和底格里斯河流域；曾经拥有大量热带林的尼罗河流域孕育并发展了古埃及文明；黄河文明曾经是中国农业和文明的摇篮，被誉为中华民族的母亲河，在世界文明史上占有重要的地位，那也是同古时候黄河流域生态平衡环境协调分不开的。可见，河流生态系统的文化孕育功能对人类社会的生存发展具有重要的作用。

第二节　河流生态修复的方向和任务

一、河流生态修复概述

（一）河流生态修复的定义

河流生态修复是指运用流域生态理论，采用综合方法，使河流恢复因人类活动的干扰而丧失或退化的自然功能，使河流重新回到健康状态。河流生态修复的任务包括：水文条件的改善，河流地貌学特征的改善。目的是改善河流生态系统的结构与功能，标志则是生物群落多样化的提高。方法主要就是从河流的自然特性入手，目的就是要维持和保护河流的自然特点。

（二）河流生态修复应遵循的原则

1. 自然原则

大自然的水是时刻都在通过降水、径流、蒸发下渗等进行着水循环，河流属于水文循环当中的一部分，自然原则就是利用自然的循环特点制定修复方法，是河流生态修复的最基本的原则。利用河流生态系统的自我调节能力，结合具体的河流状态采取适当的工程和非工程措施，使河流生态系统自我修复，向着自然和健康的方向发展。

2. 使用功能原则

河流有诸多使用功能，在进行生态修复的时候应该首先保证其使用功能不被破坏，同时也要保证其主要功能优先的原则，即有的时候不能完全恢复其全部使用功能的情况下，要首先恢复其主要功能，当然我们也要做到河流的各项功能相互协调，各项功能和指标能够相互协调，比如我们可以利用优化函数的方法来进行，建立目标函数，包含河流的各项功能指标，建立函数，确定边界条件，最终得出符合目标的最优化的修复参数，这也是从更科学和理性的角度来看待河流的生态修复。

3. 其他原则

河流生态修复的其他原则还包括分时段考虑原则，分河段细化原则，生物多样性原则，景观美化原则，综合效益最大化原则，利益相关者有效参与原则等。在不同的时间尺度或不同时段、不同河段均需要统筹考虑。同时要遵循生物多样性，引进本土生物，适当考虑景观生态学原理，并从流域系统出发进行整体分析，将短期利益与长远利益相结合等，确定相应指标及各项指标之间相互关系。

二、河流生态修复的目标

（一）防洪和恢复健康的水循环系统

人类的开发建设活动（河流治理、城市建设、土木工程等）往往砍伐森林、硬化地表等等，导致土壤渗透保水能力降低，带来河流的洪峰流量增加、地下水位显著下降等问题。河流和地下水具有互补关系，洪水时河流水位高于地下水位，河流补给地下水；当河流水位低于地下水位时（枯水期），地下水补给河流。一般而言，枯水期河流能够得到地下水的补给，如果地下水位降低，这种补给功能就会削弱甚至丧失。如果水循环受阻，就会产生很多问题，诸如洪水发生的频率增加和规模增大、发生山崩的频率增加、地下水不足、动植物减少、水土流失、沙漠化、气候变化等等。要从根本上解决这些问题，就需要恢复健康的水循环系统。

河流生态修复同传统河流治理一样，首先是防御洪水，保护居民的生命财产，同时还要确保生态系统和让水循环处于健康状态，尽量处理好洪水期的防洪和平时的河流生态系统、景观、亲水性的关系。也就是说，没有必要用同一尺度保护城市、道路、农地和森林等，洪水时无须刻意考虑河流生态系统和亲水性，平时也没有必要考虑防洪问题。洪水灾害往往被认为是工程的问题，而传统的河流治理工程方式妨碍了水的健康循环。今后应该研究改进、制定新的治水对策。

（二）提高河流自净能力保护水质

河流生态修复的最终目的是通过健康的河流生态系统提高河流水质的质量。但提高河流水质必须从流域尺度出发，一般需要通过防止面源污染；建设完善的下水道、污水处理场和植被缓冲带；以及提高河流的自净能力 3 个阶段才能够实现。要提高河流的自净能力，保持河流形态的多样化和丰富的水生生物是很重要的。

（三）使河流具有一定的侵蚀—搬运—堆积作用

在满足一定防洪标准的同时，留给河流一定的侵蚀—搬运—堆积等自然作用的空间，是河流生态修复的重要课题。因为只有通过河流自身的运动，河流才能自然演变为具有蛇行、浅滩和深潭、周期淹没等多样性的河流形态。河流形态的多样性，意味着生息地和生态系统的多样性和形成美丽的天然河流景观。

留给河流多少侵蚀搬运堆积的自然作用空间，主要取决于保护土地不被洪水淹没的程度、冒洪水风险程度以及设计修复目标的自然化程度 3 个因素。

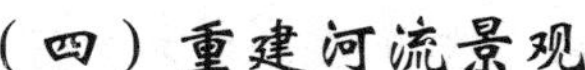

（四）重建河流景观

水体是河流景观最重要的构成要素，但传统的河流治理工程忽视了河道景观的保护、建设和管理。目前，河流景观的重要性已引起水利学家的重视。河流的生态修复除了生态效益之外，还有视觉和心理上的景观效益，单方面强调河流的生态功能是不充分的。在进行河流生态功能修复的同时，也应创造出与周围环境相协调的美丽的河流景观，表现出人与自然相和谐的人文色彩。

景观的“景”是风景之意，而“观”是人的主观感觉。景观空间的质量由人的主观感觉评价所决定，而五官之中视觉上的感觉尤其重要。在河流生态修复设计中，必须考虑景观结构的要素，通过对原有景观要素的优化组合，新的景观成分的引入，调整或构造新的河流景观格局，创造出优于原有景观，新的高效、和谐的近自然河流景观格局。和谐的近自然河流景观格局的评价尺度应满足优美性、舒适性、协调性和空间性等要求。

（五）增加河流的亲水性

所谓亲水性就是通过对河流的亲身体验，实现与河流的“对话交流”，从而达到保健休养的目的。传统的河流治理工程忽视甚至没有考虑河流这一功能。河流是动植物不可缺少的生息场所，同时也是人类生息休养的空间，河流具有解除人类各种烦恼的特殊功效。洁净的水体可以使周围空气清新，调节气温，有利于人们的身心健康。河流的亲水性不仅要考虑人类的需要，同时要考虑为野生动植物提供生息空间的生态修复。因此，在设计河流生态修复时，就应分别设计可利用空间，尽可能使之互相协调。

（六）降低经济成本

有一种观点认为，河流生态修复在成本上一定会比传统水利工程高，然而事实上并非如此。由于河流生态修复采用近自然的修复技术及材料，其成本要比混凝土式河道护岸低廉。

（1）传统水利工程技术造成高成本的原因主要有：

①工程的防洪设计标准过高；

②最终目标是完全依靠人的力量实现；

③实现最终目标的时间过短。

（2）而生态修复成本较低的原因为：

①尽量避免没必要的过高的防洪设计标准；

②最终目标的实现也要依靠自然的力量；

③实现最终目标的时间延长。这与河流生态修复的原则是一致的。

三、河流生态修复的新理念和目标在应用时所面临的问题

对河流生态修复新理念和目标的探讨具有重要的现实意义，它为河流生态修复方案的制定以及修复效果的评价提供了方向。河流生态修复新理念和目标的提出，打破了传统水工学的理念，使治河不仅仅考虑工程的安全性和经济性，从而为人们探索新的治河

理念提供了新的视点。在这种理念指引下，水工设计会更注重整个水环境系统健康的、可持续的发展。

河流生态修复新理念和目标面临的主要问题是如何处理好人与自然的关系。在权衡人类社会需求与生态系统健康需求这二者关系方面，应该同时强调兼顾水域生态系统的健康和可持续性，这就需要吸收生态学等其他学科的知识，促进水利工程学与生态学的结合，改善水利工程的规划、设计方法，发展生态水利工程学，以尽量减少对生态系统的胁迫，并充分考虑生态系统健康的需求问题。

当然，河流生态修复新理念和目标的提出，只是对城市河流生态修复理念、目标的一点探索，由于我国的经济水平、法律体系等方面存在的不足，以及诸多历史原因，河流生态修复完全达到设计意图是困难的。人们只能立足河流生态系统现状，积极创造条件，发挥生态系统自我修复功能，使河流廊道生态系统逐步得到恢复，实现河流的健康性和可持续性。在我国现实可行的治河路线是结合河流防洪、整治和城市水景观建设等工程项目，综合开展河流生态修复建设。为了顺利推进城市河流生态修复的开展，这里认为，今后迫切需要就以下几个方面开展工作：

（1）在理论上，创建水利工程学和生态学有机结合的理论、技术和评价体系。

（2）在技术变革上，为了不重复发达国家的错误，应改变单一追求工程安全（抗洪水强度）的传统水利工程设计思想，将生态学原理应用于水利工程设计中，进行水利工程的生态设计，并加强施工后的维护和管理。

（3）尽快制定适于河流生态修复的水利工程设计规范。现有的水利工程设计规范已经限制了河流生态修复的进展。

（4）政府应给予政策倾斜，给河流生态修复项目以政策和法规上的支持，最终实现我国水资源的永续利用。

河流是大地的血脉，人类是自然的精灵。与自然和谐相处是人类最美好的目标，主动向着这个目标不断地靠近，是人类应该做到也能够做到的。

四、河流生态修复评价

河流生态系统是生物圈物质循环的重要通道，具有调节气候、改善生态环境以及维护生物多样性等众多功能。近百年来，人们利用现代工程技术手段，对河流进行了大规模的开发利用，兴建了大量工程设施，改变了河流的地貌学特征和水文特征，从而极大地改变了河流自然演进的方向，对河流生态系统造成胁迫。同时日益增多的工业废水和生活污水未经完善处理便排入河流，致使河流生态环境恶化、生态系统稳定性降低，主要表现为水体中的养分、水体的化学性质、水文特性和河流生态系统动力学特性发生改变，因此对原水生生态系统和原物种造成的巨大压力。从 20 世纪 50 年代开始，西方发达国家逐步把重点从对河流开发利用转向对河流的保护。到了 80 年代，对河流生态系统进行综合修复已经成为发达国家公认的先进治河理念，诸如河流类型评估（RS）、美国快速生物监测协议（RBPs）、澳大利亚溪流状况指数（ISC）、英国河流栖息地调查方法（RHS）等多种研究方法的出现。

就我国现阶段而言，研究河流生态修复评价关键技术对于指导和推动河湖生态系统保护与修复规划工作意义重大。例如在河南省，近年来河流生态系统的恶化严重制约了社会经济的可持续发展，甚至危及人类自身的安全。

（一）河流生态修复评价研究思路

对国内外河流生态修复评价研究成果进行深入分析后发现，目前人们侧重于河流生态修复基础理论的研究和对河流生态系统自然环境因素的分析，而缺乏考虑河流周边社会因素和对生态修复经济可行性的探讨。

河流生态修复需要与经济发展相适应，使经济发展与环境改善能够并行可持续发展。因此，河流生态修复评价的应用不仅应该着眼于当地河流生态系统的退化以及河流水质、水文状况的恶化，还应该综合社会经济发展现状的分析。基于现有研究存在的问题，重点分析社会经济因素对河流生态修复评价的影响，构建兼顾河流经济可行性和生态修复必要性的河流生态修复评价指标体系，采用专家评判法和层次分析法（AHP 法）对所选指标进行权重赋值，并运用模糊综合评判方法将不同尺度的复杂信息进行综合分析，确定河流生态修复指数，讨论河流生态修复评价数值等级的划分，完成多因素多目标的河流生态修复评价。

（二）河流生态修复评价方法

“社会—经济—自然复合生态系统”的理论，与自然生态系统理论的区别在于充分重视人类活动对于自然生态系统的能动性。“社会—经济—自然复合生态系统理论”中指出不应孤立地研究自然资源环境退化的问题，而是应该把人类社会的进步和经济的发展与自然环境的退化统一联系起来，在确定社会经济发展的速度和规模的同时必须考虑自然生态系统的承载力。在研究河流生态系统退化和河流生态修复时，应首先对河流自然环境状况进行评价，以判断河流生态系统是否退化，是否退化到不得不修复的程度；然后对河流周边城市社会发展状况进行评价，以判断其是否具有足够的经济能力去支撑河流生态修复的过程。若河流生态系统状况未恶化到一定程度，就没有必要对其进行生态修复；若河流生态系统退化程度严重，但河流周边社会经济发展状况较差，没有能力支撑修复费用，也无法对河流进行生态修复。因此，应在河流生态系统退化严重且社会经济发展程度较高的区域开展生态修复，即进行河流生态修复需要满足修复必要性和经济可行性两个先决条件。

针对受损河流生态系统缺乏基础资料的现状，提出以河流生态系统退化状况为参照系统，构建定量的修复标准作为河流生态修复的期望目标，并选择层次分析法（AHP 法）作为河流生态修复的评估方法。层次分析法具有所需定量数据少，易于计算，可解决多目标、多层次、多准则的决策问题等特性，其本质在于对复杂系统进行分析和综合评价，对评价的元素进行数字化分析。运用 AHP 法对河流生态修复进行评估时，首先分析表征河流生态系统主要特征的因素以及经济可行性评价分析因素，建立梯级层次结构；其次通过两两比较因素的相对重要性，构造上层对下层相关因素的判断矩阵；在满足一致性检验的基础上，进行总体因素的排序，确定每个因子的权重系数；最后确定评价标准，采用综合指数法或模糊综合评判方法进行相关计算，从而构成基于修复必要性评价和经济可行性评价分析的河流生态修复评价指标体系。

1．指标因子的筛选

参考国内外关于河流生态环境的评估指标和现有关于经济可行性评价的研究成果，结合河南省河流现有特征，从生态修复必要性评价和社会经济可行性评价两方面选取共12个指标来构建河流生态修复的指标体系，分为目标层、因素层、指标层三个层次结构。

河流生态系统受人类活动的干扰而功能受损，修复必要性评价实质上是分析河流生态系统的退化程度。由于河流生态系统囊括的范围较广，在分析河流生态系统退化的时候，需要综合考虑河流的生境因素、水文水质因素，且不能仅仅局限于河流水质的恶化，需要更进一步地分析水质恶化造成的河流生态结构的变化、河流基本功能的丧失等等。选用河流生境状况和环境评价指标作为河流生态系统修复必要性的两类评价指标。经济可行性评价主要表征经济因素对于河流生态的驱动作用，反映生态脆弱地区存在的“越污染越贫困，越贫困越污染”的河流利用困局。研究经济可行性评价的目的在于了解河流生态修复的综合效益和合理程度。分析研究区域内经济发展与河流生态的关系时，既不能一味地追求经济发展而忽略河流生态的恶化，又不能一味地追求河流生态恢复而弱化经济利益的满足。

因此，在经济可行性评价中选用社会状况指标和经济状况指标来进行相关的评价。

在所有评价指标中，绝对权重值最大的5个指标依次为单位GDP用水量、水质平均污染指数、水资源开发利用率、水功能区水质达标率、污水处理率，是河流生态修复评价指标体系中的关键指标。既包括修复必要性评价指标，又包括经济可行性评价指标，表明修复必要性评价与经济可行性评价的同等重要。对比因素层与目标层之间的相对权重值，可以分析出社会经济状况指标的重要性。

2．指标评价基准

评价基准以河流生态系统功能以及完善程度作为原型来确定，并参考国际标准及水质监测数据，部分指标参照国内相关研究文献。评价基准分为优、良、中、差四个级别。

为了避免不同物理意义和不同量纲的输入变量不能平等使用，采用了模糊综合评判模型，将指标数值由有量纲的表达式变换为无量纲的表达式。在模糊综合评判时，需要建立隶属函数，使模糊评价因子明晰化，不同质的数据归一化。

3．数据收集

结合实地调查、专家咨询等方法，同时参考水利、规划等部门对于河流的定位，确定各指标的数值。

第三节　河岸生态治理与绿色廊道建设

一、河岸生态治理

（一）生态河岸的功能与运用

河岸带的定义首次出现在20世纪70年代末。生态河岸是一个新兴的概念。关于生态河岸的定义，目前主要从生态河岸的生态系统属性和过渡带属性两个方面进行理解。总的来说，生态河岸是以自然为主导的，在保证河岸带稳定和满足行洪要求的基础上，维持物种多样性、减少对资源的剥夺、维护生态系统的动态平衡，与周围环境相互协调、协同发展，提高系统的自我调节、自我修复能力、改善人类生活环境的地带。生态河岸是一个狭长的水陆生态交错带，既要研究其生态系统的特征，又要从水利工程方面进行考虑。当前，生态河岸主要研究生态河岸的功能以及生态河岸功能实现的途径，生态河岸建设已经成为国内外河道治理的重要措施。

1. 生态河岸的功能

生态河岸以及与之相联系的对地表和地下水径流的保护功能；对开放的野生动植物生境以及其他特殊地和旅行通道的保护功能；可提供多用途的娱乐场所和舒适的生活环境。还有一些学者把生态河岸的功能归纳为：自然保护功能、社会保护功能以及休闲娱乐功能。

2. 生态河岸技术的应用与发展

生态河岸功能的实现依赖于生态河岸生态系统中生态平衡的维持。对于一个退化的河流生态系统来说，运用恢复生态学原理来修复生态系统，有利于生态河岸功能的实现。河岸的治理在古代已经很广泛了。

近年来，我国的生态河岸专家已深刻认识到在河岸工程设计和施工中对河流生态环境的影响，开始探讨生态河岸的运用与发展，并在全国各地开展了一系列的护岸研究，寻找生态河岸最理想的技术手段。目前，我国河道护岸工程在很大程度上仍然采用传统的规划设计思想和技术，即便是中小河流，河流护岸仍然只是考虑河道的安全性问题，以混凝土护岸为主，而没有考虑工程建筑对河流环境和生态系统及其动植物及微生物生存环境的影响。我国城市段河流护岸多采用耐久性好的混凝土，破坏了河岸的生态系统，导致河流自我净化能力降低。以恢复城市受损河岸生态系统为目的，研究受损河岸生态修复材料（如芦苇、河柳、竹子、意杨、枫杨、榆树）的适应性，利用植物护岸，并把植物护岸与工程措施相结合的护岸技术研究，是实现生态河岸功能的重要途径。

植物在生态河岸恢复中的作用，可以总结为：一种是单纯利用植物护岸，一种是植物护岸与工程措施相结合的护岸技术。下面为国内比较常用的几种植物护坡技术。

（1）植草护坡技术

植草护坡技术常用于河道岸坡及道路护坡上。目前，国内很多生态河岸的治理都使用的是这一技术，我们在生态河岸的探讨中也经常使用。这一技术主要是利用植物地上部分形成堤防迎水坡面软覆盖，减少坡面的裸露面积，起到护坡的作用；利用植物的深根系，加强植物的护坡固土作用。还可以改善原有的驳岸没有流动性，单一性，使河道流速再高都不受影响。有些原有河道硬化破坏了河岸与河床之间在水文和生态上的联系，破坏了可以降低水温的植被，植草护坡后可以使其发挥截留雨水，稳固堤岸，过滤河岸地表径流，净化水质，减少河道沉积物的作用。同时，还可以增加河岸生物的多样性。

（2）三维植被网护岸

三维植被网技术多见于山坡及高速公路路坡的保护中，这一技术现在也开始被用于生态河岸的防护上。它主要是指利用活性植物并结合土工合成材料等工程材料，在坡面构建一个具有自身生长能力的防护系统，通过植物的生长对边坡进行加固的一门新技术。根据原有的边坡、地形进行处理，把三维植被网技术用于生态河岸的护坡上，通过植物的生长对边坡进行加固，根据边坡地形地貌、土质和区域气候的特点，在边坡表面覆盖一层土工合成材料，并按一定的组合与间距种植多种植物，将河岸的垂直堤岸护坡改造成种植池。

（3）河岸防护林护岸

在生态河岸种植树木或竹子，形成河岸防护林，减小了水流对表土的冲击，减少了土壤流失。还可以在河岸边种植菖蒲，形成防风浪的障碍物，将原有泥石堤岸改造成用土做堤，降低河岸坡度，形成缓坡，在缓坡上种植草坪和乡土植物，形成游人可以接近水界面的低水位网格亲水步道。河岸防护林可以起到保持水土、固土护岸作用，又可以提高河岸土壤肥力，改善河岸周边的生态环境。

3. 生态河岸的规划与构建

以生态护岸为设计的亮点，主要以新的施工技术应用于驳岸施工。我们可以根据河流地形的高低，改造和减少混凝土和石砌挡土墙的硬质河岸，扩大适生植物的种植空间，建立亲水平台，构建层次丰富的岸线。先抛石，在常水位线以下用三围网固土，造缓坡草坪入水，在常水位以上种植物护坡，造景观。

河流生态恢复的目的之一就是促使河岸系统恢复到较为自然的状态，在这种状态下，生态河岸系统具有可持续性，并可提高生态系统价值和生物多样性。生态河岸规划所遵循的原则归纳有下列五项：尊重自然的原则，植物合理配置原则，避免生物入侵的原则，可持续发展原则，协调统一的原则。

我们针对某一水域的地理环境为主提出生态河岸，旨在以生态原则提高水体的自洁能力，使该水体对保持城区水生态平衡，使城市与环境协调发展，人类、多种动植物和谐共处，达到一种自然平衡的状态，建设有特色的新型城市景观。加强生态环境保护建

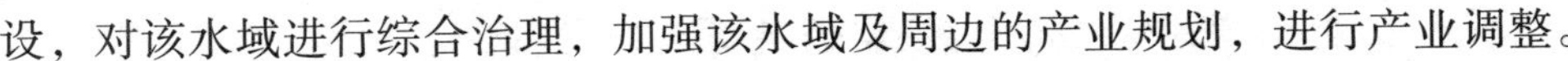

设，对该水域进行综合治理，加强该水域及周边的产业规划，进行产业调整。

4. 生态河岸构建的技术推广体系

我们在研究生态河岸自然特征即河流主要生态问题的基础上，根据生态河岸建设的基本原则，探索了对规划构建的生态河岸进行综合评价的指标和评价方法，总结出开展长江中游城市生态河岸建设的一些技术推广体系。主要研究结果如下：

（1）大多数生态河岸存在的生态问题主要表现在水体污染严重，原有驳岸破坏了生态平衡，植物多样性低，河岸异质性降低四个方面。

（2）生态河岸规划的原则，既要遵循尊重自然、植物合理配置、避免生物入侵、可持续发展以及协调统一的普遍性原则，又要基于公园原有河岸的自然特征和生态问题，对河岸进行技术改造，增加河岸的亲水空间，加强对河流的综合治理，把公园与周边的公园结合起来，形成有特色的滨水景观。

（3）在生态河岸的规划建设中，把工程措施和植物建植措施有机结合起来。植物设计以应用乡土树种为主，考虑四季景观，在不同的景区使用不同的植物来渲染意境。在河漫滩湿地（最低水位到常水位）点缀水生植物菖蒲、芦苇；在河堤疏树草地（常水位到最高水位）种植枫杨，林下种石蒜、鸢尾和玉簪等宿根花卉；在滨河疏林草地处，结合地形、铺装，配置竹林、乌桕、栾树、桂花。

（4）根据公园的河岸线，将其分为几个不同的部分进行功能划分。上游可以设计为理水区，理水区保留了原有堤防基础，沿岸道路退后，将原来的垂直堤岸内侧护坡改造成种植池，并在堤脚面一侧设高水位亲水游船码头；中游设计为亲水区，亲水区保留原有水泥防洪堤基础，沿岸道路退后，在原来的垂直堤岸内侧护坡上堆土，形成种植区，并在堤脚铺设卵石，形成亲水界面，即中水位临水平台；下游设计为戏水区，戏水区的河岸边种植菖蒲，形成防风浪的障碍物，将原有泥石堤岸改造成用土做堤，降低河岸坡度，形成缓坡，在缓坡上种植草坪和乡土植物，形成游人可以接近水界面的低水位网格亲水步道。

（5）由于生态重建是一个跨越较长时间尺度的过程，因此，需要在长期对河流流域以及公园生态河岸监测的基础上，根据河流生态系统健康评价要求，结合生态河岸规划建设情况，运用模糊综合评价法，从结构稳定性、景观适宜性、生态健康、生态安全方面对河流生态河岸开展综合评价。

（6）生态河岸建设的关键技术体系表现在根据河流地形的高低，改造和减少混凝土和石砌挡土墙的硬质河岸，扩大适生植物的种植空间，建立亲水平台，构建层次丰富的岸线。

（7）应加强对规划构建的公园生态河岸生态系统的基础研究，重点研究河岸生态系统结构、功能及其稳定性，并应加强定量化研究。

（二）河岸生态修复中景观生态学的运用

1. 景观生态学

（1）景观生态学概念

景观生态学是研究某一地区不同景观系统间的动态关系、互相作用以及空间格局的一门生态学学科。即主要探讨不同生态系统间异质性组合的结构、功能、动态和管理。

景观生态学一词，最初是以整个景观为对象，通过物质流、能量流、信息流与价值流在地球表层的传输和交换，通过生物与非生物以及与人类之间的相互作用与转化，运用生态系统原理和系统方法研究景观结构和功能、景观动态变化以及相互作用机理、研究景观的美化格局、优化结构、合理利用和保护的学科。

发展到如今，景观生态学的研究范围扩展到较大的时间尺度与空间区域，以整体综合的观点研究景观的空间格局、动态变化过程及其与人类社会之间的相互作用，进而探讨景观优化利用的原理和途径。

（2）景观元素

景观是由景观元素组成，即各个不同的生态系统单元。景观元素指系统中相近同种物质的生态要素，主要有以下三种类型：

斑块：指在外观和性质上与周围地区不同的，具有一定均质性的地表空间单元。具体来讲，斑块可以是草原、农田、湖泊、植物群落或居民区等。

走廊：指与基质有所区别的线状或带状的区域单元。常见的走廊有防风林带、河流、道路、峡谷等。走廊景观有其双重作用，一方面作为障碍物，对周围不同景观产生隔离的作用；另一方面，作为连接的纽带，是各景观之间的沟通桥梁。

基底，又叫作本底、基质，是指在景观中范围最广、连接度最高，并在景观整体结构中起主导作用的景观要素单元。例如：草原基底、农田基底、城市用地基底等。

一般来讲，斑块、走廊、基底都代表一种生命群落，但有时斑块和走廊所代表的是无生命或微小生命的景观，如公路，岩石或建筑群落等。斑块—走廊—基底模式，三者共同构成景观组织系统的基础框架和基本组成结构，对景观的质地性起着决定作用，同时，又影响着整个景观系统的动态变化。

（3）景观异质性与景观格局

景观异质性是指，在一个区域范围内，景观的决定要素在一定空间内的变异性和复杂性。景观异质性的意义重大，它决定了景观生态系统整体的生产力、恢复力、承载力、抗干扰能力以及生物的多样性，因此我们应给予足够的重视。

由于景观的这种异质性，使生态系统内各要素按一定规律组合构成，并使物质流、物种流、信息流和能量流在景观要素间循环流动，维持生态系统的整体性和稳定性，提高系统的抗干扰能力，发挥并制约景观的整体功能。

景观异质性的外在表现就是景观格局。在景观空间的整体范围内，要素斑块、走廊和基底的结构成分类型、数量以及空间模式，共同构成景观系统的基本格局。

景观异质性的主要来源有以下四个方面：自然环境突发事件，人类活动干扰影响，

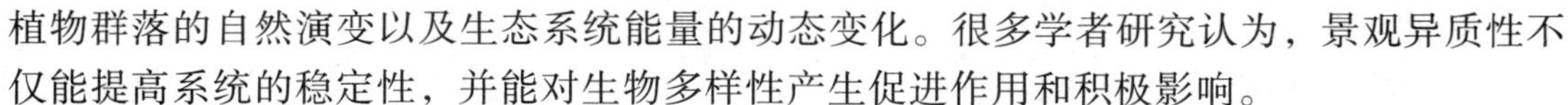

植物群落的自然演变以及生态系统能量的动态变化。很多学者研究认为，景观异质性不仅能提高系统的稳定性，并能对生物多样性产生促进作用和积极影响。

2. 景观生态学在河岸生态修复中的运用

（1）河岸生态修复的概念

河岸生态修复是指使用技术的、环保的或是整合资源的工程措施，使河流沿岸复原因人类破坏而导致的部分功能退化或消失。河岸原有功能包括：抗干扰能力、蕴藏水土、优化小气候、保持生物多样性等。

随着我国城市化、工业化的迅猛发展，由于对生态保护和环境整治的长期忽视，河流生态系统受到严重破坏。主要表现为：

①河道的直线化和渠道化。沟渠化的河道导致河岸生态系统异质性的破坏，生物种群的减少，生物多样性的降低，进而可能引起整个河岸系统的生态环境退化。

②河岸或河床的混凝土化。由于传统的河岸整治多使用砌石、混凝土等硬质材料，以保证工程的稳定性和长久性，导致河道环境的硬化，阻隔了陆地与水下两个生态系统间的循环与联系；破坏了河流沿岸环境的生态过程。随着社会经济的不断进步，亲和自然，协调人与自然的平衡与可持续发展，逐渐成为河岸修复研究中新的主题。

总之，河岸修复的最终目的是改善河流生态系统的结构与功能，达到景观系统内各要素的组织平衡及持续的动态变化。

（2）河岸生态修复中景观生态学的运用模式

①斑块—走廊—基底的变化模式

随着人类生产活动的增加，使得河岸景观中原有的环境资源斑块逐步减少，而人工形成的干扰斑块大幅度增多。此外，在自然界中，斑块的面积大，范围广，这是由于所受的干扰小，主要由环境资源斑块所组成。而在河岸生态景观中，斑块的平均面积明显减小，这是由于受人类活动的影响，随着破坏与干扰程度的增加，斑块的平均面积逐步降低，功能也逐步丧失。

在自然景观中，线状河岸走廊较少，大多呈现蜿蜒曲折的形态。但是，随着人类干扰活动的加剧，带状和线形走廊大量出现。由此，河岸的基本形态遭到人为的改变，这样会导致景观异质性的降低，生物多样性的降低，最终可能引起整个河岸景观的自然修复能力退化，生态修复功能降低。

由于在河岸两侧人为工程的增加，大量的农田或人类聚居地相互连接，使得基底与周围其他景观的界面逐步减小。这就打破了天然景观的生态系统性，使得基底的连接作用降低，不利于河岸生态景观的可持续发展。

②河岸景观的异质性与多样性

由于河流走廊的空间连续性被人类活动所分割，导致河流生态系统的功能发挥受到影响。从而，能量流、物质流的循环交替，以及生物群落的自然迁徙都受到相当大程度的阻碍。景观系统的空间异质性遭到破坏，生物多样性的降低，使得生态系统动态功能逐步丧失。因此，如何提高河岸景观的异质性与多样性，是河岸生态修复的一个重要内容。

（3）河岸生态修复的内容

近年来，我国河岸的建设与修复中，更多地将重心放在工程的稳固性和持久性上，没有将生态修复的理念融入其中，往往忽略生态系统原有自然功能的重要性。如河岸两侧的水利工程往往采用混凝土等坚硬材料，这就阻碍了植物群落的正常生长，降低了河岸带湿地功能的有效发挥，破坏了生态系统的自我修复能力。由此可见，河岸生态修复是一项艰巨的任务，应依照“可持续发展、人与自然的和谐发展”的理念，在科学方案的指导下，更多地采用生态护坡技术，如：凝固土壤的根系植物、复合型土木材料、湿地型环保混凝土等，不断改善河岸的生态系统功能。

二、绿色廊道建设

在当前中国城市化大发展的情况下，城市自然景观与周边的一些生态大自然的环境有密不可分的关系，这关系到生态环境的建设，也关系到城市可持续性的发展。城市景观整体的发展规划必须遵循可持续发展的原则，保障生态环境的建设，这样才能使整个周边的环境得到全面的提升。针对目前国内的一些建设现状，运用基本的景观生态廊道建设的原理，总结出城市绿色生态廊道建设的重要性、绿色廊道的分类等。

（一）绿色廊道建设的背景

随着目前国内基础建设的不断发展，城市周边的环境污染、破坏越来越严重，生态环境也受到了很严重的影响，严重地威胁到人们的生存环境。影响人们生态环境的因素有很多，如：空气污染、白色污染等等，这些污染时时刻刻影响着人们的生活环境。在基础建设不断发展的今天，我们必须走可持续发展之路，绿色景观廊道的建设将作为城市生态环境建设工程的重要组成部分。

（二）绿色景观廊道的重要作用

1. 绿色景观廊道是创造城市人居环境的主要方式

城市的绿色景观廊道是紧紧与人们生活的空间相互依存的，同时也承担了人们户外活动场地的作用，满足了当代城市居民对生态、大自然环境向往的愿望，而且可以满足城市人们的休闲、锻炼、娱乐等活动的功能。绿色景观廊道已成为目前人们生活水平不断提高因素中不可缺少的条件。

2. 绿色景观廊道可以调节城市暖气候、改善生态环境

目前地球的空气质量在变差，这将会严重威胁到人们的生存环境。植物对整个环境的改善具有较为明显的效果，而且这种改善环境的方式将会造福后世。植物不但能通过光合作用吸收大量二氧化碳并放出氧气，其自身构成的绿色空间还对烟尘和粉尘具有明显的阻挡、过滤和吸附的作用。

3. 绿色廊道可以提升城市的人文景观建设

绿色廊道建设最初的目标是提升人们与环境的协调性，但绿色廊道的建设现状已经不仅仅是完成它的基础使命，时代赋予它更高的要求和作用，它不仅可以优化环境功能而且还能丰富城市文化和艺术内涵，目前我国绿色廊道在规划与建设时需与城市周边的环境相融洽、和谐，营造具有地方特色、时代使命感的绿色廊道文化，丰富整个城市的人文意识与审美价值内涵。

（三）绿色景观廊道研究方法

1. 绿色廊道的分类

一般一个城市的城市廊道分为：灰色廊道，即城市各等级硬化交通道路；绿色廊道，即以各类植被为主的廊道；蓝色廊道，即仅指河流的河道部分。绿色廊道和蓝色廊道都为生态型廊道，而绿色廊道包括：道路绿色廊道、河流绿色廊道、绿带廊道等。

2. 数据的获取

绿色廊道的建设首先要对现状有充分地了解，了解现状主要信息源可采用摄像、摄影技术，同时还可以结合百度、GOOGLE 网络信息、地形图勘测等等技术，形成完整现场调研文件。选择在 CAD 中将研究区直接从图像上描绘出，利用摄像、摄影等资料进行整理、归纳。同时通过电脑软件中 EDITOR 工具确定廊道的类型，编辑绘制廊道信息分布图。最后，利用模块在属性要素表中统计廊道长度、廊道面积、节点数和廊道连接线数，最后导入 EXCEL 表格中进行系统的统计和计算。

3. 绿色廊道的分析

利用现状图和绿色廊道算出相关的数据，分析绿色廊道的景观格局，比较不同类型廊道的结构特点、现状需求、规划目标、建设标准等等，提出符合现状条件的建设目标和手法，应用现状情况比较好的生态环境（及绿心）来构建合理化的城市绿色廊道。

（四）城市绿色廊道景观构建

一般城市绿色廊道的现状分析主要以百度、GOOGLE 网络信息为主要现状数据源，利用现状绿化树冠的覆盖面积来分析绿色生态廊道的现状面积，这是一种常规上以绿化覆盖宽度来定义的绿色生态廊道，这种绿色廊道的宽度还不能确定是否能够满足周边生物的活动与生存需求，还要看廊道的密度与高度等等，这些也会直接影响到人类活动以及后期管理养护方式。

一般城市的绿色廊道在构建形式上主要的缺点为：每个节点之间的连接性、整体的结构形式过于简单；节点与节点之间的贯通性较低，说明廊道建设中整体的规划考虑还不够完整。这些现状直接地影响到绿色廊道中节点的实用性、生物的迁移、生态功能最大效率的发挥等。

绿色廊道绿心（附着节点）是一个城市绿色生态廊道建设中的重要的组成部分，这些重要节点大多为一些大型的城市公园，展示城市的风貌，完善城市的生态网络结构，这是绿色廊道规划的重要特点，其意义在于提高整个城市的生态功能。

针对国内目前绿色廊道规划建设上存在的不足，提出以下几点建议：

（1）加大国内一些大中小城市绿色廊道建设的力度，整体规划，提高绿化率、增加一些节点的建设。

（2）在绿色廊道建设的过程中，需要有预见性，满足后期植物生长的需求、生物迁徙的需求、绿色廊道的使用率等等，从而起到增强和促进城市生态环境、改善城市暖气候的作用。

（3）在廊道规划的过程当中就注重结构的合理化，提高廊道的连通性、合理性、生态性、畅通性，更好地为城市建设服务，为城市的人们提供更合理的生存环境。

（4）绿色廊道的规划、建设还应充分考虑廊道的走向及城市交通的流量，与整个城市的建设风格保持统一并更好地彰显城市的风貌，对城市的发展起到积极有效的影响。

第四节　滨水区建设

一、城市滨水区景观

随着工业文明的发展，物质文明的加速，作为人类生活最早切入点的滨水区却面临着衰退。水体污染、水岸自然景观的破坏、环境生态的失衡等都使得滨水与现代都市文明相背离。滨水景观也呈现出凌乱、拥塞的通病，人类最早的居住环境，日益变成现代都市的失落空间。已有的滨水区如何从滨水生态环境建设入手，提高城市滨水空间景观质量；新的城市滨水区建设如何避免先破坏后恢复的历史弯路，已成为现代滨水城市发展建设的一项重要任务。

（一）城市滨水区景观的基本概念

1. 滨水区

滨水区，就是河流边缘、港湾等的土地；另一种解释为与河流、湖泊、海洋毗邻的土地或建筑；城镇临近水体的部分。

2. 城市滨水区

城市滨水区是城市中一个特定的空间区域，指城市中与河流、湖泊、海洋毗邻的土地或建筑。城市滨水区的笼统概念就是城市中水域与陆域相连的一定区域的总称，其一般由水域、水际线、陆域三部分组成。城市滨水区的概念，是相对于乡村滨水区、自然状态的滨水而言的，是人类社会城市化的产物，更多地具有人工性的特征。

3. 景观与城市景观

对于景观，学术上有多层面的解释，不同的范畴有着不同的含义：视觉美学范畴，

4. 景观与风景近意

景观作为审美对象，是风景诗、风景画及风景园林学科的研究对象；地理学范畴，景观与“地形”“地貌”同义，作为地理学的研究对象，主要从空间结构和历史演化上研究；景观生态学范畴，景观是生态系统的功能结构，不但要突出空间结构及其历史演变，更重要的是强调景观的功能。

所谓城市景观，目前学术上广义的理解是：一个城市或城市某一空间的综合特征，包括景观各要素的相互联系、结构特征、功能特征、文化特征、人的视觉感受形象及特质生活空间等。广义的城市景观，包括人本身的活动，即包括特有的动态的生活空间的概念。近年来，文化景观的研究，更是证明了这一点。狭义的城市景观，主要强调人们视觉感受到的城市风貌形象，强调视觉美学上的特征。

（二）城市滨水区性质及其景观特征

1. 城市滨水区性质

城市滨水区与城市生活最为密切，受人类活动的影响最深，这是与自然原始形态的滨水区最大的不同。城市滨水区有着水陆两大自然生态系统，并且这两大生态系统又相互交叉影响，复合成一个水陆交汇的生态系统。以最常见的城市滨水空间——城市滨河景观为例，城市河道景观是城市中最具生命力与变化的景观形态，是城市中理想的生境走廊，是最高质量的城市绿线。

城市滨水区往往强烈地表现出自然与人工的交汇融合，这正是城市滨水区有别于其他城市空间之所在。

作为人类向往的居住胜地，滨水地带涵盖很广。滨水地带人类活动，从现代及未来的发展推测，总是聚集和居住兼顾、旅游和定居并存；这同时也是界定了滨水区的功能与性质，所不同的是聚集和居住的结构关系、数量比例不同而已。

从人类的活动看，数百万年人类生存的过程造就了人类选择居住地的一种天性，这就是对滨水地带的向往。就全球人类居住环境分析来看，整个世界上三分之一到一半的人口，都集结居住在沿海滨水一带。所以，对于人类的居住活动行为，滨水地带具有潜在且持久的吸引力。

2. 城市滨水区景观特征

由于滨水区特有的地理环境，以及在历史发展过程中形成与水密切联系的特有文化，使滨水区具有城市其他区域的景观特征。

（1）自然生态性

滨水生态系统由自然、社会、经济三个层面叠合而成，自然生态性是城市滨水区最易为人们感知的特征。从城市滨水区自然生态系统构成上来说，包括大气圈、水圈和土壤岩石圈所构成的生物圈以及栖息其中的动物、植物、微生物所构成的生物种群与群落。在城市滨水区，尽管人工的不断介入和破坏，水域仍是城市中生态系统保持相对独立和完整的地段，其生态系统也较城市中其他地段更具自然性。

（2）公共开放性

从城市的构成看，城市滨水区是构成城市公共开放空间的主要部分。在生态层面上，城市滨水区的自然因素使得人与环境达到和谐、平衡地发展；在经济层面上，城市滨水区具有高品质游憩、旅游资源，市民、游客可以参与丰富多彩的娱乐、休闲活动，如游泳、划船、垂钓、冲浪等多种多样的水上活动。滨水绿带、水街、广场、沙滩等，为人们提供了休闲购物、散步、交谈的场所。滨水区已成为人们充分享受大自然恩赐的最佳区域。

（3）生态敏感性

从生态学理论可知，两种或多种生态系统交汇的地带往往具有较强的生态敏感性、物种丰富性。滨水区作为不同生态系统的交汇地，同样具有较强的生态敏感性。滨水区自然生态的保护问题一直都是滨水区规划开发中首先要解决的问题。

（4）文化性、历史性

大多数的城市滨水区在古代就有港湾设施的建造。城市滨水区成为城市最先发展的地方，对城市的发展起着重要的作用。港口一直都是人口汇集和物资集散、交流的场所，不仅有运输、通商的功能，而且是信息和文化的交汇。在外来文化与本地固有文化的碰撞、交融过程中，逐渐形成了这种兼收并蓄、开放、自由的文化—港口文化，这也是港口城市独特的活性化的内在原因。在滨水区，很容易使人追思历史的足迹，感受时代的变迁。

（三）中国城市滨水区景观建设面临的问题

滨水区发展与城市社会经济发展水平有着密切的关系。由于目前滨水区整体环境都比较差。近几年来个别经济发达的城市滨水区更新改造取得了一定的成绩，但总的说来仍远远不能满足人们的生活需要，滨水区发展面临着严峻的形势与艰巨的任务。

1. 滨水区环境生态系统严重失衡

由于城市工业污水及生活污水无处理直接排入城市河道、湖泊等，造成许多水体水质恶化，无论生化指标还是视觉感受层面均达到了相当严重的程度，市民对于这种环境只能望而却步。再者由于人类过度采伐森林、围湖造田，使水域的水土流失严重，自然生态系统失衡，许多城市面临着水灾、旱灾的危险。

2. 滨水区开发的盲目性、掠夺性

一些城市或以用地紧张、水体已经污染为由，或在商业利益的驱动下，将河道随意填埋或改成暗沟，使原来完整的城市水系变得支离破碎。非生态化的建设，使得滨水资源遭到掠夺性的破坏，引发出一系列的生态问题，短时间内看似环境整洁了，实际上现在问题已经显现出来：地表径流陡增、生态湿地被破坏、生态走廊被切断等。

3. 滨水区开发方式单一

我国绝大多数城市滨水区仍沿袭着西方工业时代的经济发展模式，滨水开发方式单一，大部分滨水地带仍被传统性的产业或资源消费性的水域活动所占据，市民一般无法

接近滨水环境，滨水区难以发挥全部发挥景观游憩功能。

即使进行开发改造，往往只顾及排水、排污、清淤等工程方面的改造，而对于生态、环境、景观等方面重视不够，如：简单的裁弯取直、修平加固，并利用混凝土、石砖堆砌岸壁，形成规整的人工沟渠形态。

4. 滨水区开发管理的力度不够

滨水区区域土地与管理权属复杂，往往涉及诸如规划、水利、环保、国土、园林等部门，若没有一个强有力的机构执行统一的建设与管理，在滨水区建设管理过程中常会出现职责不明、监督不力等问题。

总之，城市滨水区的概念、性质、景观特征并不是一成不变的，随着社会的进步发展，相信相应的概念会逐步改变。中国城市滨水区景观建设所面临的问题也会在出现新问题与解决旧问题之间相互转换。

二、滨水区设计

（一）滨水区设计之动力

城市滨水区是指城市范围内水域与陆地相接的一定范围内的区域，其特点是水与陆地共同构成环境的主导要素，相互辉映，成为一体，成为独特的城市建设用地。滨水区以其优越的亲水性和快适性满足着现代人的生活娱乐需要，这是城市其他环境所无法比拟的特性。

研究国内外众多滨水城市的建设与发展，国内滨水区建设历史悠久，以商业、码头为主，现实中侧重于开发；国外滨水区建设相比较较晚，以工业、仓储、码头为主，侧重于改造。但其出发点基本是相同的，主要体现在以下三方面：

1. 经济因素

滨水地区的开发主要是意图重新利用滨水地区的良好区位，把原来单一的港区改为多功能的综合区，以此作为城市经济发展的催化剂。

2. 城市建设因素

滨水地区一般是城市中发展最早的地区，因而也最容易老化，需要更新。与此同时，城市在发展中却一直在寻求新的可以利用的土地。

3. 政治因素

滨水地区的建设开发往往最容易吸引市民注意，最容易获得广大百姓和商业、房地产业及建筑业等各方面的支持，最容易显示“政绩”。所以，政府主要决策者大多愿意支持滨水地区的开发。

（二）滨水区设计之类型

1. 新城规划

利用滨水区用地面积大，隶属关系简单的优势所进行的大规模的综合开发规划，其目标是建设功能完善、设施齐全、技术先进的新都。新城中心一般距城市中心区较远，既有相对的独立性，又因联系方便对城市中心区有极大的补充作用，可以解决中心区城市建设的难题。

2. 办公、商业区规划

结合城市中心区的改造，利用中心区的滨水地带所进行的一个或几个街区的开发规划，目的是在中心区内创造较多的亲水公共空间。这种规划结合具体的地段条件，因地制宜，划分灵活，容易实施，可大大提高中心区的知名度和景观环境质量，有利于促进中心区的经济繁荣。

3. 港湾区规划

针对港湾用地性质和功能发生变化所做的港湾改建规划，以充分利用土地和滨水环境。这种规划的共同特点是尊重港湾的历史，以保护标志性环境为主，建设具有教育意义的博览、娱乐空间，把单一功能的港湾变成交通运输、游览、文化等多功能融为一体的综合性区域。

（三）滨水区设计之方法

1. 滨水地区规划的原则

滨水地区的规划除了应按照城市规划、城市设计的一般原则外，还有一些特殊点。

第一，滨水地区的共享性。滨水地区一般是一个城市景色最优美的地区，应由全体市民共同享受。滨水区规划应反对把临水地区划归某些单位专用的做法，必须切实保证岸线的共享性。

第二，滨水地区和城市的关系。开发滨水地区的主要动力之一是带动城市经济、城建的发展，故滨水地区的规划要力求加强和原市区的联系，防止将滨水地区孤立地规划成一个独立体，而和市区分隔开来。规划滨水区要时时想到城市，把市区的活动引向水边，以开敞的绿化系统、便捷的公交系统把市区和滨水区连接起来。巴尔的摩内港区开发位于市中心边缘，以高架步行道和市中心联结，正是这个原则的体现。

第三，滨水地区的交通组织。滨水地区往往是交通最集中、水陆各种交通方式换乘的地方，故交通组织比较复杂。为简化交通，一般采用将过境交通与滨水地区的内部交通分开布置的方法。芝加哥、巴黎的德方斯新区把过境交通放在地下，与地面上滨水地区的内部交通分开。以高架人行道、高架轻轨交通联结市区和滨水区是另一种方法。滨水区作为吸引大量人流的地带，停车场的位置、规模是又一重要交通组织问题。

2. 规划控制元素

由于滨水区的规划设计属城市设计领域，具有实施时间长、多雇主投资、多项目开

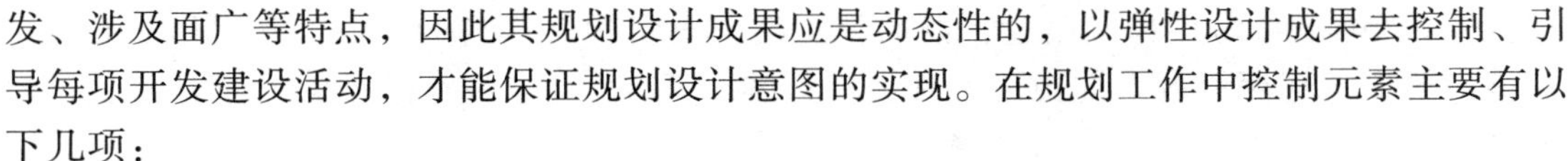

发、涉及面广等特点，因此其规划设计成果应是动态性的，以弹性设计成果去控制、引导每项开发建设活动，才能保证规划设计意图的实现。在规划工作中控制元素主要有以下几项：

（1）建筑高度

对临水建筑的高度控制是城市滨水区规划控制的重要组成部分。良好的高度控制能保证滨水环境的视觉空间开敞、丰富，具有美感。它主要从两个方面考虑：一是建筑与建筑之间的高度关系。一般都强调临水建筑以低层为主，随着建筑位置退后，高度逐渐增高。这种控制的目的是为较多的居住者提供观赏水景的条件，同时又可以丰富沿水际线的景观层次，目前已是滨水区规划控制的共性原则；二是建筑与周围地貌环境的关系，主要考虑建筑群形成的轮廓线与环境背景的烘托效果，以构成优美的韵律变化，突出环境特点。

（2）屋顶形式

在建筑密集的街道空间里，建筑的低层部分与人的关系密切，对空间的影响最大，因此街道空间的设计中有“街道墙”的概念。城市滨水区既有街道空间的特点，又因有宽阔的水面作为优越的视觉条件，使建筑物构成的天际线变得至关重要，其中起决定作用的屋顶形式自然为规划控制内容之一。

（3）建筑布局

对建筑平面形状的控制多用于临水的高层建筑，通常把建筑划分为上、中、下三段，其中上、中两段用最大建筑面积和最大平面对角线两项指标控制，目的是避免建造对景观遮挡严重的板式建筑，以保证滨水景观的通视性和层次性。

三、城市滨水区开发与建设

（一）珍惜资源，科学规划，保持生态环境可持续发展

由于有自然景观的优势，滨水区为城市提供了良好的景观空间，其所呈现的无限多样性，成为城市中最具魅力和特色的地区。在滨水区生态规划上，注重对滨水区土地资源的规划，针对滨水地区土地资源物种丰富、生态敏感等特点，制订了生态规划条例。人类在滨水区的建设和活动，必然对其区域的生物和环境造成巨大影响，在生态规划中作为重要的、为生物多样性资源提供平台的空间细致保护，强调“保护增加生物多样性”的原则即生态系统在各种不同情况下均可生存和发展，合理增加景观的生态庞杂度，建立良好的滨水栖息环境以获得景观的自我更新能力。

（二）统筹协调，搭建平台，打造多条滨河商业休闲区

商业是城市中最为活跃、最富有活力的重要组成部分，同时也是城市的魅力和可能性之所在。作为滨水区的基本功能，商业是其日常运转的主要经济来源之一，也是聚拢人气的重要手段。政府要加大招商引资力度，采取灵活多样的策略，引进一批有实力的开发企业和个人共同开发，要有以下几点：

（1）可以考虑将具有商业价值的重点地段承包给有实力的开发商，但作为开发中应该考虑当地居民以及全体市民的社会利益的摊算成本，而附带必须负责周边地区的环境改造以及基础设施建设，这样可以促进开发中社会公平性的实现；

（2）在那些具有历史文化价值的地方应该由政府来制定严格的法律条文，以保证“保护性”开发的顺利进行；

（3）商业价值稍差开发商不愿涉足的区域，政府应该放宽政策，鼓励居民以自行小规模创业为主。

（三）充分发挥旅游功能，把浑河滨水区建设成商旅互动的精品

城市滨水区往往因其在城市中具有开阔的水域而成为旅游者和当地居民喜好的休闲地域，规划师们常常将这一地段称为蓝道，它们与绿化带构成的绿道一起，构成了开放空间与水道紧密结合的优越环境，是许多城市的点睛之笔，也是市民日常休闲的最经常的选择。要把浑河滨水区建设成商旅互动的精品，就应该做到以下几点：一是利用资本和利益的纽带作用，建立和健全合理的发展机制，打破狭隘的政府投资建设的观念，在对现有娱乐设施升级改造的基础上，大力引进一批具有特色的滩地游乐设施和水上娱乐项目，多层次构建浑河旅游资源；二是以自然生态环境为依托，打造多条集餐饮、娱乐、购物、休闲为一体的商业休闲街区，既满足消费者多样化需求，又为各旅游团队和游客到商业街观光购物创造便利条件，实现商旅互动的良性循环；三是坚持“文艺搭台、经济唱戏”的形式，结合历史、经济、文化和生态资源特点，定期举办各种形式的节庆活动、娱乐活动、体育活动如赛龙舟、万人横渡等，以凝聚人心，增加人气，扩大影响力；四是发挥政府主导作用，加强与市区各大旅行社协作，在全市旅游促销宣传计划中，把浑河滨水游纳入进去，并在省内外、国内外广为宣传。

（四）挖掘文化，大胆创新，把浑河滨水区打造城市文化集散地

城市滨水区具有不同于城市其他地区的个性特征，即独特的历史背景、丰富的文化内涵和鲜明的城市风貌。应充分挖掘河流历史文化，大胆创新，建设城市发展博物馆、自然博物馆，并根据各种史料记载相应复原各种文化场景，以及塑造各种以表现地区“地域性”文化特点的文化建筑、遗迹、广场、小品等，使之符合中国北方传统文化“意境”的神韵。凭借深厚的文化底蕴及丰厚的旅游资源，把浑河滨水区打造成地方文化的集散地，吸引庞大客流。

第四章　湖泊生态保护与修复技术体系

第一节　湖泊及其景观可持续营造

一、湖泊

湖盆及其承纳的水体。湖盆是地表相对封闭可蓄水的天然洼地。湖泊按成因可分为构造湖、火山口湖、冰川湖、堰塞湖、喀斯特湖、河成湖、风成湖、海成湖和人工湖（水库）等。按泄水情况可分为外流湖（吞吐湖）和内陆湖；按湖水含盐度可分为淡水湖（含盐度小于 1g/L）、咸水湖（含盐度为 1 ~ 35g/L）和盐湖（含盐度大于 35g/L）。湖水的来源是降水、地面径流、地下水，有的则来自冰雪融水。湖水的消耗主要是蒸发、渗漏、排泄和开发利用。

（一）湖泊概述

1. 演变

湖泊一旦形成，就受到外部自然因素和内部各种过程的持续作用而不断演变。入湖河流携带的大量泥沙和生物残骸年复一年在湖内沉积，湖盆逐渐淤浅，变成陆地，或随着沿岸带水生植物的发展，逐渐变成沼泽；干燥气候条件下的内陆湖由于气候变异，冰雪融水减少，地下水水位下降等，补给水量不足以补偿蒸发损耗，往往引起湖面退缩干涸，或盐类物质在湖盆内积聚浓缩，湖水日益盐化，最终变成干盐湖，某些湖泊因出口下切，湖水流出而干涸。此外，由于地壳升降运动，气候变迁和形成湖泊的其他因素的变化，湖泊会经历缩小和扩大的反复过程，不论湖泊的自然演变通过哪种方式，结果终将消亡。

2. 水位

按变化规律分为周期性和非周期性两种，周期性的年变化主要取决于湖水的补给。降水补给的湖泊，雨季水位最高，旱季最低；冰雪融水补给为主的高原湖泊，最高水位在夏季，最低在冬季；地下水补给的湖泊，水位变动一般不大。非周期性的变化往往是因风力、气压、暴雨等造成的。

（二）湖泊分类

1. 按其成因可分为以下九类

（1）构造湖

是在地壳内力作用形成的构造盆地上经储水而形成的湖泊。其特点是湖形狭长、水深而清澈，如云南高原上的滇池、洱海和抚仙湖；青海湖、新疆喀纳斯湖等。（再如著名的东非大裂谷沿线的马拉维湖、坦噶尼喀湖、维多利亚湖）构造湖一般具有十分鲜明的形态特征，即湖岸陡峭且沿构造线发育，湖水一般都很深。同时，还经常出现一串依构造线排列的构造湖群。

（2）火山口湖

系火山喷火口休眠以后积水而成，其形状是圆形或椭圆形，湖岸陡峭，湖水深不可测，如长白山天池深达 373m，为中国第一深水湖泊。

（3）堰塞湖

由火山喷出的岩浆、地震引起的山崩和冰川与泥石流引起的滑坡体等壅塞河床，截断水流出口，其上部河段积水成湖，如五大连池、镜泊湖等。

（4）岩溶湖

是由碳酸盐类地层经流水的长期溶蚀而形成岩溶洼地、岩溶漏斗或落水洞等被堵塞，经汇水而形成的湖泊，如贵州省威宁县的草海。威宁城郊建有观海楼，登楼眺望，只见湖中碧波万顷，秀色迷人；湖心岛上翠阁玲珑，花木扶疏，有水上公园之称。

（5）冰川湖

是由冰川挖蚀形成的坑洼和冰碛物堵塞冰川槽谷积水而成的湖泊。如新疆阜康天池，又称瑶池，相传是王母娘娘沐浴的地方。北美五大湖、芬兰、瑞典的许多湖泊等。

（6）风成湖

沙漠中低于潜水面的丘间洼地，经其四周沙丘渗流汇集而成的湖泊，如敦煌附近的月牙湖，四周被沙山环绕，水面酷似一弯新月，湖水清澈如翡翠。

（7）河成湖

由于河流摆动和改道而形成的湖泊。它又可分为三类：一是由于河流摆动，其天然

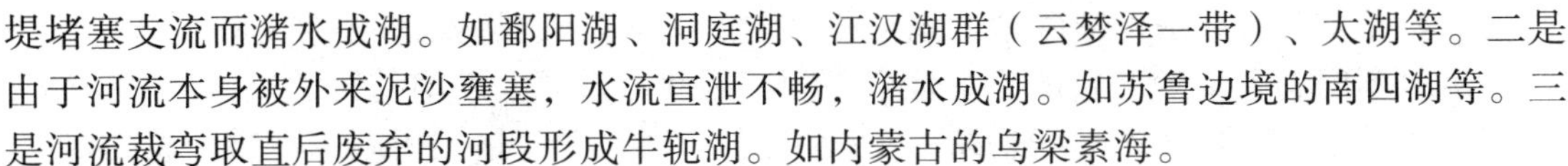

堤堵塞支流而潴水成湖。如鄱阳湖、洞庭湖、江汉湖群（云梦泽一带）、太湖等。二是由于河流本身被外来泥沙壅塞，水流宣泄不畅，潴水成湖。如苏鲁边境的南四湖等。三是河流裁弯取直后废弃的河段形成牛轭湖。如内蒙古的乌梁素海。

（8）海成湖

由于泥沙沉积使得部分海湾与海洋分割而成，通常称作潟湖，如里海、杭州西湖、宁波的东钱湖。约在数千年以前，西湖还是一片浅海海湾，以后由于海潮和钱塘江挟带的泥沙不断在湾口附近沉积，使湾内海水与海洋完全分离，海水经逐渐淡化才形成今日的西湖。

（9）潟湖

是一种因为海湾被沙洲所封闭而演变成的湖泊，所以一般都在海边。这些湖本来都是海湾，后来在海湾的出海口处由于泥沙沉积，使出海口形成了沙洲，继而将海湾与海洋分隔，因而成为湖泊。

“潟”这个字少见于现代汉语，是卤咸地之意，由于较常见于日语，不少人以为是和制汉字，其实不然。由于很多人不懂得“潟”这个字，所以经常都把它写错成了“泻湖”。

①具有防洪的功能：潟湖可宣泄区域排水，因而很少发生水灾。

②保护海岸的功能：由于外有沙洲的阻挡可防止台风暴潮侵蚀冲刷海岸。

③是天然的养殖场：潟湖是鱼、虾、贝和螃蟹的孕育场，也是邻近渔民的天然养殖场。

④由于潟湖外侧往往有沙洲作为防波堤，其内风平浪静，因此有时可以改建为人工港。著名的潟湖：七股潟湖、戈佐内海、科勒潟湖。

2. 按湖水所含盐度分为六类

湖水含盐量是衡量湖泊类型的重要标志，通常把含盐量或矿化度达到或超过50g/L的湖水，称为卤水或者盐水，有的也叫矿化水。卤水的含盐量，已经接近或达到饱和状态，甚至出现了自析盐类矿物的结晶或者直接形成了盐类矿物的沉积。所以，把湖水含盐量50g/L作为划分盐湖或卤水湖的下限标准。依据湖水含盐量或矿化度的多少，将湖泊划分为六种类型，各种类型湖泊的划分原则如下：

（1）淡水湖：湖水矿化度小于或等于1g/L。

（2）微（半）咸水湖：湖水矿化度大于1g/L，小于35g/L。

（3）咸水湖：湖水矿化度大于或等于1g/L，小于50g/L。

（4）盐湖或卤水湖：湖水矿化度等于或大于50g/L。

（5）干盐湖：没有湖表卤水，而有湖表盐类沉积的湖泊，湖表往往形成坚硬的盐壳。

（6）砂下湖：湖表面被砂或黏土粉砂覆盖的盐湖。

3. 碱湖

湖泊沉积物主要是由碎屑物质（黏土、淤泥和砂粒）、有机物碎屑、化学沉淀或是这些物质的混合物所组成。每一种沉积物的相对数量取决于流域的自然条件、气候以及湖泊的相对年龄。湖泊中主要的化学沉积物有钙、钠、碳酸镁、白云石、石膏、石盐以及硫酸盐类。含有高浓度硫酸钠的湖泊称为苦湖，含有碳酸钠的湖泊称为碱湖。

由于不同湖盆侵蚀产物的化学性质不同，因此，世界上湖泊的化学成分也是千变万化的，但在大多数情况下，主要成分却是相似的。湖泊含盐量系指湖水中离子总的浓度，通常含盐量是根据钠、钾、镁、钙、碳酸盐以及卤化物的浓度来计算。内陆海有很高的含盐量。

4. 湖盆

指蓄纳湖水的地表洼地。湖盆底部的原始地形及平面形态，在颇大程度上取决于湖盆成因。根据湖盆形成过程中起主导作用的因素，湖盆概括为以下几类：由地壳的构造运动（如断裂和褶皱等）形成的构造湖盆；因冰川的进退消长或冰体断裂和冰面受热不匀而形成的冰川湖盆；火山喷发后火口休眠形成的火口湖盆；山崩、滑坡或火山喷发使物质阻塞河谷或谷地形成的堰塞湖盆；水流冲淤或水的溶蚀作用形成的水成湖盆；由风力吹蚀形成的风成湖盆；此外尚有大陨石撞击地面形成的陨石湖盆等。

研究湖泊的科学是湖沼学，湖沼学家常根据湖盆形成过程来对湖泊和湖盆进行分类。特别大的湖盆是由构造作用即地壳运动形成的，晚中新世广阔而和缓的地壳运动导致横跨南亚和东南欧广大内陆海的分离，残存的内陆水体有里海、咸海以及为数众多的小湖泊。构造上升可使陆地上天然水系受阻而形成湖盆，南澳大利亚的大盆地、中非的某些湖泊以及美国北部的山普伦湖都是这种作用的产物。此外，断层也对湖盆的形成起着重要的作用，世界上最深的两个湖泊贝加尔湖和坦干伊喀湖的湖盆就是由地堑的复合体形成的。这两个湖泊以及其他的地堑湖，特别是在东非裂谷里的那些湖泊和红海都是近代湖泊中最古老的。火山活动可以形成各种类型的湖盆，主要类型为位于现存的火山口或其残迹中的火口湖。俄勒冈的火口湖就是典型的例子。

湖盆还可由山崩物质堵塞河谷而形成，但这种湖盆可能是暂时性的。冰川作用可以形成大量的湖泊，北半球的许多湖泊就是这种作用形成的，湖盆为冰盖退缩过程中的机械磨蚀作用所形成，或由于冰盖边界处冰体堰塞而成。冰碛对堰塞湖盆的形成起着重要的作用。河流作用有几种方式可以形成湖盆，最重要的有瀑布作用，支流沉积物的阻塞，河流三角洲的沉积作用，上游沉积物由于潮汐搬运作用而阻塞，河道外形的改变（即牛轭湖和天然堤湖）以及地下水的溶蚀作用所形成的湖泊。有些沿海地区，沿岸海流可以堆积大量的沉积物阻塞河流。此外，风、运动活动和陨石都可能形成湖盆。

（三）中国主要湖泊

1. 现状介绍

中国湖泊数量虽然很多，但在地区分布上很不均匀。总的来说，东部季风区，特别是长江中下游地区，分布着中国最大的淡水湖群；西部以青藏高原湖泊较为集中，多为内陆咸水湖。

外流区域的湖泊都与外流河相通，湖水能流进也能排出，含盐分少，称为淡水湖，也称排水湖。中国著名的淡水湖有高邮湖、鄱阳湖、洞庭湖、太湖、洪泽湖、巢湖等。

内流区域的湖泊大多为内流河的归宿，湖水只能流进，不能流出，又因蒸发旺盛，盐分较多形成咸水湖，也称非排水湖，如中国最大的湖泊青海湖以及海拔较高的纳木错湖等。

中国的湖泊按成因有河迹湖（如湖北境内长江沿岸的湖泊）、海迹湖（即昭湖，如西湖）、溶蚀湖（如云贵高原区石灰岩溶蚀所形成的湖泊）、冰蚀湖（如青藏高原区的一些湖泊）、构造湖（如青海湖、鄱阳湖、洞庭湖、滇池等）、火口湖（如长白山天池）、堰塞湖（如镜泊湖）等。

2. 功能

湖泊是重要的国土资源，具有调节河川径流、发展灌溉、提供工业和饮用的水源、繁衍水生生物、沟通航运，改善区域生态环境以及开发矿产等多种功能，在国民经济的发展中发挥着重要作用同时，湖泊及其流域是人类赖以生存的重要场所，湖泊本身对全球变化响应敏感，在人与自然这一复杂的巨大系统中，湖泊是地球表层系统各圈层相互作用的联结点，是陆地水圈的重要组成部分，与生物圈、大气圈、岩石圈等关系密切，具有调节区域气候、记录区域环境变化、维持区域生态系统平衡和繁衍生物多样性的特殊功能。

（四）生态系统

1. 湖泊生态系统退化原因

湖泊生态系统是一个复杂的综合体系，它是盆地和流域及其水体、沉积物、各种有机和无机物质之间相互作用、迁移、转化的综合反映湖泊生态系统的演化，有其自然过程和人类活动干扰与干预的过程。目前中国的湖泊富营养化过程主要是人类活动的干扰过程所致湖泊富营养化，是指由于营养元素的富集导致湖泊从较低营养状态变化到较高营养状态的过程，这个过程可能导致水生植物的生长被抑制；生物多样性下降；蓝绿藻水华暴发，甚至引起沉水植物的急剧消失和以浮游藻类为主的浊水态的突然出现。也就是说湖泊富营养化是指湖泊由于营养元素的富集导致湖泊生态系统的退化，进而使水质恶化的过程营养元素的富集，包括外源输入如人类活动和干扰、湿地沉降和内源富集与释放的物理、化学、生物等过程，是湖泊富营养化发生的根本要素。它的不同发展阶段可用湖泊营养状态分类指标来描述。湖泊生态系统的退化是湖泊富营养化发展过程的中间环节，是一个复杂的生命演化过程，并且有不同阶段的正、负反馈作用；而水质恶化是湖泊富营养化发生的结果，可用地表水质评价标准来定量描述这是一个动态的连续过程，而不是静止的状态，但在这个动态连续过程的不同阶段又可用定量的状态指标来表达；同时，湖泊营养物质、生态系统和水质是富营养化过程不可分割的组成部分，是一个动态的整体。

2. 富营养化治理与湖泊生态修复

富营养化湖泊的治理和湖泊生态系统修复的实践，其主要特征是首先对受污染的湖泊进行高强度的治污，投入大量的物力、财力、人力对湖泊流域的污水进行截流并统一进行处理，达标后排放入湖。目前看来，过去对富营养化湖泊的治理过程存在一些误区，首先在认识上对湖泊富营养化治理的复杂性和长期性缺乏足够的认识，在行动上表现为急功近利、头痛治头脚痛医脚的倾向，总想在短期内就能使湖泊变清，具体表现为仅考虑湖泊局部环境的治理而忽视流域整体的污水治理；或者仅强调湖泊外源排放而忽视对湖泊内源循环的研究；或者仅抓了对点源污染的治理而忽视了面源污染的作用，其结果投入了大量人力、物力和财力。对湖泊富营养化进行治理，到头来湖泊富营养化反而越来越严重。我们必须对湖泊富营养化的治理过程有一个清醒的认识，借鉴国际先进经验，系统、全面考虑和规划湖泊富营养化的治理过程，在流域全面截污、高强度治污的基础上，对湖泊生态系统的修复进行人工干预，因势利导，科学地进行健康湖泊生态系统的修复。为了加速已被破坏的水生态系统的修复，除了依靠水生态系统本身的自适应，自组织，自调节能力来恢复水生态系统原来的规律外，还应大幅度地借助人工措施为水生态系统的健康运转服务，加快修复被破坏的生态系统。

二、湖泊景观可持续营造

纵览武汉市沙湖、墨水湖、月湖、南湖、汤逊湖、野芷湖等湖泊景观及沿岸景观形态与建筑景观形象和谐性而言，这是一个任重道远的课题。由于各种原因，比如城市建设迫使湖泊面积逐渐缩小，湖泊生态湿地萎缩，甚至于消亡；湖泊沿岸生物景观破碎化，绿色廊道局限于狭窄沿湖的线状分布，致使湖泊景观整体生态下降。沿湖沿岸的建筑因为过于临湖而建，以及房地产的借湖炒作，蚕食了湖泊面积，侵害了生态廊道，占据了公共空间。临湖沿岸的高层建筑拔地而起，遮挡了沿湖的湖水风光，改变了城市的地方特色和风貌，形成了一个僵硬的钢筋混凝土天际线。自然风光、湖光山色、湿地植物、水鸟、动物等自然景观逐渐稀缺，这种柔化与缓冲僵硬景观的催化剂正在急速消失，城市湖泊景观和建筑形象之和谐性将难以形成并持续发展。

（一）整体生态景观的形成

整体生态景观，指在一定的区域范围内，考虑到植物、动物栖息繁殖的需要，在均质的基础条件下，景观斑块之间的连接以及物种动物的迁徙，不受侵扰，最佳的廊道形状是接近圆形的，这样面积足够大，容易形成生态景观。稳定生态景观相对那种单纯保护湖泊面积的大小，甚至于所形成的保护面积都失掉了。因此从动物的栖息、植物物种的传播角度来说，我们的湖泊景观不能仅仅局限于整个湖面所形成的水生态。湖周围的自然环境、湿地本身具有环境功能，只有以广泛的湖泊为中心，并扩展到广大的湖岸及其陆地等形成的植物动物等综合的自然景观，才能形成延续的可持续性的生态景观或者优美景观，必须要有沿湖周围一条宽广的绿带，形成绿色廊道系统。郊外湖泊至少保持600m 的宽度，中心城区的湖泊沿岸的植物绿带至少应有 200m 的宽度，而不仅仅是一个单一的湖面，只有这样才能形成一个连续的连片整体的景观，这就是整体生态景观。整体生态景观的形成，有利于当地自然环境基础设施的形成。

（二）连续性景观系统的形成

连续性景观系统，由于环湖景观不仅是成片的整体景观，而且也应该是连续的可以利用的景观。这种利用和延续性是通过交通路径，如栈桥绿道、汀步、步道等将成片的整体景观串接起来，使得景观可观可游，可以娱乐，各种景观节点，如廊、榭、亭、景观盒、观景台等成为观景的一个个转折点。连续性景观的形成是指各种自然性资源如植物、草地、树林等形成的基质斑块之间的距离不能太大，斑块的形状近似于圆形或接近于正多边形，面积足够大，首先各种植物能形成一个自然的群落系统，这样有利于环境中自然的能量平衡、环境的更新和有毒污染的降解；其次有利于为动物提供栖息地。为了形成连续的景观系统，并不是不利用自然，我们可以通过栈道、悬索桥之类的交通系统或者景观盒，这样架空或凌驾植物环境的上空，俯瞰或者身临其境亲近自然，既能观赏景观，又不给动植物的生境产生扰动。考察中，特别发现保护当地湖泊沿岸的大量的野生的植物林带，对于生态性的整体维护，可以达到事半功倍的效果。由此可见，连续性景观系统有利于整体景观的形成，保护景观通过交通路径串联那些断续的或破碎的小自然，是形成良性循环景观生态的一种方式。连续性景观系统形成有利于生物的迁徙与繁衍，有利于景观优美。

（三）节点的形成与有效利用

游人进入环湖沿岸，身处自然地理环境之中，感知自然物境，伴随时间和场地变化而步移景异，心情也将格外不同。在沿湖的景观环境中，湖面、环湖沿岸绿带、住宅区建筑及其立面形象、街区景观的分布，以湖心为中心波纹涟漪般向远湖方向扩散。剖立面从湖心向四周逐渐递进呈曲线状上升。如果设计尊重自然，既可以保留湖光山色，又可以保持公共娱乐空间的存在，同时还增强了与建筑景观之间的协调感。景观中的各种路径是联系各自然绿带或斑块的纽带。此时此刻镶嵌在景观中各路径上的亭、台、楼、榭、塔、桥、观景台、雕塑或者风水树就成为景观中重要的节点，独特的当地地形和场地也成为一个个连接着自然的景观带的转折或高潮，即节点，它是游人游览景观时情趣的升华和景观印象滞留痕迹所在。节点的安排与控制以千尺为势，百尺为形的视觉距离为基准。一个地方经过多年的沉淀，一定会存在这种当地独特的地标景观或节点景观，要充分利用，需要兼顾当地的地形、自然环境和生态环境，这样容易形成一个怡人的景观环境。

（四）景观轴线的贯通与控制

在湖泊沿岸及其沿岸的建筑景观中，由于湖泊的自然形状曲折多变，沿湖的景观在规划布局的过程中，有湖面、绿带、路径、景观节点、建筑等各类景观，它们在景观的规划中，交织成网络，由轴线贯通与控制。这根轴线有轴对称的也有曲折环绕趋向一个方向的；有形的与隐形的轴线控制形式。由于自然景观中湖面形状是自然的有机形状，这种轴线容易表现为一种曲折的、不明显的特点，常常是由几条路径曲折环绕，时而接近，时而远离，趋向于一个或多个方向，并向着一个又一个的景观节点交织汇聚，形成一个接一个的景观高潮，展现一幕又一幕的景观空间。在沿湖沿岸的整体景观中，可能存在轴对称分布的景观场所，也可能存在旋转对称的景观空间场所，还可能存在自然式、轴对称、旋转对称与混合的形式。总之，沿湖沿岸的景观的空间的景观轴线贯通与控制，表现为多样与统一的形式，由序启、升华、转折、高潮、降落和尾声的变化与更迭形成空间，这就是整个空间形成和变化。这种控制往往由各种路径，包括步道、栈道、绿道等来引导，各种景观节点或者场景来串联，逐渐变化，整体上由轴线空间贯通与控制形成一个又一个的情景交融的景观场景。

（五）利益价值的平衡

由于湖泊沿岸景观规划，以及与沿湖沿岸建筑景观形象等共同形成一个广域浩大的景观场景，这样的规划，常常成为政府或当地城市建设的重要规划之一，如何形成一种公共性和公平性，同时兼顾各种群体利益，尤其是弱势群体的利益，和谐景观环境与建筑形象之间的关系。因此，这不仅仅是一种规划，而是不同的利益集团，个体工商业者以及各种群体之间的相互利益和关系。我们知道，沿湖沿岸湿地滩涂的范围是维系湖泊自然生态的基础，这种范围被认为是沿湖600m宽度以上的自然带，当然越宽生态效果和景观视觉越好。沿湖由于独特的景观吸引，于是成为公共空间，娱乐空间的重要场所，也是广大市民、游客重要的观景、亲水、娱乐、垂钓、陶冶情操的地方，但是房地产商、某些利益财团，国有企业甚至于军事占领区等大单位，他们已经妨碍了沿湖沿岸的公共空间的贯通和连续。尤其是大企业、大财团或国家垄断企业，不能只是攫取利润，更应该投身于公共事业和社会福利，不能与平民争利，要创造沿湖的公共空间，否则不利于民主政治和社会公平。否则，对于普通人来说，利用湖泊沿岸、享受自然生态景观，这将是不可能的。因此城市规划、建设规划以及生态基础设施规划等需要优先考虑湖泊沿岸整体生态景观。公共绿地空间为广大市民创造生活的享受、减缓工作的压力和忧郁，为公众提供社会资源的便利。因此城市政府需要通过规划，通过立法来控制各种利益集团独占、侵蚀或毁灭社会公共资源的建设与规划，保障广大市民利益，遏制建筑垃圾填湖、侵占沿湖公共自然景观资源等行为，形成景观规划的和谐与社会各阶层利益尤其是与弱势群体利益关系之间的平衡。尽管任何利益集团主体产业都有自己的土地产权，有自己的使用权利，以及各地产通过建筑围墙或者侵吞沿岸、限制或隔离了湖泊景观资源的公共的利用，并从侵蚀湖泊、填湖等各种方面，攫取各种收益，这样影响了广大市民的权利，甚至造成当地生态环境恶化。由此可见，各种景观设计及其规划的结果是利益，与利益对应的主体是政策和政治，因此利益的平衡需要地方政策和法律充分体现民众的意愿，接纳普通民众的参与，最终还需要通过政府制定法律并执行，这样保护好湖泊沿岸景观与城市建筑形象之间的和谐性才能有效形成。

湖泊沿岸景观要充分考虑景观生态的连续性、可持续性，需要的是营造沿湖的整体生态景观，而不是孤立的，孤寂的单一湖面。如果是这样，就不能形成生态优美的湖泊景观。城市湖泊沿岸建筑形象，以沿湖为中心，遮挡了沿湖的湖光山色景观就不美；建筑沿湖岸的要低矮；远离的，建筑应是高层或者逐渐抬高。沿湖沿岸只有形成连续的整片整体的自然生物群落，这样人、建筑才会因为自然的存在，景观才会美丽，生态才是可持续。根据以上的分析，城市沿岸湖泊景观的和谐性以及与沿湖建筑景观形象的和谐性，如果能够有效形成，就需要做到以下几点：

景观的连续性和湖泊沿岸整体景观的形成是形成湖泊沿岸整体生态设施的基础，这样生物的多样性才能得到维系；景观节点的存在是组织和连接整体生态景观以及景观斑块的重要纽带，让湖泊沿岸景观既可利用，又得到保护，需要有立体空间景观的架构，既有自然的乔木、灌木和草的立体结合，又有栈桥、景观盒等人工构筑物的形成；轴线是显性与隐性的交织，它是自然景观和建成景观之间的有效组织，游览空间序列的展开和景观情趣的产生，轴线是整体空间控制的脉络；路径和景观节点共同织成景观系统脉络上的细节。湖泊沿岸建筑形象，需要层次性和节奏性地沿湖分布，与自然景观有效结合，同时维护好地域风光；湖泊景观与城市建筑形象的和谐性，就是建筑坐落在自然和谐的环境中，而不是纯粹的混凝土的森林，实际上也是城市规划的合理性，这个合理性也是城市各利益集团、个体利益特别是城市弱势群体利益之间的较量。城市公平的形成，就是如何让社会资源、自然资源、公共空间，以及景观基础设施等，能否被广大市民享受和利用，这将是现代民主、政治和法律的一种体现。因此湖泊沿岸景观与城市建筑形象的和谐性，归根结底，需要的是城市政府来制定政策、法律和规划等产生的强制性的执行力来保障，这样和谐性才能最后得以实施。

第二节　湖滨湿地保护与恢复

一、湿地生态恢复理论

生态恢复就是根据生态学原理，通过一定的生物、生态以及工程的技术和方法，人为地改变和切断生态系统退化的主导因子或过程，调整、配置和优化系统内部及外界的物质、能量与信息的流动过程和时空次序，使生态系统的结构、功能和生态学潜力尽快成功地恢复到一定的或原有乃至更高的水平。因此，必须尽快完善退化湖滨湿地生态系统恢复的理论研究，从而为具体恢复实践提供可靠的相关理论依据。

（一）湿地恢复的概念

对于湿地“恢复”，它具有修复、重建、复原、再生、更新、再造、改进、改良、调整等多重含义，鉴于研究目的和方法不同，湿地恢复的概念也有着明显的区分。一般认为，湿地恢复是指通过生态技术或生态工程对退化或消失的湿地进行修复或重建，再现退化前的结构和功能以及相关的物理化学和生物学特性，使其发挥应有的作用，湿地恢复包括湿地的修复、湿地改建和湿地重建等。

（二）湖滨湿地生态恢复的原则

1. 生境诱导、自我设计原则

按照自然湿地生态系统的结构和过程特征，对现存生境进行适当调整，诱导其自我恢复，充分利用生态系统本身具有的自我维持、自我设计能力，使其在较少的人为干预下达到近自然生态系统的良性循环。

2. 因地制宜原则

因地制宜是湿地生态系统保护和恢复的重要原则，即要紧密结合当地的地形、地质、气候及人文、经济、社会等多方面综合要素，选择适合的植物和湿地设计方案，充分利用当地已有的资源与景观空间，在尽可能减少工程量的前提下，达到最佳的环境效果和美化效果。

3. 源于自然、优于自然原则

包括：

（1）原景观保护原则

保护、保留“原自然、原景观、原设施”，减少建设费用，显现区域自然景观以及人文景观特色。

（2）多样性原则

体现生物物种、遗传、生态系统和景观多样性，丰富植物群落层次与种类。

（3）地带性原则

根据植被气候区域，因地制宜选择适合的植物种类配置群落，充分体现地域特色，发挥其美学价值、生态环境价值、历史文化价值和经济价值。

4. 生态与可持续原则

环境是人类生存和发展的基本条件，是社会、经济可持续发展的基础。生物多样性和生态系统的相互关系是管理、规划及合理开发生物资源的基础。保护湿地生物多样性不是维持群落的种类成分永远不变，而是维持湿地生态系统的动态平衡，并体现湿地生物多样性的特点，保障湿地生态系统具有自身反馈和演替的能力。

（三）湿地恢复的生态学理论基础

关于湿地恢复与重建的科学理论到目前还是一个比较新的研究领域，由于湿地恢复和重建的活动类型多样，而且各地的自然环境也是千差万别，所以关于湿地恢复与重建的指导原则也要因时因地制宜。目前普遍认为对湿地生态系统恢复有指导意义的理论主要有：干扰理论、演替理论、I-IGM 原理与方法、系统理论、边缘效应理论、自我设计和设计理论等。湿地退化的主要原因是人类活动的干扰，其内在实质是系统结构的紊乱和功能的减弱与破坏，而在外在表现上则是生物多样性的下降或丧失以及自然景观的衰退。湿地恢复和重建最重要的理论基础是生态演替和干扰理论。由于演替的作用，只要消除干扰压力，并且在适宜的管理方式下，湿地是可以恢复的。恢复的最终目的就是再现一个自然的、自我持续的生态系统，使其与环境背景保持完整的统一性，不同的湿地

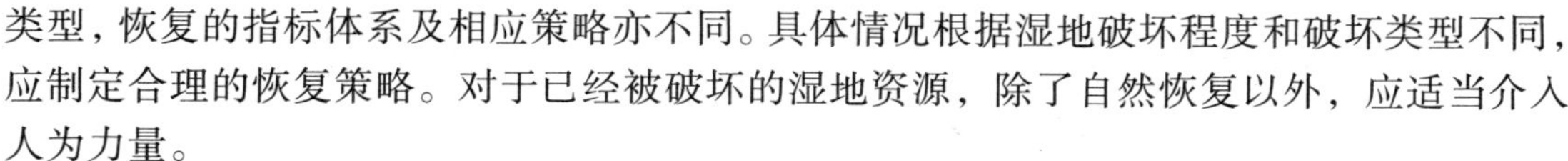

类型，恢复的指标体系及相应策略亦不同。具体情况根据湿地破坏程度和破坏类型不同，应制定合理的恢复策略。对于已经被破坏的湿地资源，除了自然恢复以外，应适当介入人为力量。

1．中度干扰和边缘效应理论

湖滨湿地处于水、陆边缘，并常受到水位波动的影响，因而具有明显的边缘效应和中度干扰，是检验边缘效应理论和中度干扰理论的最佳场所。边缘效应理论认为，两种生境交汇的地方由于异质性高而导致物种多样性高。湖滨湿地潮湿、部分水淹或全淹的生境在生物地球化学循环过程中具有源、库和转运者三重角色，适于各种生物的生活，生产力较单纯的陆地和水体高。

湿地环境干扰体系的时空尺寸比较复杂，“中度干扰假说”认为，频度和强度适中的干扰有利于维持群落多样性。干扰的频度适中，即两次干扰之间的时间段足以让群落恢复；干扰强度适中，即干扰不会对群落造成过分的破坏。群落受中度干扰作用时，群落的物种多样性最高，结构最复杂。这种中等程度的干扰能维持高多样性的理由是：

（1）在一次干扰后少数先锋种入侵空的生态位。如果干扰频繁，则先锋种不能发展到演替中期，因而多样性较低；

（2）如果干扰间隔期过长，使演替发展到顶级阶段，因而多样性也较低；

（3）只有中等干扰程度能使多样性维持在最高水平，它允许更多的物种入侵和定居。

2．演替理论

一般认为演替是植被在受到干扰后的恢复过程或从未生长过植物的地点上形成和发展的过程。水生群落的演替过程通常包括以下几个阶段，如表 4-1 所示：

表 4-1　水生群落演替的几个过程

阶段	主要表现
自由漂浮植物阶段	主要表现为有机质的沉积。由于沿岸植物深入到池中，池中的浮游植物和其他生物的生命活动所产生的有机物在池底沉积起来，天长日久，使湖底逐渐抬高
沉水植物阶段	在水深 5 ~ 7m 处，出现的沉水的轮藻属植物，构成湖底裸地上的先锋植物群落。由于它的生长，湖底有机质积累较快而多，同时它们的残体分解不完全，湖底进一步抬高。继而金鱼藻、狐尾藻等高等水生植物种类出现，它们生长繁殖能力强，垫高湖底的作用能力更强。鱼类等典型的水生动物减少，而两栖类和水蛙等动物增多
浮叶根生植物阶段	随着湖底变浅，浮叶根生植物出现，如眼子菜属、睡莲属，莕菜属等。它们的宽阔叶子在水面上形成连续不断覆盖，使得光照条件不利于沉水植物。这些植物死亡的组织具有较丰富的物质，腐败较缓慢加速池底的抬高过程

续表

挺水植物阶段	水体继续变浅，挺水植物如芦苇、香蒲等的出现，它们根茎极为茂密，常纠结在一起，不仅使池底迅速抬高，而且还可以形成一些浮岛开始出现一些陆生环境的一些特征。这一阶段鱼类进一步减少，而两栖类和水生昆虫进一步增加
湿生草本植物阶段	湖水中升起的地面，含有极丰富的有机质，土壤水分近于饱和。湿生的沼泽植物开始生长，如莎草等属的一些种类组成。由于地面蒸发和地下水位下降，土壤很快变得干燥，湿生草类很快为旱生草类所代替
木本植物阶段	在湿生草本植物群落中，首先出现湿性灌木，继而乔木侵入逐渐形成森林。原有的湿生生境，逐渐改变为中生生境。群落内的动物种类也逐渐增多，脊椎动物和无脊椎动物，以及微生物等均有分布，尤其是大型兽类，以森林为隐蔽所，赖以生存和繁衍

可以看出，整个水生演替系列也就是湖泊不断填平的过程，它通常是按从湖泊周围向湖泊中央的顺序发生的。演替的每一个阶段都为下一阶段创造了条件，使得新的群落得以在原有群落的基础上形成和产生。湖滨湿地的水文特征相对较为稳定，其演替过程没有滨海湿地那么迅速。但水文特征变化加上人为排水、围垦等干扰，也会导致群落结构的变化。

因此，在此类湿地的生态恢复过程中，需要以演替理论为基础，通过各种人为管理手段将其稳定在某一个阶段并防止群落结构发生随意的变化，引导演替进程，破坏水生演替过程中挺水植物的发生规模，进而减缓湖泊衰老的进程，使湿地演替朝着有利方向进行。

二、湖滨湿地生态系统

（一）湖滨湿地概念及特征

湖滨湿地是湖泊水生生态系统与湖泊流域陆地生态系统间一种重要的湿地类型。其特征由相邻生态系统之间相互作用的空间、时间及强度所决定。按其地形条件可划分为：河口型、堤防型、滩地型（如湖滨湿地）和陡岸型（包括岩岸和砾石岸）等类型。

湖滨湿地的定义范畴多样，根据联合国教科文组织的人与生物圈计划（MAB）委员会对生态交错带的定义可以理解为：湖岸带水深浅于6m的水域及其沿岸浸湿地带，包括水深不超过6m的永久水域、沿湖低地或洪泛地带等。由水、土和挺水或湿生植物（可伴生其他生物）相互作用构成，其内部过程长期为水控制的自然综合体。它是一类既不同于水体，又不同于陆地的特殊过渡类型生态系统，为水生、陆生生态系统界面相互延伸扩展的重叠空间区域。系统的生产者是由湿生、沼生、浅水生植物组成，消费者是由湿生、沼生、浅水生动物组成，分解者由介于水体与陆生生态系统之间的过渡类群组成。系统与周围相邻系统关系密切，并与它们发生物质和能量交换。

湖滨湿地具有以下几个突出的特征：

（1）地表长期或季节性处在过湿或积水状态。

（2）地表生长有湿生、沼生、浅水生植物（包括部分喜湿盐生植物），且具有较高的生产力；生活着湿生、沼生、浅水生动物和适应该特殊环境的微生物群。

（3）具有明显的潜育化过程。它们常常是连接孤立、脆弱生境的生物学廊道，具有重要的环境和生态功能，包括改善水质、控制洪水、渔业、休闲和支持高度的生物多样性等。由于受到湖泊水文调节、地下水开采、农业开发和其他人类活动的影响，它们已大量丧失或被严重改造，通过国家的政策调控，此类生态系统的恢复、重建工程越来越多，恢复的现实可能性越来越大。

（二）湖滨湿地生态系统结构与功能

从生态学和系统论角度看，湖滨湿地是由多种植物、动物、微生物和土壤、水、大气等多种非生物环境组成的一种半封闭半开放系统。生态学认为生产者、消费者和分解者是物质循环和能量流动的重要参与者，其种群动态及相互关系即所谓的结构决定了生态系统功能。湿地物质转化和能量流动、湿地生物种群动态、结构与功能等研究的最终目的是为湿地资源的管理保护提供必要的依据。

1．结构

（1）边界性和梯度性

湖岸带水岸生态系统应该具备陆向辐射区（受水体影响的陆地植被区）、水位变幅区（周期性淹水的植物带）、水向辐射区（常年淹水的植物带）等完整的结构区域。

发育良好的湖滨湿地具有一定的结构，在自然条件下，这种结构的分布常呈现与岸线相平行的带状，其微地貌常以“水体→沼泽带→滩地→低湿地带→陆地”结构出现，这一重要特征使湖滨湿地具备了边界性和梯度性两个重要特征。其植被依当地的气候、土壤、坡度以及水体富营养化程度和水文特点各异。如洞庭湖岸边出现苦草、范草、芦苇三个明显的层次，博斯腾湖出现眼子菜、睡莲、竹叶眼子菜、香蒲、芦苇四个层次。有的湖滨湿地因受人类活动的长期影响，其微景观不再具有平行层次而主要受地下水位的高低影响表现出不同的结构等。

湖滨湿地系统的梯度性要求该系统是一个具备一定宽度的缓冲带，其宽度大小直接决定了该湿地系统的功能效益。按照流域连接度原理，与湖岸形态变化、土壤条件及湖岸生物群落演替相协调，调整各区域的宽度及形态，形成植物结构合理、发育良好的植被型湖滨带，即植被带总宽度约 90m，植物覆盖度大于 90%，植物以芦苇为主植被群落，其中常年淹水的植物带宽度约 20 ~ 30m，底部有 30 ~ 40cm 的软泥层，周期性淹水的植物带宽约 30 ~ 40m，沿陆地方向向上，为无污染的和未遭人为破坏的茂密天然灌木丛。

（2）生态脆弱性

湖滨湿地是介于湖泊水生生态系统与陆生生态系统之间的过渡系统。与其他生态系统相比较，易受周边地区各种生命活动和自然过程的影响，是受人类活动影响最敏感的部分。湿地生态系统总是从一种生态系统开始发育，最终成为另外一种生态系统。湿地生态系统的生命周期与海洋、森林等生态系统相比要短许多，相比其他生态系统而言，它显得更为脆弱。

同时，湖滨带是城市湖泊的一道天然保护屏障，对湖泊起着重要的保护作用。是防止污染进入湖泊的最后一道防线，也是保护湖泊水资源的最前沿，正是由于这一特殊地理位置，决定了它的营养盐来源丰富，在非生物生态因子的环境梯度以及地形和水文学过程的作用下，由水土流失的产品、大气沉降物、枯枝落叶、地下和地面的输入，还有污水排放等穿过湖滨带，从陆地进入湖泊水体。使其生态系统受到水域和陆地生态系统的双重影响，最终表现出不同程度的不稳定性和生态脆弱性。

对于不同的湖滨湿地，其营养盐主要来源各不相同。这与湿地的自然气候条件、地质地貌、植被和社会经济发展状况等有关。对于大多数湖滨湿地来说，当点源的生活污水和工业污水得到治理时，湖滨带及湖周侵蚀作用带来的泥沙和各种颗粒物质为主要成分。

（3）物种群聚结构复杂性

湖滨湿地是水生和陆生两大生态系统的交界区域，属于生态交错带，边缘效应十分明显，景观异质性突出，生境复杂多样，生物多样性丰富，其中包括“沉水植物群落—浮水植物群落—挺水植物群落—湿生植物群落—陆生植物群落”的群落物种演替系列。初级生产力、次级生产力较高，土壤中腐殖质含量以及对有机质的降解速率都较高，加上多种动物、微生物及其组成的群落，构成复杂的物种群聚结构。物种群聚结构复杂性也是湖滨湿地整体上能够自我维持、修复和完善的主要原因。

2. 功能

湖滨湿地因其水陆交错带的属性，使它在多景观的复合生态系统中具有特殊的如固碳、涵养水源、生物多样性维持等生态和景观功能，以及旅游、芦苇生产、泥炭累积等经济价值，但由于湿地退化使得各项功能正在减弱。

①生态功能

湖滨湿地的界面特点使它在多景观的复合生态系统中具有特殊的生态功能，包括维持生物多样性；拦截和过滤经过湖滨带的物质流和能量流；为鱼类、鸟类和部分两栖类动物的繁育提供场所；稳定相邻的两个生态系统；净化水体，减少污染；防洪、保持水土、涵养水源等作用。如在净化水质方面，当地表径流携带污染物进入湖滨湿地时，污染物由于自然沉降、大型植物截流等沉积下来，湖滨湿地中丰富的生物，尤其是水生植物和微生物，将这些沉积下来的营养物质分解转化后吸收利用，再通过植物收割等方式转移出去，从而净化水质。

湖滨湿地净化水质功能主要包括以下四个方面：大型植物截流作用、土壤吸附、微生物分解和植物吸收，这些效应包括沉淀、吸附、过滤、分解、离子交换、络合、硝化与反硝化、植物对营养元素的摄取、生命代谢活动等。不同类型的湿地植物群落对污水中氮、磷的去除效率有很大的变化范围。湿地植物群落可以直接吸收利用污染物中的营养物质、吸附和富集重金属以及一些有毒有害物质，为根区好氧微生物输送氧气。水生植物对污水中的营养物质与活性微生物主要是靠附着生长在根区表面及附近的微生物去除的，根系比较发达的水生植物能够有效地去除废水中的污染物。挺水植物往往具有发达的根系和根状茎，能够提供良好的过滤条件，还可以防止淤泥堵塞。在湿地生态系统中，挺水植物通过叶吸收和茎秆的运输作用，将空气中的氧转移到根部，在根须周围形成好氧区，以利于好氧微生物对有机质的分解作用。在根须较少的地方形成兼性区和厌氧区，有利于兼性微生物和厌氧微生物降解有机物的作用。由于 N、P 等有机物被植物大量吸收，同时由于水生植物覆盖水面，使其下部光照减弱，藻类数量下降，从而抑制了水中内源性有机物的产量。所以水生植物可以从内外源两方面降低 COD 值。在通常情况下，通过收割湿地植物可以使污染物质从湿地生态系统中去除。

②景观美学和教育功能

湖滨湿地拥有丰富的动植物资源，具有强烈的景观异质性特征和令人神往的滨水环境，兼具美学、生态、文化特色和实际功用，在人类亲水性的驱使下，无论是湿地水景、植物，还是湿地的文化内涵，都以自身独特的魅力，成为人们休闲娱乐、亲近自然的好去处。

湖滨湿地的景观性决定了它同时是很好的教育基地，其丰富的水体空间，水面、陆生及水生植物、鸟类和鱼类，使人们得以重新回归自然。与此同时，湖滨湿地景观要素与物种多样性丰富，可以在当地普及自然滨水湿地的动植物知识，为非专业人士进一步了解湖滨湿地的结构、组成和功能，并为环境保护教育和公众教育提供机会和场所，从而将教育与娱乐完美地结合在一起，寓教于乐。

我国湖滨湿地分布广泛，在我国就分布了从寒温带到热带，从沿海到内陆，从平原到高原山区各种地区，不同湿地又具有不同的地理位置、气候特点、湿地类型、功能要求、经济基础等。为充分保护区域湿地内的生物多样性和湿地功能，在制定湿地的生态恢复策略、指标体系和技术途径时，不能盲目地照抄照搬，应针对每个湿地独特的地理位置和地域文化制定一套现实和动态的未来目标。

三、湖滨湿地生境改造技术

生境条件（风浪、藻类堆积、水体污染等）是限制湖滨湿地恢复的关键因子，湖滨湿地恢复与重建的关键首先在于对生境条件的改善，只有生境条件的改善才能使植被恢复成为可能，保障恢复措施的实施。

湖滨湿地恢复实际是一项极为复杂的生态工程，受损湖滨湿地生境恢复，就是在传统护岸工程设计中纳入湿地生态学和恢复生态学原理，对工程结构进行生态设计，通过生态技术或生态工程对退化或消失的湿地生境进行修复或重建，再现或仿效湿地生境受干扰前的生态系统结构、功能、多样性和动态变化过程，以及相关的物理、化学和生物学特性，改造并建成一个本土的、稳定的湖滨湿地生态系统，在保证能够达到防止湖岸侵蚀的同时，创造出动植物及微生物能够生存的生态结构，促使湖岸植物连续生长。

湖滨湿地生境改造技术形式多样，可通过建立消浪工程、地形改造、水位调节等一系列生境改善措施，实现湖滨湿地生态重建。其中消浪工程是风浪侵蚀严重的湖滨带水生植物恢复的关键保障措施，是湖滨湿地生境改造的关键技术。对于风浪较大的开敞湖区开展水生植物恢复工作之前，首先应进行的是消浪防护工程。由于波浪是造成湖滩侵蚀的主要动力因素，随着波浪和湖流的共同作用，部分侵蚀泥沙向外扩散运移直接威胁到湿地植物生长和大堤安全，有必要采取消浪措施削减波浪的淘刷和促进堤前浅滩的形成。通过人工的湖面消浪工程，可以为水生植被营造一个理想的生存环境，帮助其更好地定居，从而进一步有利于湖滨湿地水质的净化。

对于风浪较大的开敞湖区利用高等水生植物修复富营养化水体的难度相当巨大。一方面，强烈的风浪会使水生植物根茎折断，严重的甚至连根拔起；另一方面较大的风浪容易引起湖泊沉积物的再悬浮，导致沉积物中营养盐的再次释放，同时沉积物的再悬浮会引起水体透明度的降低，进而对沉水植物的生长产生影响。但较小的风浪往往对高等水生植物的生长又是有利的，原因在于可以帮助去除附着在植物叶片和根茎上的附着生物，因为这些附着生物会影响叶片的光合作用；同时适度的风浪可以植物叶片和水体之间的碳交换而强化光合作用。

因此，在开阔的敞水湖面消除风浪，实施消浪工程，为湿地植物种植提供稳定的水体环境是目前亟待解决的一个技术问题。这里首先对可以用于湖滨湿地的不同生境改造相关技术内容进行分析：

（一）木篱式消浪工程

该消浪工程结构简单、易于施工且成本较低。可通过控制木桩的间距，使其不至于过疏或过密，以达到预期的消浪效果从而起到生境改善的作用。具体实施步骤为：

（1）扎排：每隔 10cm 打直径为 20cm，长为 3m 的木质排桩一根，入泥深度 1m，单排放置。每隔 100m 预留交流口一个，交口宽 4m。木桩之间以木条加以铆钉连接。桩脚抛块石、混凝土预制块护桩防冲。

（2）消浪桩排列的方向，与波浪传来的方向相垂直，木桩的间距约等于木桩直径的一半。

（3）锚定的位置：木质消浪排桩外围加以锚定，以反作用力与波浪推力达到平衡。锚链长一般比水深更长。

（4）在木桩与堤岸植被带间堆放生态袋来提高消浪效果，有利于滨岸的挺水植被带生长，更能起到净化水质的效果。生态袋三层堆叠，交叉压实，袋之间用木刺勾连。

（二）植物消浪技术

植物消浪技术主要利用植物根系保护土壤，枝干消浪保护河道岸坡、堤围及岸滩。植物消浪技术因为其生态性和经济性在河流和湖泊消浪工程中得到推广应用，形成了一定的工程经验和系统理论，取得了显著的综合效益。与传统的工程护岸措施相比较，除了具有增强岸坡的稳定性、防止水土流失、防风消浪等功能外，还有成本低、工程量小、环境协调性好等优点。在坡面不稳定时还可以通过调整自身的状况来适应坡面的变化，维持较高的抗侵蚀能力。在堤外滩地上种植防浪林可以有效地消波以减少波浪对堤岸的冲刷侵蚀，是一种实用的生物消浪措施。

植物消浪适用于湖滩条件比较好、湖滩呈向湖心的斜坡堤岸，植物生长立地条件不够的需要先对湖滩进行基底改造，然后再种植植物实现消浪。湖泊水域水面上风成波浪对湖滩和堤岸长年累月的冲击和淘刷，使得湖滩侵蚀严重，堤岸安全度降低。在堤岸斜坡上种树是可以达到消浪护岸、促淤和固岸的一种可行办法，该办法已经在河流和湖泊中得到实践证实，岸坡树木长成后可以逐年采伐，回收经济效益，逐渐达到“以堤养堤”的效果。

堤岸边坡上植树消浪护岸不仅可以达到所需的工程效果，而且可以促进河岸滩生态恢复，改善当地生态环境和局部小气候，还可以美化环境，符合当今日益重视的绿色环保意识，该绿色护岸工程正日益受到人们的重视。因地制宜，合理设计防浪林种植方式，可最大程度发挥其消波消浪、固滩护堤的作用，是一种比较好的消浪防护技术。

四、湖滨湿地水生植物恢复与养护

在对湖滨湿地生境条件进行改善的研究基础上湿地植物则具备了相应的恢复条件。水生植物的恢复是整个湿地保护与恢复工程中的核心，发挥着重要的作用。湿地水生植被的恢复包括人工强化自然修复与人工重建水生植被两条途径。前者是对湖泊环境的调控来促进湖泊水生植被的自然恢复。后者则是对已经丧失了自动恢复水生植被能力的湖泊，通过生态工程的途径重建水生植被，绝非简单地“栽种水草”，而是在已经改变了的湖泊环境条件的基础上，根据湖泊生态功能的现实需要，依据系统生态学和群落生态学理论，重新设计并建设全新的能够稳定生存的水生植被和以水生植被为核心的湖泊良性生态。

（一）湖滨湿地恢复水生植物的筛选

湖滨湿地水生植物的筛选也是恢复的重要内容之一，其重要性在于只有在系统建立和植物栽种配置时将系统的主要功能与植物的植物学特性充分结合起来考虑，才能充分发挥不同湿地水生植物各自的优势，达到更好的处理净化效果。在利用水生植物修复受损水域生态系统时要遵循一定的原则，应充分考虑水生植物与环境的协同作用，并根据环境条件和群落特性，合理配置水生植物群落，形成稳定可持续利用的生态系统。水生植物在湖滨湿地恢复中的应用不但要具备较强的环境适应能力和较高的观赏价值，还应具备较好的耐污能力与污染物净化能力。

湖滨湿地植物恢复以一定时期的水淹为特征，恢复原生态应遵循自然规律，只有适宜的植物群落才能生存。因此，水位、水质等条件对挺水、沉水、浮叶植物的生长和生理生态有着极为重要的影响，通过水生植物的适应性及其对氮、磷、重金属的吸收、累积、释放等过程的动态特征研究，可筛选适于湖滨湿地植被恢复的品种。目前，湿地恢复工程植物物种配置种类多样性还不高，应加强湿地植物的筛选工作，以保证植物在适宜的水源条件下达到最大的水体净化能力，同时提供较高的观赏价值。

1. 水生植物对水位生态适应性

湿地植物的生长受水深条件的限制，水位是决定湿地植物分布的主导因素与关键因子。不同功能群的物种对水深有不同的耐受力，作为与水体生境密切相关的一类植物，水生植物对水体水位的变化比较敏感，在湿地恢复工作中应用水生植物时，水位成为其生存的重要限制因子，满足其需要成为首要目标。

植物的适宜水深是其生存的最基本条件，不同的水生植物物种有不同的适宜水深，生态湿地修复物种配置必须考虑水深的因素。水生高等植物多分布在 100 ~ 150cm 的水中，多数挺水植物和浮叶植物不能长时间忍受超过其植物体高度的水深，一般来说，挺水及浮水植物常以 30 ~ 100cm 为适，如荷花、芡实、睡莲、芦竹、香蒲、芦苇、千屈菜、水葱等，而沼生、湿生植物种类只需 20 ~ 30cm 的浅水即可，如鸢尾、葛蒲等。

随着季节的推移、降雨量大小等客观因素的存在，湖滨湿地水体水位会受到影响，一般可分为最低水位、常水位、最高水位，并在其间浮动变化。平时，水位处于常水位；枯水季节，如夏天、冬天部分时日，则处于低水位甚至干涸；在丰水期、大范围降雨或暴雨时，水位会快速升高接近最高水位甚至洪水位。处于高水位时，水生植物必须避免长时间被淹没，雨季淹没的最大深度应保证大部分植物能够生存并发挥其功能。在一定程度上，超高深度取决于被种植的水生植物种类，如香蒲、芦苇、芦竹等本身就可以长得很高，且具有较强的生命力。

因此，在种植设计时应根据植物生态习性，将不同的植物栽植于合适的水深位置，如灯芯草等较低矮种类喜浅水 10 ~ 20cm 水深，种植在近岸可以很好地遮掩池岸、柔和边界，香蒲、水烛等直立的种类则可耐近 50cm 水深。美人蕉和香根草二者对水深的耐受性均不强，不适合在深水中生长与繁殖，与美人蕉相比，香根草对水深的耐受性更强，美人蕉不适合在水深大于 20cm 的水域生长，而芦苇在岸边 1m 的水深范围环境中生存占优势。

应根据种植区域的相应水深进行选择，以保证用于湖滨湿地保护与恢复的植物能够生存并发挥其相应功能。同时还应注意控制水深，主要通过两种方法，一是在湿地恢复工作初期对待恢复区域进行地形改造，使水深适应不同植物的需要。在地形改造结束后，还可在岸边利用堤坝和软管调节水位，并充分考虑枯水期的水源补充问题。不同的水生植物也需要不同的水质和水文条件，如葛蒲在慢速流动的水体中生长最好，在湿地恢复工作进行时也需要考虑到水生植物对水质水文等条件的需求。

2. 水生植物对污染物的去除能力

（1）去氮除磷作用

水体中氮磷的过量富集是导致水体富营养化的主要原因，通过大型水生植物富集将水体中过量的营养元素去除是治理、调节和抑制湖泊富营养化的有效途径。N、P 元素是植物生长的必需元素，只有在生态系统中过量且超出其承受范围时才成为灾难。藻类与水生植物同样都需要吸收水体中的 N、P 元素，但藻类繁殖迅速、生长周期短，N、P 在其体内的存储不稳定，在其不断被吸收和释放的过程中，藻类暴发又死亡导致的是水体的浑浊和缺氧以及毒素的蔓延。而大型水生植物可以直接从水层和底泥中吸收N、P，并同化为自身的结构组成物质（蛋白质和核酸等），同化的速率与生长速度、水体营养物水平呈正相关，并且在合适的环境中，它往往以营养繁殖方式快速积累生物量，并且N、P是植物大量需要的营养物质，所以对这些物质的固定能力也就非常高。由于大型水生植物的生命周期比藻类长，死亡时才会释放这些营养物质，N、P在其体内的储存比藻类稳定，所以可通过种养水生植物达到水体脱氮除磷的目的，只要在大型水生植物腐败形成“二次污染”之前将其收获，就可将过量元素移出系统，同时收获相应的生物资源。当水生植物被收割运移出水生生态系统时，大量的营养物质也随之从水体中输出，从而达到净化水体的作用。

水生植物可调节温度适中的浅水湖泊水体的营养浓度，挺水植物能吸收水、底泥中氮、磷等营养元素，通过竞争途径抑制同样吸收氮、磷等营养元素的藻类的繁殖。水体在流经挺水植物群落时，水中的悬浮物、高分子有机物由于植物的阻挡作用及植物表面微生物所分泌的黏液的凝聚作用而沉降，降低水的浑浊度。浮叶和漂浮植物对营养物质有很强的吸收能力，能直接从污水中吸收有害物质和过剩营养物质，可净化水体，它们繁殖力很强，而且漂浮植物能够随着水流及水中营养物质的分布不同而漂移。沉水植物整个植株都处于水中，根、茎、叶等都可以对水中的营养物质进行吸收，在营养竞争方面占据了极大的优势，从而具有比浮水植物更强的富集氮磷的能力。沉水植物可通过光合作用向水体输送氧气，有着巨大的生物量，与环境进行着大量的物质和能量的交换，形成了十分庞大的环境容量和强有力的自净能力。在沉水植物分布区内，COD、BOD、总磷、氨氮的含量都普遍远低于无沉水植物的分布区。

用于生态恢复、净化环境的植物主要可分为两类：一类是植物本身对污染物具有较强的吸收、积累能力。如睡莲、荷花、马蹄莲、慈姑、李荠、菱角、芡实等，利用这些植物的生长（主要是块根、球茎和果实的生长）需要大量营养元素的特性，将其作为除磷的优势植物应用，以提高系统对磷的去除效果。它们或具有发达的地下根茎或块根，或能产生大量的种子果实，多为季节性休眠植物类型，一般是冬季枯萎春季萌发，生长季节主要集中在4～9月。一类是植物在一个生长季中具有较快的生长速度和较大生物量增幅。虽然湿地水生植物对氮、磷均有一定的吸收能力，但不同植物种类，吸收能力不同。植物种对不同元素具有一定内在的吸收选择力，不同植物中同一元素的含量高低变动很大。此外，同一水生植物的不同生长期、不同部分对氮、磷的积累特征也不同。

（2）对重金属和有毒有害物质的富集和吸收

水体中金属元素具有危害性大、不可降解等特点，利用水生高等植物所具有的富集能力，可从污水中吸收重金属离子从而净化水质。水生植物对重金属和有毒有害物质吸收净化的基础是它们对这些物质有较强的抗性，能在这些物质含量较高的水体中生存并生长，将其贮存于体内的某些部位，甚至蓄积量达到很高时，植物仍不会受害。植物通常是通过螯合和区室化等作用来耐受并吸收富集环境中的重金属，这种机制也存在于许多水生植物中，如重金属诱导就可使凤眼莲体内产生有重金属络合作用的金属硫肽，这些机制的存在使许多水生植物可大量富集水中的重金属。也有研究表明水生植物根系分泌的特殊的有机物能从周围环境中交换吸附重金属。被吸附的重金属离子部分通过质外体或共质体途径进入根细胞，大部分金属离子通过专一的或通用的离子载体或通道蛋白进入根细胞。吸收在根系内的重金属主要分布在质外体或形成磷酸盐、碳酸盐沉淀，或与细胞壁结合。

研究分析证明水生植物对重金属的忍受能力大小因植物的生活类型不同而异，水生植物吸收积累重金属的能力是一般为沉水植物 > 漂浮、浮叶植物 > 挺水植物，根系发达的水生植物大于根系不发达的水生植物。

3. 水生植物景观效果

目前在湿地恢复水景设计中应用较多的有挺水植物，如荷花、曹蒲、香蒲、水葱、千屈菜、鸢尾等；浮叶植物如睡莲、萍蓬草、莼菜、菱等。因为这两类植物的植物体高大，在水体中通过人工配置可以丰富湿地水体的景观空间层次、形成湿地环境的色彩对比、体现湿地景物轮廓的起伏与节奏变化。保护与恢复工程中水生植物群落的配置一般以过去当地存在过的较好的植物群落结构为模板，根据需要适当地引入有特殊用途、适应能力强及生态效益好的物种。配置多种、多层、高效、稳定的植物群落应根据地区特点，尽量采用湿地自然植物群落的生长结构，增加植物的多样性，建立层次多、结构复杂多样的植物群落，促进植物群落的自然化，发挥植物的生态效应，实现人工的低度管理和景观资源的可持续发展。多种类植物的搭配，不仅可形成丰富而又错落有致的视觉效果，而且能发挥各种水生植物吸附水体污染物的功能，再配以必要的人工管理，有利于实现生态系统完全或半完全的自我循环。

水生植物景观中的水和植物就是它的独特之处，水的形态和存在方式以及植物的不同的配置都会给游人不同的感受。如何使湿地植物景观给人们带来舒适的感觉是湖滨湿地植物配置时所必须考虑的。设计主要考虑垂直和纵向两个方向，使人站在岸边大堤上即可达到通透感和层次感的视觉效果。湿地的高低层次可通过灌木、湿生、挺水、浮叶、沉水植物配置形成。沉水植物应与挺水、浮叶植物搭配组景，以增加水生植物的景观层次，但要注意控制上层的浮叶与挺水植物在垂直水平面投影上的遮阴面积，以免沉水植物因缺乏光照而生长不良。具体地说，在层次上，有乔灌木与草本植物之分，有挺水（如芦苇）、浮水（如睡莲）和沉水植物（如金鱼藻）之别，需将这些不同层次上的植物进行搭配设计；在功能上，可采用发达茎叶植物以利于阻挡水流、沉降泥沙，发达根系类植物以利于吸收等的搭配。这样，既能保持湿地系统的生态完整性，带来良好的生态效果，还能给整个湿地景观创造一种或摇曳生姿，或婀娜多态的多层次水生植物景观。远景层次可在湖堤构建以挺水植物为主的景观斑缀植物群落形成。通透感可在近岸水域交错带搭配种植高矮不一的植物，如不用高大植物仅以少量睡莲等点缀形成，进而在视觉上露出远眺的湖景。

（二）水生植物繁育方法与技术

随着水生植物在湖滨湿地生态恢复、亲水园林景观以及人工湿地污水处理系统的广泛应用，对水生植物种苗的需求量也越来越大。在植物选取方面，虽然原则上看，用于水生植被恢复的材料是由恢复的目的决定，但是实际上更多考虑的是以下标准：是否有充足稳定的种源，或是否具有丰富的易于收集和生产的繁殖体，在满足了这两个条件后再考虑植物的筛选。

为了满足日渐增长的水生植物种苗需求，往往采取从异地采集大量的种苗作为种源的方法。这种方法一方面会破坏种源地的生态系统，另一方面，这种方法受时间和空间的限制较大，不能随时随地应用，而且如果种源地距离待恢复区域距离太远的话，在长途运输中会造成种苗的损伤，导致成活率的下降。

水生植物的繁育有播种、分株、扦插、压条、组织培养等几种主要的方法。

水生植物与陆生植物在生理特点上的不同，水生植物茎的维管束退化且缺乏木质和纤维，其表皮对杀菌剂的通透性强，对灭菌剂敏感，灭菌难度大，因此其组织培养比陆生植物更为困难。但是如果能够建立水生植物的组织培养技术，对于越来越受到重视的湿地恢复工作来说会起到重要的作用。

芦苇是最优的湿地近自然生态修复材料之一，是构成湖滨湿地的代表植物种。芦苇的种子细小，虽可进行有性繁殖，但播种出苗后主茎生长缓慢，而由两旁分集生长更新，以单体主茎经 2 ~ 3 年后才能生长出高大的植株，因此在大面积生产上多不用种子繁殖。

（1）传统的芦苇栽培方法一般有五种：茎栽培（繁殖）、地下茎栽培（繁殖）、成株移植、播种繁殖、种子苗栽培。对于大面积芦苇群落的恢复来讲，各自存在不足：

①用茎栽培的方法要求湖岸附近存在着自然芦苇采集地；

②利用芦苇根茎的繁殖方法破坏了芦苇原生地，同时栽种过程辛苦，不便于运输；

③由于芦苇种子细小，虽可进行有性繁殖，但播种出苗后主茎生长缓慢，同时在湖岸水位变化区域种子难以定居，发芽后因湖岸涨水渗水容易枯死；

④种子育苗繁殖方法在培育管理时费力、费时。所以要快速恢复重建湖岸原有芦苇群落，需要从远离城市的芦苇原生地采取芦苇，这种做法破坏了芦苇原生地的生态环境，而且不便于运输。

因此，针对大量受损湖滨湿地恢复重建工程的实施，需要更加轻便、快速的芦苇幼苗培育技术与方法，以恢复芦苇群落，减少对芦苇原生地的破坏。近年来，由于科学技术手段的不断发展，芦苇的繁殖技术也有了新的跨越，其中无性繁殖以其成活率高、操作简单得到了广泛应用。

（2）经调查与相关文献分析，这里总结出快速、经济、运输便利的大量培育芦苇幼苗的技术方法为：

①在芦苇采集地选择长势良好的芦苇，并齐地面剪下，去掉芦苇叶，剪成 30cm 长的芦苇秆，然后将 10 个芦苇秆捆成一束，将芦苇捆带回实验室进行浸泡发芽；

②将从芦苇采集地带回的芦苇捆放入自来水中浸泡 15 天，使芦苇秆发芽培育芦苇幼苗；

③剪取由芦苇秆母体上产生的芦苇幼苗，将其栽植到便于运输的塑料盆或植物模块中培育 60 天左右，生长成为高约 70cm 便于移植的芦苇成苗；

④将芦苇成苗运到将要恢复重建的河岸施工区，进行移植。

（三）基于物候谱的水生植物管理

1. 物候在管理中的重要性

植物物候现象是自然界的生物和非生物受外界环境因素影响而表现出来的季节性现象，并指示景观生态环境季节节律性变化。物候学研究表明，各种植物的物候现象，每年均按一定的先后顺序出现，有着显著的顺序性。各种植物的物候现象彼此之间有其相关性，前一种植物物候现象来临的早与迟与后一种植物出现的物候现象有密切的关系，即各种植物物候现象的出现具有“先后有序，迟早相随”的特点。且气候特点与立地条件不同，植物的物候现象的发生时间也会有一定的差异。

除可以利用水生植物的形体、线条、色彩、质地等观赏特性进行立体的空间造型，挖掘水生植物景观的时序之美外，若能进一步运用它们的物候相如营养生长、开花、落叶、枯萎等随季节变化的特性进行水生植物管理（打捞、收割等），则可为不同季节水生植物的管理提供借鉴，极大地提高水生植物管理的科学性，因此有必要考虑多种植物物候相的发生时间。

2. 主要水生植物物候谱

由于水体温度的变化不如陆地上空气中的温度变化快，导致水生植物的生长发育受水环境的影响较大。春季较陆生植物萌发迟，冬季死亡较陆生植物晚。因此，湖泊中秋季水生植物生物量最高，其中沉水植物的生物量最大，挺水植物次之；而夏季挺水植物的生物量最大，沉水植物次之。

对水生植物物候期进行正确统计，首先需要对其予以划分，并确定其持续的时间。根据水生植物物候现象变化，结合在湖滨湿地保护与恢复工程中的具体应用需要，将水生植物物候期主要划分为以下几个时期：萌发期、营养期、开花期（开花期与果实期在一起的按开花期计）、果实期、枯萎期、休眠期。

结合其他水生植物种类，综合分析湖滨湿地内水生植物的生长发育规律具有如下特点：

（1）水生植物的萌发期主要集中在3月份。随着天气的逐渐转暖，芦苇、茭白、水烛等逐渐开始发芽抽叶，到处给人以一种“欣欣向荣”的春天景象，说明水生植物的又一年生长重新开始。

（2）水生植物的快速生长期集中在4～5月份。由于这一时期温度上升较快，直接加快了水生植物的生长发育速度，其生物量增加非常迅速。许多种类都在此时长成成年植株，并进入花期，如葛蒲、水葱、睡莲、水芹等。

（3）水生植物的观赏期长，且花期主要集中在4～11月份。各种水生植物花期交替、色彩缤纷，充分体现了水生植物的色彩美、线条美和姿态美。其中尤以葛蒲、鸢尾的开花时间较早，一般于4月下旬就可见其初花；开花时间最长的种类有美人蕉、睡莲等；而在10～11月间，开花植物主要为禾本科植物，如芦苇等。

（4）水生植物的枯萎期主要集中在10～12月份。进入10月之后，随着气温下降，尤其是10月下旬后其枯萎速度明显加快。水葱、千屈菜等先枯萎，然后是荷花，慈姑等。

至12月中旬，随着气温的进一步下降，绝大部分水生植物均已枯萎。

（5）水生植物的休眠期主要集中在12月～次年2月份。此时水生植物的地上部分或已被收割，或已腐烂于岸边水体中。区域内水体周边的植物景观表现较为萧条。

由于水生植物有一定的生长周期，必须按季节更替或定期打捞，以免植株残体对水体造成二次污染；同时还可以从水体中去除一部分被植物所吸收的营养元素，其余营养元素则留在水下或根部作为新生长出植株的营养。植物地上部分的氮、磷积累量大于地下部分所以在植物的生长后期进行收割就可以高效地将氮、磷从湿地系统中去除。

因此，可遵循上表主要水生植物物候期的归纳，对水生植物种类应用较多、景观要求较高的区块采用顺序收割，收获地上部分，以防止植物残体落入水中腐烂造成污染，在植物即将枯萎前进行收割。

综上，随着湖滨湿地保护与恢复工程植物应用种类和数量不断增多，应用范围逐渐扩大，除了日常的一般性维护工作，主要是以季节性收割为主。但也存在一定的问题，如部分植物生长不良、部分植物蔓延较快、部分植物消失却无重新补种及水质受到外界影响等，须切实加强管理并予以解决。

五、湖滨湿地鸟类生境选择与恢复

栖息地保护与生境改善也是湿地恢复措施中的一个关键技术环节。生境破碎化、物种多样性丧失等一系列问题已经使越来越多的人意识到栖息地恢复与重建的重要性。作为鸟类重要的繁殖地、栖息地、越冬地，湖滨湿地每年都会有大量的水鸟在此停歇、觅食或停留此处越冬。湿地鸟类是湿地生态系统的一个重要的组成部分，是湿地生态系统的顶级消费者。不可否认，恢复后的生态系统对湿地鸟类的栖息、繁衍是有益的。

因此，基于湿地鸟类保护的角度对恢复工程中的生境调整与管理进行研究，探讨湿地鸟类不同生活史时期的生境管理，对水位、水面积进行适当调整，并把握植被对鸟类生境保护的屏障作用，能够帮助了解湿地鸟类选择生境的规律，了解鸟类与湿地环境之间的相互关系和不同程度人为干扰对湿地鸟类群落的影响，从而为湖滨湿地科学有效地进行鸟类保护提供可靠依据。

（一）湿地鸟类生境选择

湿地鸟类是指“生态上依赖湿地而生存的鸟类”，即某一生活史阶段依赖于湿地，且在形态和行为上对湿地形成适应特征的鸟类。它们以湿地为栖息空间，依水而居，或在水中游泳和潜水，或在浅水、滩地与岸边涉行，或在其上空飞行，以各种特化的咏和独特的方式在湿地觅食。从类别上主要包括传统上习称的雁鸭类和涉禽类等，还包括水边栖息的翠鸟类、猛禽类和雀形目中的一些鸟类。绝大多数湿地鸟类是一种迁徙性的候鸟，这决定了湿地鸟类在其生活史中需要不同类型的湿地。

栖息地（生境）是指动物生活的周围环境，是其进行各种生命活动的场所。对于鸟类而言，栖息地就是某些个体、种群或群落在其生活史的某一阶段（比如繁殖期，越冬期）中占据的环境，可以为其提供足够的资源用于维持整个生活史周期或者一部分生活史周期。这些资源包括食物、水（用于饮用和游泳或者戏耍）、遮盖物或者植被（用于躲避捕食或者恶劣的气候条件）、休憩（包括躲避自然或者人为干扰的区域）以及空间（繁殖期的配对空间和非繁殖期的社群空间）。

鸟类能识别环境中的某些特征，并依据这些特征来主动选择生活环境。如果没有这些特征，即使环境中包含动物所有必需的资源，它们也不能在这样的环境中生活。对鸟类生境选择的研究主要有繁殖生境的选择研究和觅食生境的选择研究，常见的研究方法是将研究区域的生境划分为若干个不同的类型，然后对不同生境类型的参数进行分析，从而得到物种对生境的偏好程度。

由此可见，湿地鸟类群落与栖息生境有着极为密切的关系，生境植被的盖度、面积、食物资源丰富度、食物可利用性及人为干扰程度和栖息地可隐蔽程度都与湿地水鸟在不同生境中的分布有关，其质量的高低直接影响着鸟类的地理分布、种群密度、繁殖成功率和存活率。鸟类通过选择适宜的生境来调整自身与环境的关系使自身处于最佳的状态。在长期的进化过程中，生境选择是鸟类与湖滨湿地自然环境间相互作用的产物，具有物种的特异性、时间和空间的差异性以及资源结构的异质性等特点，各种环境因素的综合作用与湿地鸟类自身特征决定着其生境的选择。

湿地鸟类栖息生境的优劣是由多种生境要素决定的，各种要素相互联系，相互影响共同对湿地鸟类发生作用，其中最主要的因素包括食物条件要素（水深因素、水域面积和干扰情况）和繁殖条件要素（植被覆盖类型、面积、干扰因素）。鸟类群落生态学家普遍认为鸟类的分布和多度的第一影响因子是植被，鸟类的繁殖栖息地选择，尤其是巢址选择主要取决于小尺度上的植被结构，如巢址周围植被的盖度、高度和视野开阔度等。栖息地高的空间异质性和浓密的植被能增加隐蔽性和潜在营巢点，从而降低捕食率。高度的巢址栖息地异质性还能够防止一般的捕食者形成搜寻印象而进一步降低巢卵捕食。因此，湿地鸟类生境的研究应作为湖滨湿地保护与恢复管理的主要对象。对湿地鸟类生境选择的研究，便于人们更加深入地了解影响湿地鸟类生存、栖息的环境因素，有利于物种及湿地环境的保护。

（二）湖滨湿地鸟类生境调整与生态管理技术

1. 不同时期湿地鸟类保护动态管理

许多野生生物在其部分生命周期内需要特殊的生境特征，鸟类生态系统管理既要根据不同时期分级进行，也要考虑生态系统的整体性。季节的变化直接导致生境和物种随之发生着动态变化，进而决定了湖滨湿地的管理也必须实施动态管理，需要结合湿地鸟类行为规律，依据不同的季节和生境状况，结合区域生态系统特征划定不同管理区域，采取相应的措施，进行必要的调整。

因此，在湿地恢复工作中应将重心放在湿地鸟类关键生境的管理与强化上，以便能够为其在繁殖期、哺乳期、越冬期以及迁徙期提供相应的适生环境。具体设计如下：

（1）在湿地鸟类越冬期在替代区域内增加适宜鸟类藏匿处（如湿地鸟类避难所），以帮助其安全越冬。由于近年来极端天气明显增加，恶劣的气候条件会对湿地鸟类的生

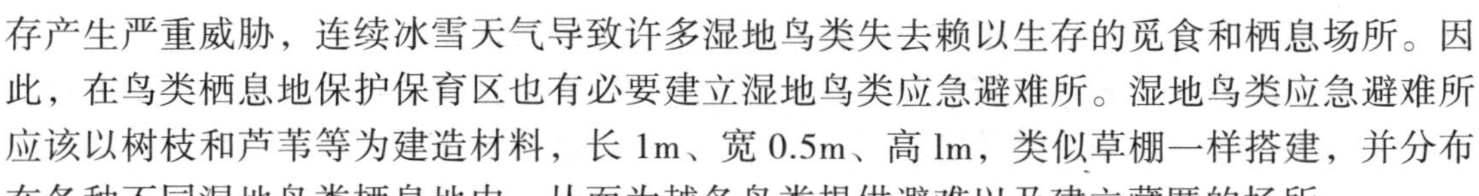

存产生严重威胁，连续冰雪天气导致许多湿地鸟类失去赖以生存的觅食和栖息场所。因此，在鸟类栖息地保护保育区也有必要建立湿地鸟类应急避难所。湿地鸟类应急避难所应该以树枝和芦苇等为建造材料，长 1m、宽 0.5m、高 1m，类似草棚一样搭建，并分布在各种不同湿地鸟类栖息地内，从而为越冬鸟类提供避难以及建立藏匿的场所。

（2）在鸟类哺乳期特别是湿地食物短缺时期提供鸟类获取食物的条件，为湿地鸟类提供必需的食物，在适宜位置设置一定数量的野外投食点，以便食物缺乏时进行必要的人工喂食。每个投食点设置投食台，投食台和水池为连体结构，设计长 3m、宽 1m、高 0.8m。

（3）在湿地鸟类迁徙期，为保证足够的食物供给，满足迁徙涉禽的栖息地需求，扩大湿地鸟类觅食场所，为鸟类招引提供保障，可选择进行鱼苗基地建设，以保证湿地鸟类需求为首要目标，一方面为湿地鸟类提供足够的食物来源，为人工投放鱼苗提供培育基地，同时也可以让湿地鸟类直接在鱼苗基地内觅食，人类不加干预。

（4）在繁殖期可进行植被种类的选择和更换，比如更换调整对无脊椎动物适口性佳的草种，对控制无脊椎动物种类和数量具有明显的效果，并结合地区鸟类活动规律适时调整土壤肥力，增加有机物含量，有效控制土壤养分释放，从而增加土壤无脊椎动物的种类和数量，提高对鸟类的吸引力。

（5）在芦苇收割期，对于芦苇收割的邻近区域，可以采取适当措施提高区域鸟类栖息地的质量，形成收割区的替代性栖息地，通过栖息地补偿性营建，促进鸟类保护。

2. 不同水位条件下的鸟类生境管理

湿地鸟类的栖息地利用受到多种因素影响，如湿地的水深、水域的宽阔程度、地形特征、食物资源及其可获得程度、植被特征、栖息地面积、人类活动干扰以及相邻栖息地的最小距离等都可能影响水鸟的栖息地利用，其生境选择角度具有多向性的特点。因此，在湿地恢复过程中，如何为湿地鸟类提供较适宜的栖息地，成为湿地管理中面临的紧迫课题。

水深是影响湿地鸟类栖息地选择与利用的最主要因子，水域的宽阔程度与水位特征对于湿地鸟类（尤其是大型水鸟）的生境选择具有重要意义。华宁等通过研究湿地冬季水鸟群落组成及其栖息地特征，发现大面积比小面积吸引更多种类和更高密度的水鸟，水位较高时吸引更多游禽栖息，水位较低时吸引更多涉禽。对于不同类型水鸟，水深决定了湿地的可利用性。对于涉禽来说，跄较长的鸟类可以在较深的水中活动，而滨鹏类等小型涉禽则偏好在水深小于 4cm 的浅水区域或潮湿的泥滩活动，游禽偏好具有一定深度的水域，溅水类游禽多在水深 20cm 左右的水域取食，潜水类游禽则适应更深的水深。

3. 不同栖息地类型营造与生境选择

湿地鸟类不同生态类型相关的生态习性决定其对栖息地的选择，不同种类的生境利用存在显著差异，营造乔灌草多层次植被结构，设置结构合理的植被种类配比可最大程度上为适宜不同种类生境的湿地水鸟提供绝佳的营巢栖息地和多样的觅食场所。特喜铁等通过样带法对达赉湖自然保护区内水鸟生境利用进行了研究，发现鹤形目、鸥形目和鹈形目鸟类主要选择在河漫滩草甸，鹤形目鸟类主要选择泥岸沼泽，鹤形目鸟类选择浅水植被区，雁形目主要选择深水区。因此，湿地水鸟在栖息地选择过程中，在确保自身安全的前提下选择食物丰富、适合自身生态习性特点的栖息地成为湖滨湿地水鸟栖息地选择的显著特征。

（1）草滩地类湿地鸟类栖息地建设。此类栖息地主要包括以莎草为主的矮草草甸植被，主要分布的湿地鸟类有赤麻鸭等雁鸭类。

（2）草本沼泽类湿地鸟类栖息地建设。此类栖息地水生生物丰富，是鹤类、鹭类、鹤类、鸭类、鹏类等越冬湿地鸟类的主要觅食和栖息场所，可供选择的植物有芦苇、莎草、李葬、鸭舌草、灯芯草等。以上类型栖息地改造主要措施有：消除现有胁迫因子；补种乡土植被；营造不同的小生境和浅水区；放养一定数量的鱼苗；设置投食点和避难场所。

从生物多样性保护的角度考虑，在上述栖息地建设过程中，可在湖浪冲刷作用明显的湖岸汇水区，营建多生境生态鸟岛，由外往里依次是深水→浅水→湿生植物环→灌木环→乔木环→人工岛，达到湖岸带湿地减弱和消除水面波浪的作用，从而为湖滨湿地多种动植物生物多样性的保护提供保育中心。面积可设置为 200 ~ 500m 不等，范围根据具体情况而定，形状设置为椭圆形、圆形、长方形等。内部开辟一些隐蔽性强的裸地滩涂和浅水塘，种植部分芦苇、煎等水生植物，以提高涉禽对湿地资源的可利用性。外围构建不同鸟类适合的生态位；在树种的选择上，可以适当增加一些鸟类喜食的如石楠、火棘、悬钩子等浆果植物。此外，可以营造高低不等的不同树丛、灌丛和草丛，吸引湿地鸟类来此栖息。不仅能为湿地鸟类提供良好的栖息地和庇护地，而且能够提高景观的异质性，保持生态系统的稳定性，并且能够营造良好的湿地景观。同时，注意不同景观廊道、斑块之间的交错布置，形成不同基质、廊道和斑块之间的犬牙交错，将上述湿地生态系统按照一定的梯度相对有序地变化设置，达到良好的景观视觉效果，保障湿地鸟类多样化的栖息条件。

第三节　我国跨行政区湖泊治理

一、我国湖泊治理的历程

随着我国社会发展经历的不同发展阶段，对湖泊水资源开发利用及其治理的观念和方式也在逐渐变化。从对湖泊认识、开发利用、保护的过程看湖泊治理历程，可以归纳为经历初识利用阶段、开发利用阶段、过度利用阶段和可持续利用四个阶段。

湖泊的初始利用阶段，是湖泊资源化的过程，也是认识湖泊价值的过程。在这一阶段，人类生产力还处在初级水平，人类的活动自身对大自然的认识的限制，在自然面前无能为力。此时，湖泊的利用还处于初步认识水资源的层面，湖泊在人类经济活动中的作用也比较简单，主要是解决人类简单的生活用水、简单的农业生产用水等，主要功能是维持人类生存的需要。此时，从供需平衡角度来说，人类对湖泊资源的需求相对于湖泊资源供给来说还非常小，湖泊资源利用方式还是简单的工具取水，依河取水，湖泊资源处于全开放状态。人类对湖泊资源的认识不高，湖泊资源取之不尽，用之不尽，没有产生经济价值。人类活动与湖泊资源之间的矛盾主要表现在人与湖泊之间的矛盾。同时，湖泊的自净能力远远大于水体污染程度，也不存在水权的分配问题，用水不用付费。在这个阶段最显著的特征就是人湖矛盾的供求关系是供大于求，跨行政区湖泊治理尚未萌芽，人们可直接饮用就可满足一般用水需求，也无须提倡节水，供给无穷大。

在湖泊的开发利用阶段，是充分利用湖泊资源经济价值的过程，事实上，也是湖泊生态不断恶化的过程。这个阶段是人类进入农耕文明以后一直到湖泊自净能力总体饱和阶段，社会生产力有了较大提升，人类开始定居产生生产食物，湖泊资源的需求不断增加，湖泊资源开发利用程度逐渐提高，供水规模和利用效率也有了较大的发展。在这个阶段，湖泊资源治理的主要目标是解决供水不足如何用水的问题。人类对湖泊水资源的认识逐渐深化，逐步认识到湖泊是一个区域或流域重要稀缺资源，具有调节经济社会发展、生态系统保护、旅游休闲观光以及交通运输等诸多作用，在国民经济中发挥着至关重要作用。此时，湖泊资源开始受到一定污染，治理环境的成本也逐渐升高，但湖泊生态还能保持基本平衡，但人类活动对湖泊资源的开发利用不断加强，用水紧张、用水冲突也逐渐显现。在这个阶段最显著的特征就是人湖矛盾的供求关系是从供大于求向供小于求转变，跨行政区湖泊治理提上议事日程。

在湖泊的过度利用阶段，也是湖泊的保护防治阶段，是进一步认识湖泊生态和社会价值的过程，也是过度开发湖泊资源后挽救自然生态平衡的过程。这个过程是从20世纪，50年代左右开始的，是在建国之后。随着人类活动的加剧，对湖泊的负面影响开始显现。湖泊出现生态系统严重退化，面积萎缩甚至消失，贮水量减少，水质不断恶化。湖泊面积萎缩干涸，其中一个原因是围垦。在这个阶段最显著的特征就是人湖矛盾的供求关系是从供小于求向供求平衡转变，跨行政区湖泊治理得到高度重视并采取具体措施，并试图从体制机制上去研究湖泊治理，切实解决湖泊生态恶化等问题。

在湖泊的可持续利用阶段，是对湖泊全面认识的过程，也是自然社会关系和谐相处的过程。这个阶段尚未到来，也是我们努力的方向，但国外一些地方和区域的跨行政区湖泊治理取得了实效，值得我们借鉴。在将来，我国的湖泊治理的方向已经明确。湖泊治理将更加注重人与自然的和谐，充分考虑经济社会发展与湖泊资源、环境承载能力的承受力。统筹好湖泊发展和区域发展，统筹考虑湖泊治理与开发的实际需要，实现区域发展与湖泊发展的良性互动。针对不同湖泊，制定综合治理措施和具体解决措施，构建湖泊利用和保护的长效机制。积极推动湖泊区域的经济发展方式转变，加快建立有利于保护湖泊生态环境的产业体系和生产消费模式。引导鼓励社会参与，调动全社会力量参与湖泊治理与保护。形成合力，妥善处理好流域与区域、地区之间、部门之间的合作关系，明确责任和分工。在这个阶段最显著的特征就是人湖矛盾的供求关系是供求基本平衡，跨行政区湖泊治理取得实效，湖泊生态得到维持，湖泊资源得到可持续利用，湖泊、自然、人与社会和谐相处。

二、湖泊治理的法律法规

保护湖泊生态环境，必须加强湖泊水环境保护的专门立法。因为湖泊的自身特点要求对其予以特殊的立法保护。但从国家层面来看，我国尚未出台专门的湖泊治理的法律法规，现有的多部法律法规基本涵盖了湖泊开发、利用、保护等治理内容。我国和湖泊治理有关的法律包括有《水法》《中华人民共和国水污染防治法》《中华人民共和国环境保护法》《中华人民共和国水土保持法》《中华人民共和国渔业法》等。具体的行政法规有《中华人民共和国渔业法实施细则》《取水许可和水资源费征收管理条例》《中华人民共和国自然保护区条例》《中华人民共和国河道管理条例》等。

与此同时，一些省份还针对区域内不同湖泊的不同特性，因地制宜地制定了相关法规。

三、行政区划对湖泊治理的影响

行政区划，国家政府行政机关根据执政和行政的需要，依据法律法规，综合政治、经济、社会、文化等多种原因，将全国的国土划分为若干层次大小不同的区域，设置相应的地方国家机关，对区域内实施行政管理的一种设置。行政区划就是政府行政权力在全国范围的配置。行政区划把政府权力分成不同层次、不同大小的区域。同时设置相应的地方国家机关，实施行政统治。行政区划以国家机关或地方机关在特定的区域内建立一定形式、具有层次唯一性的政权机关为标志。从本质上来讲，行政区划就是政府行政权力在全国范围的配置。行政区划把政府权力分成不同层次、不同大小的区域。这是行政区划的基础，是行政区划的外在形式。就其内容和实质来说，通过这种行政区域的划分，国家赋予各个行政区域单位以相应的治理权限，以方便进行统治和治理。

改革开放以来，随着社会主义市场经济体制的建立与不断完善，行政体制改革不断推进，中央政府将权力不断向地方政府下放，达到简政放权的目的。这也使得地方政府作为地方利益的代表性更为强烈。实现地方利益最大化也就顺理成章地成为地方政府的最大驱动力。在跨行政区资源的配置过程中，如何实现地方利益最大化，地方政府之间除了天然的竞争关系，也存在着合作。竞争来源于经济上内在驱动，合作则来自上级党和政府的要求，以及政府工作的最终落脚点，要代表最广大人民的利益。合作包括有各个领域各个层面的内容，特别是以前主要以经济建设为重点的合作，现在发展到法律、社会和生态建设等多个领域。

当然，跨行政区各地方政府之间除了合作，还有竞争，在某些情况下还十分激烈。因为官僚体系中，官员的升迁与上级政府的评价直接相关，当前市场经济体制不断完善的阶段，经济建设为中心始终是各级政府的重中之重。而好的项目也是相当稀有的，各地方政府也会竞相争取。上级政府也掌握着大量资源和资金，下级政府也要对上争取，

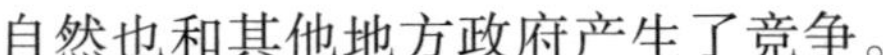

自然也和其他地方政府产生了竞争。

这样就会出现一个悖论，在唯经济建设论的不正确政绩观导向下，地方政府在政治、经济的竞争中，会产生不正确的心态，凡是有利于本地方经济发展的事情，削减脑袋，千方百计去争取。但对地方无益的事，则能推就推，能躲就躲，往往不热衷甚至放之不管。在跨区域公共事务的治理中，这样子的情况尤为明显。如跨行政区公共资源的治理，基础设施的建设等，公地悲剧由此产生了。跨区域湖泊治理问题往往涉及多个行政区域，不同行政区在湖泊开发利用保护中的目标各有不同，对湖泊开发利用保护的积极性和主动性就各不相同。实践中常出现的一种现象是，上游地区对湖泊污染防治生态保护并不积极，对湖泊资源开发利用很热心，而下游地区则对湖泊污染防治生态保护呼声高，同时也要求开发利用湖泊资源。由于存在政区划的制约，跨行政区湖泊治理的效果往往难以达到理想效果。

四、湖泊相关管理部门的职能

由于湖泊资源的复杂性和综合性，很多湖泊都垮了两个甚至多个行政区，除了湖泊风景区以及极少数湖泊以外，多数湖泊实行的是一个多部门综合协调管理的体制。从行政职能划分，目前我国的湖泊治理由水利、农业、环保、林业、国土、旅游等相关部门按照各自职能，分别对湖泊实施管理。

（一）水利部门

负责保障湖泊水资源的合理开发利用，拟定湖泊水利战略规划和政策，制定部门规章，组织编制流域综合规划、防洪规划等重大湖泊水利规划。

负责生活、生产和生态环境用水的统筹兼顾和保障。实施湖泊资源的统一监督管理，拟订水中长期供求规划、湖泊水量分配方案并监督实施，组织开展湖泊水资源调查评价工作，负责湖泊及其流域的水资源高度，组织实施取水许可、水资源有偿使用制度和水资源认证、防洪认证制度。

负责湖泊水资源保护工作。组织编制湖泊水资源保护规划，组织拟订和监督实施江河湖泊的水功能区划，核定水域纳污能力，提出限制排污总量建议，指导饮用水水源保护工作，指导湖泊流域地下水开发利用和城市规划区地下水资源管理保护工作。

负责防治湖泊水旱灾害，承担防汛抗旱指挥部的具体工作。组织、协调、监督、指挥湖泊防汛抗旱工作，对江河湖泊和重要水工程实施防汛抗旱调度和应急水量调度，编制防汛抗旱应急预案并组织实施。指导湖泊水资源突发公共事件的应急管理工作。

指导湖泊水文工作。负责湖泊水文水资源监测、水文站网建设和管理，对湖泊及其流域的水量、水质实施监测、发布水文水资源信息、情报预报和水资源公报。

指导湖泊水利设施、水域及其岸线的管理与保护，指导湖泊的治理和开发，组织实施湖泊重要水利工程建设与运行管理。

负责湖泊流域防治水土流失。拟订湖泊流域水土保持规划并监督实施，组织实施湖泊流域水土流失的综合防治，监测预报并定期公告，负责有关重大建设项目水土保持方案的审批，监督实施及水土保持设施的验收工作。

协调、仲裁跨行政区湖泊水事纠纷，指导水政监察和行政执法。

（二）农业部门

监督管理湖区水域的使用；负责水域使用许可制度和水域有偿使用制度的实施与监督；协调各涉湖部门、行业的湖区开发活动。

编制水域开发、渔业发展规划、计划和湖泊功能区划、水域使用规划及科技进步措施，并组织实施。

组织拟定规划、标准和规范，组织实施污染物排湖总量控制制度，按照国家标准监督河源污染物排放入湖，防止因石油、煤炭勘探开发以及湖区工程建设项目造成的湖泊污染损害；组织湖泊环境调查、监测、监视和评价；监督湖泊生物多样性和水生野生动物保护；核准新建、改建、扩建湖区工程项目的环境影响报告书。负责渔业产业结构与布局调整、水产种质资源管理和原（良）种场的审定、申报；组织实施渔业开发；指导水产品加工、流通；根据国家、省授权拟定渔船、渔机、网具制造规范和技术标准并监督实施。

组织渔业经济、资源、环境调查。指导湖区防灾减灾工作；发布渔情预报、湖区环境预报；管理湖泊观测、监测、灾害预报警报等公益服务系统。

负责渔政管理、渔港监督和渔船检验工作。管理保护渔业资源，监督实施渔业捕捞许可制度和休渔期制度；维护渔业生产秩序；负责渔业抢险救助、渔业安全和渔业无线电通信管理工作。

（三）环保部门

统筹协调湖泊重大环境问题。指导协调地方政府重特大突发环境事件的应急、预警工作。牵头协调重大湖泊环境污染事故和生态破坏事件的调查处理。统筹协调国家重点流域、区域、海域污染防治工作，指导、协调和监督海洋环境保护工作。协调解决有关跨区域环境污染纠纷。

指导、协调、监督湖泊生态保护工作。拟定湖泊生态保护规划，组织评估湖泊生态环境质量状况，监督对湖泊生态环境有影响的自然资源开发利用活动、重要生态环境建设和生态破坏恢复工作。

建立健全湖泊环境保护基本制度。组织编制环境功能区划，组织制定各类环境保护标准和技术规范。组织拟订并监督实施重点区域、流域污染防治规划和饮用水水源地环境保护规划。会同有关部门拟订重点污染防治规划，参与制订国家主体功能区划。

监督管理湖泊环境污染防治。制定水体、重金属、大气、土壤、化学品等污染防治管理制度并组织实施，组织指导城镇和农村的环境综合整治工作，会同有关部门监督管理饮用水水源地环境保护工作。

监测湖泊环境变化并发布有关信息。组织并实施环境质量监测和污染源监测。组织对环境质量状况进行调查评估、预测预警。组织建设和管理国家环境监测网和全国环境信息网。统一发布国家环境综合性报告和重大环境信息，定期发布湖泊监测信息。

（四）林业部门

依法指导自然保护区的建设和管理。

组织开展湖泊湿地调查、监测和评估。

组织、协调、指导和监督保护工作。

拟订湿地保护规划，拟订湿地保护的有关标准和规定，组织实施建立保护小区、湿地公园等保护管理工作，监督湿地的合理利用。

（五）国土部门

承担保护与合理利用湖泊及其流域土地资源、矿产资源等自然资源的责任。组织拟订国土资源发展规划和战略，编制并组织实施国土规划。

编制和组织实施土地利用总体规划、组织编制矿产资源等规划。

负责湖泊矿产资源开发的管理，依法管理矿业权的审批登记发证和转让审批登记。

组织实施湖泊矿产资源勘查。

依法征收资源收益，规范、监督资金使用，拟定矿产资源参与经济调控的政策措施。

（六）旅游部门

组织湖泊旅游资源的普查、规划、开发和相关保护工作。

指导重点湖泊旅游区域、旅游目的地和旅游线路的规划开发。

组织拟订湖泊旅游区、旅游设施、旅游服务、旅游产品等方面的标准并组织实施。

负责湖泊旅游安全的综合协调和监督管理。

第五章　水利工程施工导流与地基处理

第一节　施工导流与降排水

一、施工导流的概念

河床上修建水利水电工程时，为了使水工建筑物能在干地施工，需要用围堰围护基坑，并将河水引向预定的泄水建筑物以泄向下游，这就是施工导流。

二、施工导流的设计与规划

施工导流的方法大体上分为两类：一类是全段围堰法导流（河床外导流），另一类是分段围堰法导流（河床内导流）。

（一）全段围堰法导流

全段围堰法导流是在河床主体工程的上下游各建一道拦河围堰，使上游来水通过预先修筑的临时或永久泄水建筑物（如明渠、隧洞等）泄向下游，主体建筑物在排干的基坑中进行施工，主体工程建成或接近建成时再封堵临时泄水道。这种方法的优点是工作面大，河床内的建筑物在一次性围堰的围护下建造，如能利用水利枢纽中的永久泄水建筑物导流，可大大节约成本。

按泄水建筑物的类型不同全段围堰法可分为明渠导流、隧洞导流、涵管导流等类型。

1．明渠导流

上下游围堰一次拦断河床形成基坑，保护主体建筑物干地施工，天然河道水流经河岸或滩地上开挖的导流明渠泄向下游的导流方式称为明渠导流。

（1）明渠导流的适用条件

若坝址河床较窄或河床覆盖层很深，分期导流困难，且具备下列条件之一，则考虑采用明渠导流：

①河床一岸有较宽的台地、垭口或古河道；

②导流流量大，地质条件不适于开挖导流隧洞；

③施工期有通航、排冰、过木需求；

④总工期紧，不具备洞挖条件。

国内外工程实践表明，在导流方案比较过程中，若明渠导流和隧洞导流均可采用时，一般倾向于明渠导流。这是因为明渠开挖可采用大型设备，加快施工进度，促使主体工程提前开工。施工期间河道有通航、过木和排冰需求时，明渠导流明显更有利。

（2）导流明渠布置

导流明渠布置分为在岸坡上和在滩地上两种形式。

①导流明渠轴线的布置。导流明渠应布置在较宽台地、垭口或古河道一岸；渠身轴线要伸出上下游围堰外坡脚，水平距离要满足防冲要求，一般为 50 ~ 100m；明渠进出口应与上下游水流相衔接，与河道主流的交角以小于 30° 为宜；为保证水流畅通，明渠转弯半径应大于 5 倍渠底宽；明渠轴线布置应尽可能缩短明渠长度和避免深挖。

②明渠进出口位置和高程的确定。明渠进出口力求不冲、不淤和不产生回流，可通过水力学模型试验调整进出口的形状和位置，达到这一目的；进口高程按截流设计选择，出口高程一般由下游消能控制；进出口高程和渠道水流流态应满足施工期通航、过木和排冰需求。在满足上述条件下，尽可能抬高进出口高程，以减小水下开挖量。

（3）导流明渠断面设计

①明渠断面尺寸的确定。明渠断面的尺寸由设计导流流量控制，并受地形地质和允许抗冲流速的影响，应按不同的明渠断面尺寸与围堰的组合，通过综合分析确定。

②明渠断面形式的选择。明渠断面一般设计成梯形，渠底为坚硬基岩时，可设计成矩形。有时为满足截流和通航的不同目的，也可设计成复式梯形断面。

③明渠糙率的确定。明渠糙率的大小直接影响明渠的泄水能力，而影响糙率大小的因素有衬砌材料、开挖方法、渠底平整度等，因此其应视具体情况而定。对于大型明渠工程而言，应通过模型试验确定糙率。

（4）明渠封堵

导流明渠结构布置应考虑后期的封堵要求。当施工期有通航、过木和排冰任务，明渠较宽时，可在明渠内预设闸门墩，以利于后期封堵。若施工期无通航、过木和排冰任务时，应于明渠通水前，将明渠坝段施工到适当高程，并设置导流底孔和坝面口，使二者联合泄流。

2. 隧洞导流

上下游围堰一次拦断河床形成基坑，保护主体建筑物干地施工，天然河道水流全部由导流隧洞宣泄的导流方式称为隧洞导流。

（1）隧洞导流的适用条件

如果导流流量不大，坝址河床狭窄，两岸地形陡峻，如一岸或两岸地形、地质条件良好，则可考虑采用隧洞导流。

（2）导流隧洞的布置

导流隧洞的布置一般应满足以下要求：

①隧洞轴线沿线地质条件良好，足以保证隧洞施工和运行的安全。

②隧洞轴线宜按直线布置，如有转弯，则转弯半径须不小于 5 倍洞径（或洞宽），转角不宜大于 60° ，弯道首尾应设直线段，长度不应小于 3 ～ 5 倍洞径（或洞宽）；进出口引渠轴线与河流主流方向夹角宜小于 30° 。

③隧洞间净距、隧洞与永久建筑物间距、洞脸与洞顶围岩厚度均应满足结构和应力要求。

④隧洞进出口位置应保证水力学条件良好，并伸出堰外坡脚一定距离，一般距离应大于 50m，以满足围堰防冲要求。进口高程多由截流控制，出口高程由下游消能控制，洞底按需要设计成缓坡或急坡，避免设计成反坡。

（3）导流隧洞断面设计

隧洞断面尺寸的大小取决于设计流量、地质和施工条件，洞径大小应控制在施工技术和结构安全允许的范围内。国内单洞断面尺寸多在 200m2 以下，单洞泄量不超过 2000 ～ 2500m3/s。

隧洞断面形式取决于地质条件、隧洞工作状况（有压或无压）及施工条件。常见断面形式有圆形、马蹄形、方圆形。其中，圆形多用于高水头处，马蹄形多用于地质条件不良处，方圆形有利于截流和施工。国内外导流隧洞多采用方圆形。

洞身设计中，糙率 n 值的选择是一个十分重要的问题。糙率的大小直接影响断面的大小，而衬砌与否、衬砌的材料和施工质量、开挖的方法和质量则是影响糙率大小的因素。一般混凝土衬砌糙率值为 0.014 ～ 0.017；不衬砌隧洞的糙率变化较大，光面爆破时为 0.025 ～ 0.032，一般炮眼爆破时为 0.035 ～ 0.044。设计时应根据具体条件，在查阅有关手册后加以确定。对于重要的导流隧洞工程来说，应通过水工模型的试验验证其糙率的合理性。

导流隧洞设计应考虑后期封堵要求，布置封堵闸门门槽及启闭平台设施。有条件者，导流隧洞应与永久隧洞结合，以节约成本（如小浪底工程的三条导流隧洞后期改建为三条孔板消能泄洪洞）。一般来说，对于高水头枢纽，导流隧洞只可能与永久隧洞部分相结合，中低水头则有可能全部结合。

3. 涵管导流

涵管导流一般在修筑土坝、堆石坝的工程中采用。

涵管通常布置在河岸岩滩上，位于枯水位以上，这样可在枯水期不修围堰或只修一个小围堰。先将涵管筑好，然后修上下游全段围堰，将河水引经涵管下泄。

涵管一般采用钢筋混凝土结构。当有永久涵管可以利用或修建隧洞有困难时，可采取涵管导流方法。在某些情况下，可在建筑物基岩中开挖沟槽，必要时予以衬砌，然后封上混凝土或钢筋混凝土顶盖，形成涵管。采取这种方式往往可以获得经济、可靠的效果。由于涵管的泄水能力较弱，所以一般用在导流流量较小的河流上或只用来担负枯水期的导流任务。

为了防止涵管外壁与坝身防渗体之间出现渗流，通常在涵管外壁上每隔一定距离设置一截流环，以延长渗径，降低渗透坡降，减少渗流的破坏作用。此外，必须严格控制涵管外壁防渗体的压实质量。涵管管身的温度缝或沉陷缝中的止水必须要严格施工。

（二）分段围堰法导流

分段围堰法也称分期围堰法或河床内导流，就是用围堰将建筑物分段分期围护起来进行施工的方法。所谓分段，就是从空间上将河床围护成若干个干地施工的基坑段，然后进行施工。所谓分期，就是从时间上将导流过程划分成不同阶段。其分为导流分期和围堰分段等几种情况。导流的分期数和围堰的分段数并不一定相同，因为在同一导流分期中，建筑物可以在一段围堰内施工，也可以同时在不同段内施工。必须指出的是，段数分得越多，围堰工程量越大，施工也越复杂。同样，期数分得越多，工期有可能拖得越长。因此在工程实践中，导流法采用得最多（如葛洲坝工程、三门峡工程等都采用了此法）。只有在比较宽阔的通航河道上施工，并且不允许断航或有其他特殊情况下，才采用多段多期导流法。

分段围堰法导流一般适用于河床宽阔、流量大、施工期较长的工程，尤其是通航河流和冰凌严重的河流。这种导流方法的费用较低，国内外一些大中型的水利水电工程采用较多。分段围堰法导流，前期由束窄的原河道导流，后期可利用事先修建好的泄水道导流。常见的泄水道导流类型有底孔导流、坝体缺口导流等。

1. 底孔导流

将设置在混凝土坝体中的永久底孔或临时底孔作为泄水道，是二期导流经常采用的方法。导流时让全部或部分导流流量通过底孔泄到下游，以保证后期工程施工。若是临时底孔，则须在工程接近完工或需要蓄水时加以封堵。

采用临时底孔时，底孔的尺寸、数目和布置要通过相应的水力学计算来确定。

其中，底孔的尺寸在很大程度上取决于导流的任务（过水、过船、过木和过鱼），以及水工建筑物的结构特点和封堵用闸门设备的类型。底孔的布置要满足截流、围堰工程以及本身封堵的要求。如底坎高程布置较高，截流时落差就大，围堰也高。但封堵时的水头较低，封堵就容易。一般来说，底孔的底坎高程应布置在枯水位之下，以保证枯水期泄水。当底孔数目较多时，可把底孔布置在不同的高程上，封堵时从最低高程的底孔堵起，这样可以减小封堵时所承受的水压力。

临时底孔的断面形状多采用矩形，为了改善孔周围的应力状况，也可采用有圆角的矩形。按水工结构要求，孔口尺寸应尽量小，但某些工程由于导流流量较大，因而采用尺寸较大的底孔。

底孔导流的优点是挡水建筑物上部的施工可以不受水流的干扰，有利于均衡连续施工，这对修建高坝特别有利。当坝体内设有永久底孔可以用来导流时，更为理想。底孔导流的缺点如下：由于坝体内设置了临时底孔，将导致钢材用量增加；如果封堵质量差，将会削弱坝体的整体性，还有可能漏水；在导流过程中底孔有被漂浮物堵塞的危险；封堵时由于水头较高，安放闸门及止水等均较困难。

2. 坝体缺口导流

混凝土坝施工过程中，当汛期河水暴涨暴落，其他导流建筑物不足以宣泄全部流量时，为了不影响坝体施工进度，使坝体在涨水时仍能继续施工，可以在未建成的坝体上预留缺口，以便配合其他建筑物宣泄洪峰流量。待洪峰过后，上游水位回落，再继续修筑缺口。所留缺口的宽度和高度应取决于导流设计流量、其他建筑物的泄水能力、建筑物的结构特点和施工条件。在采用底坎高程不同的缺口时，为避免高低缺口单宽流量相差过大，产生高缺口向低缺口的侧向泄流，引起压力分布不均匀，就需要适当控制高低缺口间的高差。根据湖南省柘溪工程的经验，其高差以不超过 4 ~ 6m 为宜。在修建混凝土坝，特别是大体积混凝土坝时，由于这种导流方法比较简单，因此常被采用。

上述两种导流方式一般只适用于混凝土坝，特别是重力式混凝土坝。至于土石坝或非重力式混凝土坝，则采用分段围堰法导流，并常与隧洞导流、明渠导流等河床外导流方式相结合。

三、施工导流挡水建筑物

围堰是导流工程中临时的挡水建筑物，用来围护施工中的基坑，保证水工建筑物能在干地施工。在导流任务结束后，如果围堰对永久建筑物的运行有碍或没有考虑作为永久建筑物的一部分，则应予以拆除。

水利水电工程中经常采用的围堰，按所使用的材料可分为土石围堰、混凝土围堰、钢板桩格形围堰和草土围堰等类型。按围堰与水流方向的相对位置，可分为横向围堰和纵向围堰两种。按导流期间基坑淹没条件，可分为过水围堰和不过水围堰两种。过水围堰除需要满足一般围堰的基本要求外，还要满足围堰顶过水的专门要求。

选择围堰形式时，必须根据当时当地的具体条件，在满足下述基本要求的原则下，通过技术、经济比较加以确定：

第一，具有足够的稳定性、防渗性、抗冲性和一定的强度。

第二，造价低，构造简单，修建、维护和拆除方便。

第三，围堰的布置应力求使水流平顺，不发生严重的水流冲刷。

第四，围堰接头和岸边连接都要安全可靠，不致因集中渗漏等破坏作用而引起围；

第五，必要时，应设置抵抗冰凌、船筏冲击和破坏的设施。

（一）围堰的基本形式和构造

1. 土石围堰

土石围堰是水利水电工程中采用最广泛的一种围堰形式。它是用当地材料填筑而成的，不仅可以就地取材和充分利用开挖弃料作围堰填料，而且构造简单，施工方便，易于拆除，工程造价低，可以在流水中、深水中、岩基或有覆盖层的河床上修建，但其工程量较大，堰身沉陷变形也较大。

因土石围堰断面较大，所以一般用于横向围堰。而在宽阔河床的分期导流中，由于围堰束窄，河床增加的流速不大，也可作为纵向围堰，但需增加防冲设计，以确保围堰安全。

土石围堰的设计与土石坝基本相同，但其结构形式在满足导流期正常运行的情况下应力求简单，便于施工。

2. 混凝土围堰

混凝土围堰的抗冲与抗渗能力强，挡水水头高，底宽小，易与永久混凝土建筑物相连接，必要时还可以过水，因此采用得比较多。中国贵州省的乌江渡、湖南省凤滩等水利水电工程也采用过拱形混凝土围堰作为横向围堰。但多数还是以重力式围堰作纵向围堰，如三门峡、丹江口、三峡等水利工程的混凝土纵向围堰均为重力式混凝土围堰。

（1）拱形混凝土围堰

拱形混凝土围堰一般适用于两岸陡峻、岩石坚固的山区河流，常采用隧洞及允许基坑淹没的导流方案。通常围堰的拱座是在枯水期的水面以上施工的。对围堰的基础处理为：当河床的覆盖层较薄时，需进行水下清基；当覆盖层较厚时，则可灌注水泥浆防渗加固。堰身的混凝土浇筑则要进行水下施工，因此难度较高。在拱基两侧要回填部分砂砾料以利灌浆，形成阻水帷幕。

拱形混凝土围堰由于利用了混凝土抗压强度高的特点，与重力式相比，断面较小，可减小混凝土工程量。

（2）重力式混凝土围堰

采用分段围堰法导流时，重力式混凝土围堰往往可兼作第一期和第二期纵向围堰，两侧均能挡水，还能作为永久建筑物的一部分，如隔墙、导墙等。重力式围堰可做成普通的实式，则与非溢流重力坝类似，也可做成空心式，如三门峡工程的纵向围堰。

纵向围堰需抗御高速水流的冲刷，所以一般修建在岩基上。为保证混凝土的施工质量，一般可将围堰布置在枯水期出露的岩滩上。如果这样还不能保证干地施工，则通常需另修土石低水围堰来加以围护。

重力式混凝土围堰现在有普遍采用碾压混凝土的趋势，如三峡工程三期上游横向围堰及纵向围堰均采用碾压混凝土。

3. 钢板桩格形围堰

钢板桩格形围堰是重力式挡水建筑物，由一系列彼此相接的格体构成。按照格体的平面形状，其可分为圆筒形格体、扇形格体和花瓣形格体几种。这些形式适用于不同的挡水高度，应用较多的是圆筒形格体。它由许多钢板桩通过锁口互相连接而成为格形整体。钢板桩的锁口有握裹式、互握式和倒钩式三种。格体内填充透水性强的填料，如砂、砂卵石和石渣等。在向格体内填料时，必须保持各格体内的填料表面大致均衡上升，因为高差太大会导致格体变形。

钢板桩格形围堰的优点有：坚固、抗冲、抗渗、围堰断面小，便于机械化施工；钢板桩的回收率高，在 70% 以上；尤其适合于在束窄度大的河床段作为纵向围堰使用。但由于其需要大量的钢材，且施工技术要求高，因此在我国目前仅应用于大型工程中。

圆筒形格体钢板桩围堰一般适用的挡水高度小于 18m，可以建在岩基上或非岩基上。圆筒形格体钢板桩围堰也可作为过水围堰。

圆筒形格体钢板桩围堰的修建由定位、打设模架支柱、模架就位、安插钢板桩、打设钢板桩、填充料渣、取出模架及其支柱和填充料渣到设计高程等工序组成。圆筒形格体钢板桩围堰一般需在流水中修筑，受水位变化和水面波动的影响较大，故施工难度较大。

4. 草土围堰

草土围堰是一种以麦草、稻草、芦柴、柳枝和土为主要原料的草土混合结构。我国运用它已经有 2000 多年的历史。这种围堰主要用于黄河流域的渠道春修堵口工程中。中华人民共和国成立后，在青铜峡、盐锅峡、八盘峡、黄坛口等处的工程中均得到应用。草土围堰施工简单、速度快、取材容易、造价低，拆除也方便，并且具有一定的抗冲、抗渗能力，堰体的容重也较小，因此特别适用于软土地基。但这种围堰不能承受较大的水头，所以仅限水深不超过 6m、流速不超过 3.5m/s、使用期在两年以内的工程。草土围堰的施工方法比较特殊，就其实质来说也是一种进占法。按所用草料形式的不同，其可分为散草法、捆草法和埽捆法三种；按施工条件，其可分为水中填筑和干地填筑两种。由于草土围堰本身的特点，水中填筑的质量比干填法容易保证，这是与其他围堰所不同的。实践中的草土围堰普遍采用捆草法施工。

（二）围堰的平面布置

围堰的平面布置主要包括围堰内基坑范围确定和分期导流纵向围堰布置两项内容。

1. 围堰内基坑范围确定

围堰内基坑范围大小主要取决于主体工程的轮廓和相应的施工方法。当采用一次拦断法导流时，围堰基坑是由河床两岸围成的。当采用分期导流时，围堰基坑由纵向围堰与上下游横向围堰围成。在上述两种情况下，上下游围堰上下游横向围堰的布置，都取决于主体工程的轮廓。通常来说，基坑坡趾与主体工程轮廓的距离应在 20 ~ 30m，以便布置排水设施、交通运输道路，堆放材料和模板等。基坑开挖边坡的大小，则与地质条件有关。当纵向围堰不作为永久建筑物的一部分时，基坑坡趾与主体工程轮廓的距离，一般不小于 2m，以便布置排水导流系统和堆放模板。如果无此要求，则只需留 0.4 ~ 0.6m。基坑开挖边坡的大小，则与地质条件有关。

实际工程的基坑形状和大小往往是不相同的。有时可以利用地形减小围堰的高度和长度；有时为照顾个别建筑物施工的需要，将围堰轴线布置成折线形；有时为了避开岸边较大的溪沟，也采用折线布置。为了保证基坑开挖和主体建筑物正常施工，基坑范围应当有一定的富余。

2. 分期导流纵向围堰布置

在分期导流方式中，纵向围堰布置是施工的关键所在，选择纵向围堰位置，实际上就是要确定适宜的河床束窄度。束窄度就是天然河流过水面积被围堰束窄的程度。

适宜的纵向围堰位置与以下主要因素有关。

（1）地形地质条件

河心洲、浅滩、小岛、基岩露头等都是可供布置纵向围堰的场所，这些地方施工便利，并有利于防冲保护。例如，三门峡工程曾巧妙地利用了河心的几个礁岛来布置纵、横围堰；葛洲坝工程施工初期，也曾利用江心洲作为天然的纵向围堰；三峡工程江心洲三斗坪作为纵向围堰的一部分。

（2）水工布置

尽可能将厂坝、厂闸、闸坝等建筑物之间的隔水导墙作为纵向围堰的一部分。例如，葛洲坝工程就是利用厂闸导墙，三峡、三门峡、丹江口工程则将厂坝导墙作为二期纵向围堰的一部分。

（3）河床允许束窄度

河床允许束窄度主要与河床地质条件和通航要求有关。对于非通航河道，如河床易受到冲刷，一般允许河床产生一定程度的变形，只要能保证河岸、围堰堰体和基础免受淘刷即可。束窄流速常可允许 3m/s 左右，岩石河床允许束窄度主要视岩石的抗冲流速而定。

对于一般性河流和小型船舶，当缺乏具体研究资料时，可参考数据：当流速小于 2m/s 时，机动木船可以自航；当流速在 3 ~ 3.5m/s，且局部水面集中落差不大于 0.5m 时，拖轮可自航；木材流放最大流速可考虑为 3.5 ~ 4m/s。

（4）导流过水要求

进行一期导流布置时，不但要考虑束窄河道的过水条件，而且要考虑二期截流与导流的要求。主要应考虑的问题是，一期基坑中能否布置下宣泄二期导流流量的泄水建筑物，由一期转入二期施工时的截流落差是否过大。

（5）施工布局的合理性

各期基坑中的施工强度应尽量均衡。一期工程施工强度可比二期低些，但不宜相差过于悬殊。如有可能，分期分段数应尽量少。导流布置应满足总工期的要求。

以上五个方面，仅仅是选择纵向围堰位置时应考虑的主要问题。如果天然河槽呈对称形状，没有明显有利的地形地质条件可供利用，则以通过经济比较方法选定纵向围堰的适宜位置，使一期、二期总的导流费用最小。

分期导流时，上下游围堰一般不与河床中心线垂直，围堰的平面布置常呈梯形，这样既可使水流顺畅，也便于运输道路的布置和衔接。当采用一次拦断法导流时，则上下游围堰就不存在突出的绕流问题，为了减少工程量，围堰应多与主河道垂直。

纵向围堰的平面布置形状对过水能力会产生较大影响，但是围堰的防冲安全通常比前者重要。实践中常采用流线型和挑流式布置。

（三）围堰的拆除

围堰是临时建筑物，导流任务完成后，应按设计要求拆除，以免影响永久建筑物的施工及运转。例如，在采用分段围堰法导流时，第一期横向围堰的拆除如果不符合要求，就会增加上下游水位差，从而增加截流工作的难度，影响截流料物的质量。另外，下游围堰拆除不干净，还会抬高尾水位，影响水轮机的利用水头，如浙江省富春江水电站就曾受此影响，导致水轮机出力降低，造成了不应有的损失。

土石围堰相对来说断面较大，拆除工作一般是在运行期限的最后一个汛期过后，随上游水位的下降，逐层拆除围堰的背水坡和水上部分。但必须保证依次拆除后所残留的断面能继续挡水和维持稳定，以免发生安全事故，使基坑过早淹没，影响施工。土石围堰的拆除一般可用挖土机开挖、爆破开挖等方法。

钢板桩格形围堰的拆除，首先要用抓斗或吸石器将填料清除干净，然后用拔桩机起拔钢板桩。混凝土围堰的拆除，一般只能用爆破法炸除。但应注意，必须使主体建筑物或其他设施不受爆破危害。

四、施工导流泄水建筑物

导流泄水建筑物是用以排放多余水量、泥沙和冰凌等的水工建筑物，具有安全排洪、放空水库的功能。对水库、江河、渠道或前池等的运行起太平门的作用，也可用于施工导流。溢洪道、溢流坝、泄水孔、泄水隧洞等是泄水建筑物的主要形式。和坝结合在一起的称为坝体泄水建筑物，设在坝身以外的常统称为岸边泄水建筑物。泄水建筑物是水利枢纽的重要组成部分，其造价常占工程总造价的很大部分。所以合理选择泄水建筑物形式，并且确定其尺寸十分重要。泄水建筑物按其进口高程可布置成表孔、中孔、深孔或底孔等形式。表孔泄流与进口淹没在水下的孔口泄流，由于泄流量分别与 3H/2（H 为水头）和 H/2 成正比，所以在同样水头时，前者具有较大的泄流能力，方便可靠，是溢洪道及溢流坝的主要形式。深孔及隧洞一般不作为重要大泄量水利枢纽的单一泄洪建筑物。

泄水建筑物的设计主要应确定：水位和流量；系统组成；位置和轴线；孔口形式和尺寸。总泄流量、枢纽各建筑物应承担的泄流量、形式选择及尺寸应根据当地的水文、地质、地形，以及枢纽布置和施工导流方案的系统分析与经济比较来决定。对于多目标或高水头、窄河谷、大流量的水利枢纽，一般可选择采用表孔、中孔或深孔，坝身与坝体外泄流，坝与厂房顶泄流等联合泄水方式。修建泄水建筑物，关键是要解决好消能防冲和防空蚀、抗磨损。对于较轻型建筑物或结构，还应防止泄水时的振动。泄水建筑物设计和运行实践的发展与结构力学和水力学的进展密切相关。近年来，高水头窄河谷宣泄大流量、高速水流压力脉动、高含沙水流泄水、大流量施工导流、高水头闸门技术，以及抗震、减振、掺气减蚀、高强度耐蚀耐磨材料的开发和进展，对泄水建筑物设计、施工、运行水平的提高起到很大的推动作用。

五、基坑降排水

修建水利工程时，在围堰合拢闭气以后，就要排除基坑内的积水和渗水，以保证基坑处于基本干燥状态，从而利于基坑开挖、地基处理及建筑物的正常施工。

基坑排水工作按排水时间及性质，一般可分为：

第一，基坑开挖前的初期排水，包括基坑积水、基坑积水排除过程中的围堰堰体与基础渗水、堰体及基坑覆盖层的含水率以及可能出现的降水的排除。

第二，基坑开挖及建筑物施工过程中的经常性排水，包括围堰和基坑渗水、降水以及施工弃水的排除。如按排水方法分，其分为明式排水和人工降低地下水位两种。

（一）明式排水

排水量的确定：

1．初期排水排水量估算

初期排水主要包括基坑积水、围堰与基坑渗水两部分。对于降雨，因为初期排水是在围堰或截流戗堤合拢闭气后立即进行的，通常是在枯水期内，而枯水期降雨很少，所以一般可不予考虑。除积水和渗水外，有时还需考虑填方和基础中的饱和水。

基坑积水体积可按基坑积水面积和积水深度计算，这是比较容易的。但是排水时间T的确定就比较复杂，排水时间主要受基坑水位下降速度的限制，基坑水位的允许下降速度视围堰种类、地基特性和基坑内水深而定。如果水位下降太快，则围堰或基坑边坡中的动水压力变化过大，容易引起坍坡；如果水位下降太慢，则影响基坑开挖时间。一般认为，土石围堰的基坑水位下降速度应限制在0.5 ~ 0.7m/d，木笼及板桩围堰等应在1.0 ~ 1.5m/d。对于初期排水时间，大型基坑一般可采用5 ~ 7d，中型基坑一般3 ~ 5d。

通常，当填方和覆盖层体积不太大时，在初期排水且基础覆盖层尚未开挖时，可不必计算饱和水的排除量。如需计算，可按基坑内覆盖层总体积和孔隙率估算饱和水总水量。

按以上方法估算初期排水流量，选择抽水设备，往往不符合实际。在初期排水过程中，可以通过试抽法进行校核和调整，并为经常性排水计算积累一些必要的资料。试抽时如果水位下降很快，则显然是所选择的排水设备容量过大，此时应关闭部分排水设备，使水位下降速度符合设计规定；试抽时若水位不变，则显然是设备容量过小或有较大渗漏通道存在，此时应增加排水设备容量或找出渗漏通道予以堵塞，然后进行抽水。还有一种情况是水位降至一定深度后就不再下降，这说明此时排水流量与渗流量相等，据此可估算出需增加的设备容量。

2. 经常性排水排水量的确定

经常性排水主要包括围堰和基坑的渗水、降雨、地基岩石冲洗及混凝土养护用废水等。设计中一般考虑两种不同的组合，从中择其大者，以选择排水设备。一种组合是渗水加降雨，另一种组合是渗水加施工废水。降雨和施工废水不必组合在一起，因为二者不会同时出现。如果全部叠加在一起，则显得过于保守。

（1）降雨量的确定

在基坑排水设计中，对降雨量的确定尚无统一标准。大型工程可采用 20 年一遇 3 日降雨中最大的连续降雨量，减去估计的径流损失值（每小时 1mm），作为降雨强度，也有工程采用日最大降雨强度。基坑内的降雨量可根据上述计算降雨强度和基坑集雨面积求得。

（2）施工废水

施工废水主要考虑混凝土养护用水，其用水量估算应根据气温条件和混凝土养护的要求而定。一般初估时可按每立方米混凝土每次用水 5L，每天养护 8 次计算，但降水与施工用水不得叠加。

（3）渗透流量

通常，基坑渗透总量包括围堰渗透量和基础渗透量两部分。关于渗透量的详细计算方法，在水力学、水文地质和水工结构等论著中均有介绍。

（二）人工降低地下水位

在经常性排水过程中，为保证基坑开挖工作始终在干地上进行，常常要多次降低排水沟和集水井的高程，变换水泵站的位置，这会影响开挖工作的正常进行。此外，在开挖细沙土、砂壤土一类地基时，随着基坑底面的下降，坑底与地下水高差越来越大，在地下水渗透压力的作用下，容易产生边坡坍塌、坑底隆起事故，从而开挖产生不利影响。采用人工降低地下水位的方法就可避免上述问题的发生。

人工降低地下水位的方法按排水的原理来分有管井法和井点法两种。

1. 管井法降低地下水位

管井法降低地下水位时，在基坑周围布置一系列管井，管井中放入水泵的吸水管，地下水在重力作用下流入井中，被水泵抽走。使用这种方式时，需先设管井，管井通常由下沉钢井管而成，在缺乏钢管的情况下也可以用预制混凝土管代替。

井管的下部安装滤水管节（滤头），有时在井管外还需设置反滤层，地下水从滤水管进入井内，水中的泥沙则沉淀在沉淀管中。滤水管是井管的重要组成部分，其构造对井的出水量和可靠性影响很大，所以要求它过水能力强，进入的泥沙少，有足够的强度和耐久性。

井管埋设可采用射水法、振动射水法及钻孔法下沉。射水下沉时，先用高压水冲土下沉套管，较深时可配合振动或锤击（振动水冲法），然后在套管中插入井管，最后在套管与井管的间隙中间填高反滤层并拔套管，反滤层每填高一次便拔一次套管，逐层上拔，直至完成。

管井中抽水可应用各种抽水设备，但主要的是普通离心式水泵、潜水泵和深井水泵，分别可降低水位 3 ~ 6m、6 ~ 20m 和 20m 以上，一般采用潜水泵较多。用普通离心式水泵抽水，由于吸水高度的限制，当要求降低地下水位较深时，要分层设置管井，分层进行抽水。

在要求大幅度降低地下水位的深井中抽水时，最好采用专用的离心式深井水泵。每个深井水泵都独立工作，井的间距也可以加大。深井水泵一般深度大于 20m，排水效率高，需要井数少。

2. 井点法降低地下水位

井点法与管井法不同，它将井管和水泵的吸水管合二为一，简化了井的构造。根据降深能力，井点法降低地下水位的设备分为轻型井点（浅井点）和深井点等类型。其中最常用的是轻型井点，其是由井管、集水总管、普通离心式水泵、真空泵和集水箱等设备所组成的排水系统。

轻型井点系统的井点管为直径在 38 ~ 50mm 的无缝钢管，间距为 0.6 ~ 1.8m，最大可达 3m。地下水从井管下端的滤水管借真空泵和水泵的抽吸作用流入管内，沿井管上升汇入集水总管，流入集水箱，最后由水泵排出。轻型井点系统开始工作时，先开动真空泵，排除系统内的空气，待集水箱内的水面上升到一定高度后，再启动水泵排水。水泵开始抽水后，为了保持系统内的真空度，仍需真空泵配合水泵工作。这种井点系统也叫真空井点。井点系统排水时，地下水位的下降深度取决于集水箱内的真空度与管路的漏气情况和水头损失情况。一般集水箱内的真空度为 53 ~ 80kPa（400 ~ 600mmHg），与之相当的吸水高度为 5 ~ 8m，扣除各种损失后，地下水位的下降深度为 4 ~ 5m。

当要求地下水位降低的深度超过 4 ~ 5m 时，可以像管井一样分层布置井点，每层控制在 3 ~ 4m，但以不超过 3 层为宜。分层过多，会导致基坑范围内管路纵横，妨碍交通，影响施工，同时增加挖方量。另外，且当上层井点发生故障时，下层水泵能力有限，地下水位回升，基坑有被淹没的可能。

真空井点抽水时，在滤水管周围形成了一定的真空梯度，加快了土的排水速度，因此即使在渗透系数小的土层中，也能进行工作。

布置井点系统时，为了充分发挥设备能力，集水总管、集水管和水泵应尽量接近天然地下水位。当需要几套设备同时工作时，各套总管之间最好接通，并安装开关，以便相互支援。

井管的安设，一般用射水法下沉。距孔口 1m 范围内，应用黏土封口，以防漏气。排水工作完成后，可利用杠杆将井管拔出。

深井点与轻型井点不同，它的每一根井管上都装有扬水器（水力扬水器或压气扬水器），因此它不受吸水高度的限制，有较强的降深能力。

深井点分为喷射井点和压气扬水井点两种。喷射井点由集水池、高压水泵、输水干管和喷射井管等组成。通常一台高压水泵能为 30 ~ 35 个井点服务，其最

适宜的降水位范围在 5 ~ 18m。喷射井点的排水效率不高，一般用于渗透系数为 3 ~ 50m/d、渗流量不大的场合。压气扬水井点是用压气扬水器进行排水。排水时压缩空气由输气管送来，由喷气装置进入扬水管，从而使管内容重较轻的水气混合液，在管外水压力的作用下，沿水管上升到地面并排走。为达到一定的扬水高度，就必须保证扬水管沉入井中有足够的潜没深度，使扬水管内外有足够的压力差。压气扬水井点降低地下水位最大可达 40m。

第二节　岩基处理方法

一、水利工程地基处理基础

任何建筑物都要通过基础稳固在地基上，因此建筑物的结构要与基础形式及所处的地基相适应。地基与基础处理得好坏是工程能否长期安全运行的关键，如果处理不好，轻则使工程投资增加，工期延长，使用标准被迫降低，导致无法取得预期的工程效益；重则由于基础变形使结构破坏，甚至倒塌报废，从而给国家财产和人民的生命安全造成巨大危害。

水工建筑物的基础分为：岩基和软基两类，其中软基包括土基与砂砾石地基。由于受地质构造变化及水文地质的影响，天然地基往往存在不同形式与程度的缺陷，需要经过人工处理，才能作为水工建筑物的可靠地基。基础的质量是水工建筑物安全可靠的根本保证。据统计，历史上由地基原因引起大坝失事的比例近 40%，影响工程正常发挥效益的则更多。基础处理工程在水利工程建设中占有重要地位，是施工的重要环节。

软弱地基，据其含水量和某些土力学特性指标，可划分为一般软土地基和超软土地基。对于软土和超软土地基，可大致根据软土层的埋置深度，采用表层或深层的处理方法。一般来说，处理深度不超过 3m 的叫浅层（或称表层）处理。

各种类型的水工建筑物对地基基础的要求如下：

第一，具有足够的强度，能够承担上部结构传递的应力；

第二，具有足够的整体性和均一性，能够防止基础的滑动和不均匀沉陷；

第三，具有足够的抗渗性，以免发生严重的渗漏和渗透破坏；

第四，具有足够的耐久性，以防在地下水长期作用下发生侵蚀破坏。

若天然地层的地质条件良好，则建筑物基础可以直接建造其上；若地基很软弱，或者与建筑物基础对地基的要求相差较大时，就不能直接在天然地基上建造建筑物，必须先对其进行人工加固处理。

地基处理的方法有很多种，要视地质情况、建筑物的类型与级别、使用要求、结构形式以及施工期限、施工方法、施工设备、材料和经济条件等，通过技术经济的比较后确定。

水工建筑物的基础处理，就是根据建筑物对地基的要求，采用特定的技术手段来弥补地基的某些天然缺陷，改善和提高地基的物理力学性能，使地基具有足够的强度、整体性、抗渗性及稳定性，以保证工程的安全可靠和正常运行。随着水利水电建设事业的发展，其对基础处理的方法与技术提出了越来越高的要求。

由于天然地基的性状复杂多样，不同类型的水工建筑物对地基的要求也各不相同，所以在实际施工中，就必然有各种不同的基础处理方案与技术措施。采用爆破或机械挖掘等手段，将不符合要求的地层挖除以形成设计要求的建筑基面，是最通用可靠的基础处理方法。

某些天然地基的缺陷分布范围符合大而深，并且均一性差，采用开挖的方法，既难彻底清除，又缺乏经济性。为了取得符合设计要求的基础，往往必须对建筑基面下更大范围的地层采用各种技术措施进行处理。由于基础处理在地层中进行，其施工过程及处理的实际效果无法直观掌握，故具有地下隐蔽工程的特点。

（一）地基处理的目的

根据建筑物地基条件，地基处理的目的大体可归纳为以下几个方面：

（1）提高地基的承载能力，改善其变形特性；

（2）改善地基的剪切特性，防止剪切破坏，减少剪切变形；

（3）改善地基的压缩特性，减少不均匀沉降；

（4）减少地基的透水特性，降低扬压力和地下水位，提高地基的稳定性；

（5）改善地基的动力特性，防止液化；

（6）防止地下洞室围岩坍塌和边坡危岩、陡坡滑落；

（7）在地基中置入人工基础建筑物，使其与地基共同承受各种荷载。

（二）水利工程地基处理的工程分类

建筑物对地基的要求和地基的地质条件各不相同，地基处理的工程种类很多，按处理的方法可分为以下类型：

（1）灌浆。有防渗帷幕灌浆、固结灌浆、接触灌浆、回填灌浆及化学灌浆等。

（2）防渗墙。有钢筋混凝土防渗墙、素混凝土防渗墙、黏土混凝土防渗墙、固化水浆防渗墙和泥浆槽防渗墙等。

（3）桩基。主要有钻孔灌注桩、振冲桩和旋喷桩等。

（4）预应力锚固。主要有建筑物地基锚固、挡土边墙锚固及高边坡山体锚固等。

（5）开挖回填。主要有坝基截水槽、防渗竖井、沉箱、混凝土塞和抗滑桩等。

（三）地基处理工程的施工特点

地基处理工程的施工特点如下：

(1)地基处理工程属于地下隐蔽工程，由于地质情况复杂多变，一般难以全面了解，因此施工前必须充分调查研究，掌握比较准确的勘测试验资料，必要时应进行补充。

(2)施工质量要求高，因为水工建筑物地基处理关系到工程的安危，发生事故则难以补救。

(3)工程技术复杂，施工难度大。

(4)工艺要求严格，施工连续性要求高。

(5)工期紧，施工干扰大。

二、基岩灌浆的分类

水工建筑物的基岩灌浆按其作用，可分为帷幕灌浆、固结灌浆和接触灌浆三种。灌浆技术不仅被大量运用于建筑物的基岩处理中，而且是进行水工隧洞围岩固结、衬砌回填、超前支护，混凝土坝体接缝以及建(构)筑物补强、堵漏等的主要措施。

(一)帷幕灌浆

帷幕灌浆是布置在靠近建筑物上游迎水面的基岩内，形成一道连续的、平行于建筑物轴线的防渗幕墙。其目的是减少基岩的渗流量，降低基岩的渗透压力，保证基础的渗透稳定性。帷幕灌浆的深度主要由作用水头及地质条件等确定，较之固结灌浆要深得多，有些工程的帷幕深度超过百米。在施工中，通常采用单孔灌浆，所使用的灌浆压力比较大。

帷幕灌浆一般在水库蓄水前完成，这样有利于保证灌浆的质量。由于帷幕灌浆的工程量较大，与坝体施工在时间安排上有矛盾，所以通常安排在坝体基础灌浆廊道内进行。这样既可使坝体上升与基岩灌浆同步进行，也为灌浆施工预备了一定厚度的混凝土压重，有利于提高灌浆压力，保证灌浆质量。

(二)固结灌浆

固结灌浆的目的是提高基岩的整体性与强度，并降低基础的透水性。当基岩地质条件较好时，一般可在坝基上下游应力较大的部位布置固结灌浆孔；在地质条件较差而坝体较高的情况下，则需要对坝基进行全面的固结灌浆，甚至在坝基以外上下游一定范围内也要进行固结灌浆。灌浆孔的深度一般为 5 ~ 8m，也有 15 ~ 40m 的，其在平面上呈网格交错布置。通常采用群孔冲洗和群孔灌浆方式。

固结灌浆宜在一定厚度的坝体基层混凝土上进行，这样可以防止基岩表面冒浆，并采用较大的灌浆压力，提高灌浆效果，同时也兼顾坝体与基岩的接触灌浆。如果基岩比较坚硬、完整，为了加快施工速度，也可直接在基岩表面进行无混凝土压重的固结灌浆。如果在基层混凝土上进行钻孔灌浆，那么必须在相应部位混凝土的强度达到 50% 设计强度后，方可开始。或者先在岩基上钻孔，预埋灌浆管，待混凝土浇筑到一定厚度后再灌浆。同一地段的基岩灌浆必须按先固结灌浆后帷幕灌浆的顺序进行。

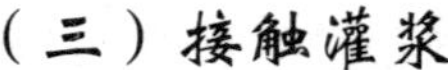

（三）接触灌浆

接触灌浆的目的是加强坝体混凝土与坝基或岸肩之间的结合能力，提高坝体的抗滑稳定性。一般是通过混凝土钻孔压浆，或预先在接触面上埋设灌浆盒及相应的管道系统，也可结合固结灌浆进行。

接触灌浆应安排在坝体混凝土达到稳定温度以后进行，从而防止混凝土收缩产生拉裂。

三、灌浆的材料

岩基灌浆的浆液，一般应该满足如下要求：

（1）浆液在受灌的岩层中应具有良好的可灌性，即在一定的压力下，能灌入到裂隙、空隙或孔洞中，充填密实。

（2）浆液硬化成结石后，应具有良好的防渗性能、必要的强度和黏结力。

（3）为便于施工和扩大浆液的扩散范围，浆液应具有良好的流动性。

（4）浆液应具有较好的稳定性，析水率低。

基岩灌浆以水泥灌浆最为普遍。灌入基岩的水泥浆液，由水泥与水按一定配比制成，水泥浆液呈悬浮状态。水泥灌浆具有灌浆效果可靠、灌浆设备与工艺简单、材料成本低廉等优点。

水泥浆液所采用的水泥品种，应根据灌浆目的和环境水的侵蚀情况等因素确定。一般情况下，可采用标号不低于 42.5 的普通硅酸盐水泥或硅酸盐大坝水泥，如有耐酸等要求时，则可选用抗硫酸盐水泥。矿渣水泥与火山灰质硅酸盐水泥由于其析水快、稳定性差、早期强度低等缺点，一般不宜使用。

水泥颗粒的细度对灌浆的效果会产生较大影响。水泥颗粒越细，越能够灌入细微的裂隙中，水泥的水化作用也越完全。帷幕灌浆对水泥细度的要求为通过 80μm 方孔筛的筛余量不大于 5%。灌浆用的水泥要符合质量标准，不得使用过期、结块或细度不合要求的水泥。

对于岩体裂隙宽度小于 200μm 的地层，普通水泥制成的浆液一般难以灌入。为了提高水泥浆液的可灌性，自 20 世纪 80 年代以来，许多国家陆续研制出各类超细水泥，并在工程中广泛使用。超细水泥颗粒的平均粒径约为 4μm，比表面积 8000 cm^2，它不仅具有良好的可灌性，还在结石体强度、环保及价格等方面具有很大优势，因此特别适合细微裂隙基岩的灌浆。

在水泥浆液中掺入一些外加剂（如速凝剂、减水剂、早强剂及稳定剂等），可以调节或改善水泥浆液的一些性能，满足工程对浆液的特定要求，提高灌浆效果。外加剂的种类及掺入量应通过试验来确定。

在水泥浆液里掺入黏土、砂、粉煤灰，制成水泥黏土浆、水泥砂浆、水泥粉煤灰浆等，可用于注入量大、对结石强度要求不高的基岩灌浆。这主要是为了节省水泥，降低材料成本。砂砾石地基的灌浆主要是采用此类浆液。

当遇到一些特殊的地质条件，如断层、破碎带、细微裂隙等，采用普通水泥浆液难以达到工程要求时，也可采用化学灌浆，即灌注环氧树脂、聚氨酯、甲凝等高分子材料为基材制成的浆液。其材料成本较高，灌浆工艺比复杂。在基岩处理中，化学灌浆仅起辅助作用，一般是先进行水泥灌浆，再在其基础上进行化学灌浆，这样既可提高灌浆质量，也比较经济。

四、水泥灌浆的施工

在基岩处理施工前一般需进行现场灌浆试验。通过试验，可以了解基岩的可灌性，从而确定合理的施工程序与工艺，获取科学的灌浆参数等，为进行灌浆设计与施工准备提供主要依据。

基岩灌浆施工中的主要工序包括钻孔、钻孔（裂隙）冲洗、压水试验、灌浆、回填风空等工作。下面作简要介绍。

（一）钻孔

钻孔质量要求如下：

（1）确保孔位、孔深、孔向符合设计要求。钻孔的方向与深度是保证帷幕灌浆质量的关键。如果钻孔方向有偏斜，钻孔深度达不到要求，则通过各钻孔所灌注的浆液，不能连成一体，将形成漏水通路。

（2）力求孔径上下均一、孔壁平顺。孔径均一、孔壁平顺，则灌浆栓塞能够卡紧、卡牢，灌浆时不致产生绕塞返浆。

（3）钻进过程中产生的岩粉细屑较少。钻进过程中如果产生过多的岩粉细屑，则容易堵塞孔壁的缝隙，影响灌浆质量，同时也影响工人的作业环境。

根据岩石的硬度、完整性和可钻性的不同，可分别采用硬质合金钻头、钻粒钻头和金刚石钻头。6 级以下的岩石多用硬质合金钻头；7 级以上用钻粒钻头；石质坚硬且较完整的用金刚石钻头。

帷幕灌浆的钻孔宜采用回转式钻机和金刚石钻头或硬质合金钻头，其钻进效率较高，不受孔深、孔向、孔径和岩石硬度的限制，还可钻取岩芯。钻孔的孔径一般在 75 ~ 191mm。固结灌浆则可采用各种合适的钻机与钻头。

孔斜的控制相对较困难，特别是钻斜孔，掌握钻孔方向更加困难。当深度大于 60m 时，则允许的偏差不应超过钻孔的间距。钻孔结束后，应对孔深、孔斜和孔底残留物等进行检查，不符合要求的应采取补救处理措施。

为了利于浆液扩散和提高浆液结合的密实性，在确定钻孔顺序时应和灌浆次序密切配合。一般是当一批钻孔钻进完毕后，随即进行灌浆。钻孔次序则以逐渐加密钻孔数和缩小孔距为原则。对排孔的钻孔顺序，采取先下游排孔，然后上游排孔，最后中间排孔的先后顺序。对统一排孔而言，一般 2 ~ 4 次序孔施工，逐渐加密。

（二）钻孔冲洗

钻孔后，要进行钻孔及岩石裂隙的冲洗。冲洗工作通常分为两部分：①钻孔冲洗，即将残存在钻孔底和试验在孔壁的岩粉铁屑等冲洗出来；②岩层裂隙冲洗，即将岩层裂隙中的填充物冲洗到孔外，以便浆液进入到腾出的空间中，使浆液结石与基岩胶结成整体。在断层、破碎带和细微裂隙等复杂地层中灌浆，冲洗的质量对灌浆效果影响极大。

一般采用灌浆泵将水压入孔内循环管路进行冲洗的方法。将冲洗管插入孔内，用阻塞器将孔口堵紧，用压力水冲洗。也可采用压力水和压缩空气轮换冲洗，或压力水和压缩空气混合冲洗的方法。

岩层裂隙冲洗方法分单孔冲洗和群孔冲洗两种。在岩层比较完整、裂隙比较少的地方，可采用单孔冲洗方式。冲洗方法有高压水冲洗、高压脉动冲洗和扬水冲洗等类型。

当节理裂隙比较发达且在钻孔之间互相串通的地层中，可采用群孔冲洗方式。将两个或两个以上的钻孔组成一个孔组，轮换地向一个孔或几个孔压进压力水或压力水混合压缩空气，从另外的孔排出污水，这样反复进行交替冲洗，直到各个孔出水洁净为止。

群孔冲洗时，沿孔深方向冲洗段的划分不宜过长，否则冲洗段内钻孔通过的裂隙条数将会增多，这样不仅分散冲洗压力和冲洗水量，并且一旦有部分裂隙冲通以后，水量将相对集中在这几条裂隙中，使其他裂隙得不到有效的冲洗。

为了增强冲洗效果，有时可在冲洗液中加入适量的化学剂，如碳酸钠、氢氧化钠或碳酸氢钠等，以利于促进泥质充填物的溶解。对于加入的化学剂的品种和掺量，宜通过试验来确定。

采用高压水或高压水汽冲洗时，要注意观测，防止冲洗范围内岩层抬动和变形。

（三）压水试验

在冲洗完成并开始灌浆施工前，一般要对灌浆地层进行压水试验。压水试验的主要目的是，测定地层的渗透性，为基岩的灌浆施工提供基本技术资料。压水试验也是检查地层灌浆实际效果的主要方法。

压水试验的原理为：在一定的水头压力下，通过钻孔将水压入到孔壁四周的缝隙中，根据压入的水量和压水的时间，计算出代表岩层渗透特性的技术参数。

（四）灌浆的方法与工艺

为了确保岩基灌浆的质量，必须注意以下问题。

1. 钻孔灌浆的次序

基岩的钻孔与灌浆应遵循分序加密的原则。一方面可以提高浆液结石的密实性；另一方面，通过对后灌序孔透水率和单位吸浆量的分析，可推断出先灌序孔的灌浆效果，同时还有利于减少相邻孔串浆的现象。

2. 注浆方式

按照灌浆时浆液灌注和流动的特点，灌浆方式有纯压式和循环式两种。对于帷幕灌浆，应优先采用循环式。

纯压式灌浆，就是一次将浆液压入钻孔，并扩散到岩层裂隙中。灌注过程中，浆液从灌浆机向钻孔流动，不再返回。这种灌注方式设备简单，操作方便，但浆液流动速度较慢，容易沉淀，造成管路与岩层缝隙的堵塞，影响浆液扩散。纯压式灌浆多用于吸浆量大，有大裂隙存在，孔深不超过 15m 的情况。

循环式灌浆，灌浆机把浆液压入钻孔后，浆液一部分被压入岩层缝隙中，另一部分由回浆管返回拌浆筒中。这种方法一方面可使浆液保持流动状态，减少浆液沉淀；另一方面可根据进浆和回浆浆液比重的差别，来了解岩层吸收的情况，并作为判定灌浆结束的一个条件。

3. 钻灌方法

按照同一钻孔内的钻灌顺序，有全孔一次钻灌和全孔分段钻灌两种方法。全孔一次钻灌是将灌浆孔一次钻到全深，并沿全孔进行灌浆。这种方法施工简便，多用于孔深不超过 6m，地质条件良好，基岩比较完整的情况。

全孔分段钻灌又分自上而下法、自下而上法、综合灌浆法及孔口封闭法等。

（1）自上而下法

其施工顺序是：钻一段，灌一段，待凝一定时间以后，再钻灌下一段，钻孔和灌浆交替进行，直到设计深度。其优点是：随着段深的增加，可以逐段增加灌浆压力，借以提高灌浆质量；由于上部岩层经过灌浆，形成结石，下部岩层灌浆时，不易出现岩层抬动和地面冒浆等现象；分段钻灌，分段进行压水试验，压水试验的成果比较准确，有利于分析灌浆效果，估算灌浆材料的需用量。其缺点是：钻灌一段以后，要待凝一定时间，才能钻灌下一段，钻孔与灌浆须交替进行，设备搬移频繁，影响施工进度。

（2）自下而上法

一次将孔钻到全深，然后自下而上逐段灌浆。这种方法的优缺点与自上而下分段灌浆刚好相反。一般多用于岩层比较完整或基岩上部已有足够压重不致引起地面抬动的情况。

（3）综合钻灌法

在实际工程中，通常是接近地表的岩层比较破碎，愈往下岩层愈完整。因此，在进行深孔灌浆时，可以兼取以上两法的优点，上部孔段采用自上而下法钻灌，下部孔段则用自下而上法钻灌。

（4）孔口封闭法

其要点为：先在孔口镶铸不小于 2m 的孔口管，以便安设孔口封闭器；采用小孔径的钻孔，自上而下逐段钻孔与灌浆；上段灌后不必待凝，即可进行下段的钻灌，如此循环，直至终孔；可以多次重复灌浆，可以使用较高的灌浆压力。其优点是工艺简便、成本低、效率高，灌浆效果好；缺点是当灌注时间较长时，容易造成灌浆管被水泥浆凝住的现象。

一般情况下，灌浆孔段的长度多控制在 5 ~ 6m。如果地质条件好，岩层比较完整，段长可适当放长，但也不宜超过 10m；在岩层破碎，裂隙发育的部位，段长应适当缩短，可取 3 ~ 4m；在破碎带、大裂隙等漏水严重的地段以及坝体与基岩的接触面，应单独分段进行处理。

4. 灌浆压力

灌浆压力通常是指作用在灌浆段中部的压力。

灌浆压力是控制灌浆质量、提高灌浆经济效益的重要因素。确定灌浆压力的原则为：在不致破坏基础和建筑物的前提下，尽可能采用比较高的压力。高压灌浆可以使浆液更好地压入细小缝隙内，增大浆液扩散半径，析出多余的水分，提高灌注材料的密实度。灌浆压力的大小，与孔深、岩层性质、有无压重以及灌浆质量要求等有关，可参考类似工程的灌浆资料，特别是现场灌浆试验成果的确定，并且要在具体的灌浆施工中结合现场条件进行调整。

5. 灌浆压力的控制

在灌浆过程中，合理地控制灌浆压力和浆液稠度，是提高灌浆质量的重要保证。灌浆过程中灌浆压力的控制基本上有两种类型，即一次升压法和分级升压法。

（1）一次升压法

灌浆开始后，一次将压力升高到预定的压力，并在这个压力作用下，灌注由稀到浓的浆液。当每一级浓度的浆液注入量和灌注时间达到一定限度以后，就变换浆液配比，逐级加浓。随着浆液浓度的增加，裂隙将被逐渐充填，浆液注入率将逐渐减小，当达到结束标准时，就结束灌浆。这种方法适用于透水性不大、裂隙不甚发育、岩层比较坚硬完整的地方。

（2）分级升压法

将整个灌浆压力分为几个阶段，逐级升压直到预定的压力。开始时，从最低一级压力起灌，当浆液注入率减小到规定的下限时，将压力升高一级，如此逐级升压，直到预定的灌浆压力。

6. 浆液稠度的控制

灌浆过程中，必须根据灌浆压力或吸浆率的变化情况，适时调整浆液的稠度，使岩层的大小缝隙既能灌满，又不浪费。浆液稠度的变换按先稀后浓的原则控制，这是由于稀浆的流动性较好，宽细裂隙都能进浆，从而使细小裂隙先灌满，而后随着浆液逐渐变浓，其他较宽的裂隙也能逐步得到良好的充填。

（五）灌浆的质量检查

基岩灌浆属于隐蔽性工程，必须加强灌浆质量的控制与检查。为此，一方面要认真做好灌浆施工的原始记录，严格进行灌浆施工的工艺控制，防止违规操作；另一方面，要在一个灌浆区灌浆结束以后，进行专门性的质量检查，作出科学的灌浆质量评定。基岩灌浆的质量检查结果是整个工程验收的重要依据。

灌浆质量检查的方法很多，常用的有：在已灌地区钻设检查孔，通过压水试验和浆液注入率试验进行检查；通过检查孔，钻取岩芯进行检查，或进行钻孔照相和孔内电视，观察孔壁的灌浆质量；开挖平洞、竖井或钻设大口径钻孔，检查人员直接进去观察检查，并在其中进行抗剪强度、弹性模量等方面的实验；利用地球物理勘探技术，测定基岩的弹性模量、弹性波速等，对比这些参数在灌浆前后的变化，借以判断灌浆的质量和效果。

五、化学灌浆

化学灌浆是在水泥灌浆基础上发展起来的新型灌浆方法。它是将有机高分子材料配制成的浆液灌入地基或建筑物的裂缝中，经胶凝固化后，达到防渗、堵漏、补强、加固的目的。

化学灌浆主要用于裂隙与空隙细小（0.1mm 以下），颗粒材料不能灌入；对基础的防渗或强度有较高要求；渗透水流的速度较大，其他灌浆材料不能封堵等情况。

（一）化学灌浆的特性

化学灌浆的材料有很多品种，每种材料都有其特殊的性能，按灌浆的目的可分为防渗堵漏和补强加固两大类。属于防渗堵漏的有水玻璃、丙凝类、聚氨酶类等，属于补强加固的有环氧树脂类、甲凝类等。化学浆液有以下特性：

（1）化学浆液的黏度低，有的接近于水，有的比水还小。其流动性好，可灌性高，可以灌入水泥浆液灌不进去的细微裂隙中。

（2）化学浆液的聚合时间可以进行比较准确的控制，从几秒到几十分钟不等，有利于机动灵活地进行施工控制。

（3）化学浆液聚合后的聚合体，渗透系数很小，一般为 $10^{6} \sim 10^{1}$ cm/s，防渗效果好。

（4）有些化学浆液聚合体本身的强度及黏结强度比较高，可承受高水头。

（5）化学灌浆材料聚合体的稳定性和耐久性均较好，能抗酸、碱及微生物的侵蚀。

（6）化学灌浆材料都有一定毒性，在配制、施工过程中要注意防护，并避免对环境造成污染。

（二）化学灌浆的施工

由于化学材料配制的浆液为真溶液，不存在粒状灌浆材料所存在的沉淀问题，所以化学灌浆都采用纯压式灌浆。

化学灌浆的钻孔和清洗工艺及技术要求，与水泥灌浆基本相同，也遵循分序加密的原则。

按浆液的混合方式区分，化学灌浆分为单液法灌浆和双液法灌浆两种。一次配制成的浆液或两种浆液组分在泵送灌注前先行混合的灌浆方法称为单液法。两种浆液组分在泵送后才混合的灌浆方法称为双液法。单液法施工相对简单，在工程中使用较多。为了保持连续供浆，现在多采用电动式比例泵提供压送浆液的动力。比例泵是专用的化学灌浆设备，由两个出浆量能够任意调整，可实现按设计比例压浆的活塞泵所构成。对于小型工程和个别补强加固的部位，也可采用手压泵。

第三节　混凝土防渗墙与旋喷灌浆

一、混凝土防渗墙

防渗墙是一种修建在松散透水底层或土石坝中，起防渗作用的地下连续墙。防渗墙技术于 20 世纪 50 年代起源于欧洲，因其结构可靠、施工简单、适应各类底层条件、防渗效果好以及造价低等优点，在国内外得到了广泛应用。

（一）防渗墙的分类及使用条件

按结构形式，防渗墙可分为桩柱型、槽板型和板桩灌注型等类型。按墙体材料防渗墙可分为混凝土、黏土混凝土、钢筋混凝土、自凝灰浆、固化灰浆和少灰混凝土等类型。

（二）防渗墙的作用与结构特点

防渗墙是一种防渗结构，但其实际的应用已远远超出了防渗的范围，可用来解决防渗、防冲、加固、承重及地下截流等工程问题。其具体运用主要有如下几个方面：

（1）控制闸、坝基础的渗流；

（2）控制土石围堰及其基础的渗流；

（3）防止泄水建筑物下游基础的冲刷；

（4）加固一些有病害的土石坝及堤防工程；

（5）作为一般水工建筑物基础的承重结构；

（6）拦截地下潜流，抬高地下水位，形成地下水库。

防渗墙的类型较多，但从其构造特点来说，主要有两类，即槽孔（板）型防渗墙和桩柱型防渗墙，前者是我国水利水电工程中混凝土防渗墙的主要形式。防渗墙属于垂直防渗措施，其立面布置有两种形式：封闭式与悬挂式。封闭式防渗墙是指墙体插入到基岩或相对不透水层一定深度，以达到全面截断渗流的目的；悬挂式防渗墙，墙体只深入地层一定深度，仅能加长渗径，无法完全封闭渗流。对于高水头的坝体或重要的围堰，有时设置两道防渗墙，两者共同作用，按一定比例分担水头。这时应注意水头的合理分配，避免造成单道墙承受水头过大而遭受破坏，这对另一道墙来说也是很危险的。

防渗墙的厚度主要由防渗要求、抗渗耐久性、墙体的应力与强度、施工设备等因素确定。其中，防渗墙的耐久性是指抵抗渗流侵蚀和化学溶蚀的性能，这两种破坏作用均与水力梯度有关。

不同的墙体材料具有不同的抗渗耐久性，其允许水力梯度值也就不同。如普通混凝土防渗墙的允许水力梯度值一般在 80 ~ 100，而塑性混凝土因其抗化学溶蚀性能较好，可达300，所以水力梯度值一般在50～60。

（三）防渗墙的墙体材料

防渗墙的墙体材料，按其抗压强度和弹性模量，一般分为刚性材料和柔性材料两种。可经工程性质及技术经济比较后，选择合适的墙体材料。

刚性材料包括普通混凝土、黏土混凝土和掺粉煤灰混凝土等，其抗压强度大于5MPa，弹性模量大于10000MPa。柔性材料的抗压强度则小于5MPa，弹性模量小于10000MPa，包括塑性混凝土、自凝灰浆和固化灰浆等。另外，现在有些工程开始使用强度大于25MPa的高强混凝土，以适应高坝深基础对防渗墙的技术要求。

1. 普通混凝土

普通混凝土是指强度在7.5～20MPa，不加其他掺和料的高流动性混凝土。由于防渗墙的混凝土是在泥浆下浇筑，故要求混凝土能在自重下自行流动，并有抗离析与保持水分的性能。其坍落度一般为18～22cm，扩散度为34～38cm。

2. 黏土混凝土

在混凝土中掺入一定量（一般为总量的12%～20%）的黏土，不仅可以节省水泥，还可以降低混凝土的弹性模量，改变其变形性能，提高和易性，改善易堵性。

3. 粉煤灰混凝土

在混凝土中掺加一定比例的粉煤灰，能改善混凝土的和易性，降低混凝土发热量，提高混凝土的密实性和抗侵蚀性，并具有较高的后期强度。

4. 塑性混凝土

塑性混凝土是以黏土和（或）膨润土取代普通混凝土中的大部分水泥所形成的一种柔性墙体材料。

塑性混凝土与黏土混凝土有本质区别，因为后者的水泥用量降低得并不多，掺黏土的主要目的是改善和易性，但是并未过多改变弹性模量。塑性混凝土的水泥用量仅为80～100 kg/m³，使得其强度低，特别是弹性模量值低到与周围介质（基础）相接近时，墙体适应变形的能力将大大提高，几乎不产生拉应力，这就降低了墙体出现开裂现象的可能性。

5. 自凝灰浆

自凝灰浆是在固壁浆液（以膨润土为主）中加入水泥和缓凝剂所制成的一种灰浆。凝固前作为造孔用的固壁泥浆，槽孔造成后则自行凝固成墙。

6. 固化灰浆

在槽锻造孔完成后，向固壁的泥浆中加入水泥等固化材料，砂子、粉煤灰等掺和料，水玻璃等外加剂，经机械搅拌或压缩空气搅拌后，凝固成墙体。

（四）防渗墙的施工工艺

槽孔（板）型防渗墙，是由一段段槽孔套接而成的地下墙。尽管在应用范围、构造形式和墙体材料等方面存在各种类型的防渗墙，但其施工程序与工艺是类似的，主要包括造孔前的准备工作、泥浆固壁与造孔成槽、终孔验收与清孔换浆、墙体浇筑、全墙质量验收等过程。

1. 造孔准备

造孔前的准备工作是防渗墙施工的一个重要环节。必须根据防渗墙的设计要求和槽孔长度的划分，做好槽孔的测量定位工作，并在此基础上设置导向槽。

导向槽的作用是：标定防渗墙位置，钻孔导向；锁固槽口，保持泥浆压力，防止坍塌和阻止废浆、脏水倒流入槽；可作为吊放钢筋笼、安置导管和埋设仪表等的定位支撑。导向槽的好坏关系到防渗墙施工的成败。

导向槽可用木料、条石、灰拌土或混凝土制成。导向槽沿防渗墙轴线设在槽孔上方，导向槽的净宽一般等于或略大于防渗墙的设计厚度，高度以 1.5 ~ 2m 为宜。为了维持槽孔的稳定，要求导向槽底部高出地下水位 0.5m 以上。为了防止地表积水倒流和便于自流排浆，其顶部高程应比两侧地面略高。

导向槽安设好后，在槽侧铺设造孔钻机的轨道，安装钻机，修筑运输道路，架设动力和照明路线以及供水、供浆管路，做好排水、排浆系统，并向槽内充灌泥浆，保持泥浆液面在槽顶以下 30 ~ 50cm。做好这些准备工作以后，方可开始造孔。

2. 泥浆固壁

在松散透水的地层和坝（堰）体内造孔成墙，如何维持槽孔孔壁的稳定是防渗墙施工的关键之一。工程实践表明，泥浆固壁是解决这类问题的主要方法。泥浆固壁的原理如下：槽孔内的泥浆压力要高于地层的水压力，从而使泥浆渗入槽壁介质中，其中较细的颗粒进入空隙，较粗的颗粒附在孔壁上，形成泥皮，泥皮对地下水的流动形成阻力，使槽孔内的泥浆与地层被隔开。泥浆一般具有较大的密度，所产生的侧压力通过泥皮作用在孔壁上，就保证了槽壁的稳定性。

泥浆除了固壁作用外，在造孔过程中，还有悬浮和携带岩屑、冷却润滑钻头的作用；成墙以后，渗入孔壁的泥浆和胶结在孔壁的泥皮，还对防渗起辅助作用。鉴于泥浆的重要性，在防渗墙施工中，国内外在泥浆的制浆土料、配比以及质量控制等方面均有严格的要求。

泥浆的制浆材料主要有膨润土、黏土、水以及改善泥浆性能的掺和料，如加重剂、增黏剂、分散剂和堵漏剂等。制浆材料通过搅拌机进行拌制，经筛网过滤后，放入专用储浆池备用。

根据大量的工程实践，我国提出了制浆土料的基本要求是：黏粒含量大于 50%，塑性指数大于 20，含砂量小于 5%，氧化硅与三氧化二铝含量的比值以 3 ~ 4 为宜。配制而成的泥浆，其性能指标应根据地层特性、造孔方法和泥浆用途等，通过试验来选定。

3. 造孔成槽

造孔成槽工序约占防渗墙整个施工工期的一半。槽孔的精度直接影响防渗墙的质量。选择合适的造孔机具与挖槽方法对于提高施工质量、加快施工速度至关重要。混凝土防渗墙的发展和广泛应用，与造孔机具的发展和造孔挖槽技术的改进密切相关。用于防渗墙开挖槽孔的机具，主要有冲击钻机、回转钻机、钢丝绳抓斗和液压铣槽机等。它们的工作原理、适用的地层条件及工作效率有一定差别。对于复杂多样的地层，一般须多种机具配套使用。

进行造孔挖槽时，为了提高工效，通常要先划分槽段，然后在一个槽段内，划分主孔和副孔，采用钻劈法、钻抓法或分层钻进法等成槽。

各种造孔挖槽的方法，都采用泥浆固壁，在泥浆液面下钻挖成槽。在造孔过程中，要严格按照操作规程施工，防止掉钻、卡钻、埋钻等事故发生；必须经常注意泥浆液面的稳定性，若发现严重漏浆现象，则须及时补充泥浆，采取有效的止漏措施；要定时测定泥浆的性能存在，并控制在允许范围内；应及时排除废水、废浆、废渣；不允许在槽口两侧堆放重物，以免影响工作，甚至造成孔壁坍塌；要保持槽壁平直，保证孔位、孔斜、孔深、孔宽以及槽孔搭接厚度，嵌入基岩的深度等满足规定的要求，防止漏钻漏挖和欠钻欠挖。

4. 终孔验收和清孔换浆

验收合格方可清孔换浆。清孔换浆的目的是在混凝土浇筑前，对留在孔底的沉渣进行清除，换上新鲜泥浆，以保证混凝土和不透水地层连接的质量。清孔换浆的标准是经过 1h 后，孔底淤积厚度不大于 10cm，孔内泥浆密度不大于 1.3，黏度不大于 30S，含砂量不大于 10%。一般要求清孔换浆后 4h 内开始浇筑混凝土。如果不能按时浇筑，则应采取措施，防止落淤，否则就须在浇筑前重新清孔换浆。

5. 墙体浇筑

和一般混凝土浇筑不同，防渗墙的混凝土浇筑是在泥浆液面下进行的。泥浆下浇筑混凝土的主要特点如下：

（1）不允许泥浆与混凝土掺混形成泥浆夹层；

（2）确保混凝土与基础以及一期、二期混凝土之间的结合；

（3）连续浇筑，一气呵成。

泥浆下浇筑混凝土常用直升导管法。清孔合格后，立即下设钢筋笼、预埋管、导管和观测仪器。导管由若干节管径在 20 ~ 25cm 的钢管连接而成，沿槽孔轴线布置，相邻导管的间距不宜超过 3.5m，一期槽孔两端的导管距端面以 1 ~ 1.5m 为宜，开浇时导管口距孔底在 10 ~ 25cm，把导管固定在槽孔口。当孔底高差大于 25cm 时，导管中心应布置在该导管控制范围的最低处。这样布置导管，有利于全槽混凝土面的均衡上升，有利于一期、二期混凝土的结合，并可防止混凝土与泥浆掺混。槽孔浇筑应严格按照先深后浅的顺序，即从最深的导管开始，由深到浅，一个个导管依次开浇，待全槽混凝土面浇平以后，再全槽均衡上升。

每个导管开浇时，先下入导注塞，并在导管中灌入适量的水泥砂浆，准备好足够数量的混凝土，将导注塞压到导管底部，使管内泥浆挤到管外。然后将导管稍微上提，使导注塞浮出，一举将导管底端被泻出的砂浆和混凝土埋住，保证后续浇筑的混凝土不致与泥浆掺混。

在浇筑过程中，应保证连续供料，一气呵成，保持导管埋入混凝土的深度不小于1m，维持全槽混凝土面均衡上升，上升速度不应小于2m/h，高差控制在0.5m范围内。

混凝土上升到距孔口10m左右时，常因沉淀砂浆含砂量大，稠度增大，压差减小，导致浇筑困难。这时可用空气吸泥器、砂泵等抽排浓浆，以便浇筑工作顺利进行。

浇筑过程中应注意观测，做好混凝土面上升的记录，防止堵管、埋管、导管漏浆和泥浆掺混等事故的发生。

（五）防渗墙的质量检查

对混凝土防渗墙的质量检查应按规范及设计要求进行，主要有如下几个方面：

（1）槽孔的检查，包括几何尺寸和位置、钻孔偏斜、入岩深度等。

（2）清孔检查，包括槽段接头、孔底淤积厚度、清孔质量等。

（3）混凝土质量的检查，包括原材料和新拌料的性能、硬化后的物理力学性能等。

（4）墙体的质量检测，主要通过钻孔取芯、超声波及地震透射层析成像（CT）技术等方法全面检查墙体的质量。

二、旋喷灌浆

旋喷法是利用旋喷机具造成旋喷桩以提高地基的承载能力，也可以做连锁桩施工或定向喷射成连续墙用于防渗。旋喷法适用于砂土、黏性土、淤泥等地基的加固，对砂卵石（最大粒径小于20cm）的防渗也有较好的效果。

高压喷射灌浆法是利用钻机造孔，然后将带有特制合金喷嘴的灌浆管下到地层的预定位置，以高压把浆液或水、气高速喷射到周围地层，对地层介质产生冲切、搅拌和挤压等作用，同时被浆液置换、充填和混合，待浆液凝固后，就在地层中形成一定形状的凝结体。

通过各孔凝结体的连接，形成板式或墙式的结构，不仅可以提高基础的承载力，而且可以成为一种有效的防渗体。由于高压喷射灌浆具有对地层条件适用性广、浆液可控性好、施工简单等优点，近年来在国内外都得到了广泛应用。

（一）高压喷射灌浆作用

高压喷射灌浆的浆液以水泥浆为主，其压力一般在10 ~ 30MPa，它对地层的作用机理有如下几个方面：

1. 冲切掺搅作用

高压喷射流通过对原地层介质的冲击、切割和强烈扰动，使浆液扩散充填地层，并与土石颗粒掺混搅和，硬化后形成凝结体，从而改变原地层的结构和组分，达到防渗加固的目的。

2. 升扬置换作用

随高压喷射流喷出的压缩空气，不仅对射流的能量有维持作用，而且造成孔内空气扬水的效果，使冲击切割下来的地层细颗粒和碎屑升扬至孔口，空余部分由浆液代替，起到置换作用。

3. 挤压渗透作用

高压喷射流的强度随射流距离的增加而衰减，至末端虽不能冲切地层，但仍能对地层产生挤压作用。同时，喷射后的静压浆液还会在地层形成渗透凝结层，其有利于进一步提高抗渗性能。

4. 位移握裹作用

对于地层中的小块石，由于喷射能量大以及升扬置换作用，浆液可填满块石四周空隙，并将其握裹；对大块石或块石集中区，如降低提升速度，提高喷射能量，则可以使块石产生位移，浆液便深入到空（孔）隙中。

总之，在高压喷射、挤压、余压渗透以及浆气升串的综合作用下，会产生握裹凝结作用，从而形成连续和密实的凝结体。

（二）高压喷射凝结体

凝结体的形式与高压喷射方式有关，常见的有以下三种：

（1）喷嘴喷射时，边旋转边垂直提升，简称旋喷，可形成圆柱形凝结体；

（2）喷嘴的喷射方向固定，则称定喷，可形成板状凝结体；

（3）喷嘴喷射时，边提升边摆动，简称摆喷，形成哑铃状或扇形凝结体。

为了保证高压喷射防渗板（墙）的连续性与完整性，必须使各单孔凝结体在其有效范围内相互连接，这与设计的结构布置形式及孔距有很大关系。

（三）高压喷射灌浆的施工方法

目前，高压喷射灌浆的基本方法有单管法、二重管法、三重管法及多管法等几种，它们各有特点，应根据工程要求和地层条件选用。

1. 单管法

采用高压灌浆泵以大于 2MPa 的高压将浆液从喷嘴喷出，冲击、切割周围地层，并产生搅和、充填作用，硬化后形成凝结体。该方法施工简易，但有效范围小。

2. 二重管法

有两个管道，分别将浆液和压缩空气直接射入地层，浆压达 45 ~ 50MPa，气压在 1 ~ 1.5MPa。由于射浆具有足够的射流强度和比能，所以易于将地层加压密实。这种方法工效高，效果好，尤其适合处理地下水丰富、含大粒径块石及孔隙率大的地层。

3. 三重管法

用水管、气管和浆管组成喷射杆，水、气的喷嘴在上，浆液的喷嘴在下。随着喷射杆的旋转和提升，先有高压水和气的射流冲击扰动地层，再以低压注入浓浆进行掺混搅拌。常用参数为水压 38 ~ 40MPa，气压 0.6 ~ 0.8MPa，浆压 0.3 ~ 0.5MPa。

如果将浆液也改为高压（浆压在 20 ~ 30MPa）喷射，则浆液可对地层进行二次切割、充填，其作用范围就更大。这种方法称为新三重管法。

4. 多管法

其喷管包含输送水、气、浆管、泥浆排出管和探头导向管。采用超高压（40MPa）水射流切削地层，所形成的泥浆由管道排出，用探头测出地层中形成的空间，最后由浆液、砂浆、砾石等置换充填。多管法可在地层中形成直径较大的柱状凝结体。

（四）施工程序与工艺

高压喷射灌浆的施工程序主要有造孔，下喷射管，喷射灌浆，最后成桩或墙。

1. 造孔

在软弱透水的地层进行造孔，应采用泥浆固壁法或跟管法（套管法）确保成孔。造孔机具有回转式钻机、冲击式钻机等。目前用得较多的是立轴式液压回转钻机。为保证钻孔质量，孔位偏差应不大于 2cm，孔斜率小于 1%。

2. 下喷射管

用泥浆固壁的钻孔，可以将喷射管直接伸入孔内，直到孔底。用跟管钻进的孔，可在拔管前向套管内注入密度大的塑性泥浆，边拔边注，并保持液面与孔口齐平，直至套管拔出，再将喷射管下到孔底。将喷嘴对准设计的喷射方向，不偏斜，是确保喷射灌浆成墙的关键。

3. 喷射灌浆

根据设计的喷射方法与技术要求，将水、气、浆送入喷射管，喷射 1 ~ 3rain，待注入的浆液冒出后，按预定的速度自上而下边喷射，边转动、摆动，逐渐提升到设计高度。

进行高压喷射灌浆的设备由造孔、供水、供气、供浆和喷灌五大系统组成。

4. 施工要点

（1）管路、旋转活接头和喷嘴必须拧紧，安全密封；高压水泥浆液、高压水和压缩空气各管路系统均应不堵、不漏、不串。设备系统安装后，必须进行运行实验，实验压力为工作压力的 1.5 ~ 2 倍。

（2）旋喷管进入预定深度后，应先进行试喷，待达到预定压力、流量后，再提升旋喷。中途若发生故障，应立即停止提升和旋喷，以防止桩体中断，同时应进行检查，排除故障。若发现浆液喷射不足，影响桩体质量时，应进行复喷。施工中应做好详细记录。旋喷水泥浆应严格过滤，防止水泥结块和杂物堵塞喷嘴及管路。

（3）旋喷结束后要进行压力注浆，以补填桩柱凝结收缩后产生的顶部空穴。每次施工完毕后，均须立即用清水冲洗旋喷机具和管路，检查磨损情况，如有损坏零部件应及时更换。

（五）旋喷桩的质量检查

旋喷桩的质量检查通常采取钻孔取样、贯入试验、荷载试验或开挖检查等方法。对于防渗的联锁桩、定喷桩，应进行渗透试验。

第六章 水库大坝混凝土生产施工与养护修理

第一节 大坝混凝土生产质量控制

一、问题的提出

混凝土生产是决定混凝土质量的前提因素，大坝混凝土质量问题许多是由混凝土生产环节引起的。混凝土生产包括原材料准备及拌和生产两个方面，这两个方面的任何一方面降低质量要求都将导致强度等级及其他力学指标的降低，容易造成质量缺陷或事故，影响大坝质量。

二、原材料质量控制

（一）水泥、粉煤灰质量控制

水泥、粉煤灰及外加剂、砂石骨料等各种原材料是大坝的“粮食”，其质量的优劣直接决定着大坝混凝土施工的质量。大坝混凝土可采用初期强度高、初凝期长、低发热量、低含碱量、塑性性能好的特制大坝水泥。混凝土中掺粉煤灰，可降低水化热、节省水泥、抑制碱骨料反应、改善和提高混凝土的性能。水泥、粉煤灰的质量控制措施主要有:

1. 优选供应厂商

招标前组织专家对水泥、粉煤灰厂家进行实地考察，从原材料品质、成品质量状况、设备生产供应能力、生产规模、试验条件、管理水平等方面进行全面分析，在判断电厂是否具备Ⅰ级粉煤灰条件时，还要看机组大小、燃煤与机组的匹配性、锅炉的高度与容积、炉温、电收尘的级数及运行状况等，从而掌握第一手资料，保证招标所选厂家的合理性。

2. 选择多个中标人

大坝混凝土中水泥温控标准较严，供应过程中不免出现个别厂某批次水泥敏感性指标不达标的现象，此时需暂停该厂供应并启动后备厂顶替供应；此外，若仅有 1 家水泥供应商，在工程建设突现局部高峰急需原材料时，其生产物流组织将承受巨大压力，甚至有中断供应的风险。粉煤灰的供应量和质量受制于煤源、发电量、锅炉的运行状况、发电负荷、电厂管理水平等多种因素；此外，粉煤灰供应商实际月平均生产能力有时达不到承诺的供应能力，若以供应商承诺的供应能力来安排生产计划，有可能会造成供应紧张的严重局面。因此，水泥至少选择 2 家供应商、粉煤灰至少选择 3 ~ 4 家供应商为中标单位，以为水泥及粉煤灰的正常供应提供保障。

3. 强化厂家质量意识

粉煤灰是火力发电厂的副产品，其产生的经济效益往往不被大型电厂所重视，而粉煤灰质量对水工混凝土的意义重大，故厂家要强化产品质量意识，将粉煤灰看作是本厂的正式产品，从战略上关心粉煤灰的质量。

4. 严格的质量检测

业主委托或组建质检部门对进入施工现场前的水泥、粉煤灰进行严格的质量检测；组织专家不定期赴厂家检查质量控制系统的运行情况，帮助解决质量控制中的难题；定期组织现场试验中心及各供应厂家实验室参加的水泥、粉煤灰检测对比活动，统一试验方法，提高检测水平，减少质量争议。

业主委托的驻厂监理每日对生产工艺过程各质量控制点进行巡视检查，当发现生产工艺中可能影响水泥质量的问题时，及时与厂方有关人员商讨，提出意见和建议，使生产中存在的问题及时得到解决；同时，驻厂监理还向厂方提出提高中热水泥质量和稳定质量的有效工艺措施，如要求厂方稳定熟料成分，增加熟料和水泥的库存量，提高水化热和强度测试结果的准确性等意见，使厂方及时加强水泥工艺控制，并找出强度测试结果偏高和水化热测试结果偏低的原因，从而提高水泥质量的稳定性。

5. 供应商建立质量保证系统

供应商必须建立完善的水泥 / 粉煤灰质量保证系统，建立能够切实完成水泥 / 粉煤灰质量检测任务的实验室，水泥 / 粉煤灰必须经实验室质检合格后方可出厂。在要求供灰厂家必须建立能够切实担负粉煤灰全面质量检测任务的实验室的同时，还给予技术上的支持和指导，请厂家的试验人员到粉煤灰质量检测站或业主试验中心接受培训，而且各实验室的试验设备和操作力求一致，以减少各实验室之间的实验误差。

6. 散装物料集装箱运输

该运输方式可实现生产厂家与拌和系统散装水泥 / 粉煤灰的门对门运输，保证装卸和输送迅速、零损耗，有利于保护环境。散装物料集装箱密封性较好，可在运输和储存过程中防潮，将粉煤灰的含水量控制在 0.5% 以下，满足规范要求。

（二）外加剂质量控制

1. 优选外加剂品种

外加剂应根据工程设计和施工技术要求优选，并根据原材料进行严格的适应性试验论证确定。

2. 严控外加剂掺量

外加剂掺量必须遵照有关规定和试验结果确定，切不可随意添加。过量外加剂的添加则可能引起工程质量事故。一个大中型工程掺用同种外加剂的品种宜为 1 ~ 2 种，并由专门生产厂家供应。一般情况下，在工程施工中不随便更换外加剂品种。

3. 做好外加剂的储存

液体外加剂放置于阴凉干燥处，如有沉淀等现象，经性能检验合格后方可使用；粉状外加剂在储存过程中注意防潮，若外加剂有受潮结块等现象，经性能检验合格后，烘干碾碎并通过 0.63mm 筛后方可使用；拌和厂外加剂调配点堆存的外加剂以满足混凝土生产强度需要为准；外加剂按不同品种及不同供货单位分别存放，标识清楚；当对外加剂质量有怀疑时，必须进行试验鉴定，严禁使用变质的外加剂。

4. 加强外加剂的检验

检验供货单位应提供下列技术文件：产品合格证、产品说明书（标明产品主要成分）、出厂检验报告、质量保证资料及具有资质的检测单位所发的掺外加剂混凝土性能检测报告等；外加剂到场后立即取代表性样品进行检验，进货与工程试配一致时方可入库使用。

（三）砂石骨料质量控制

大坝混凝土施工规模巨大且持续时间长，为了给高强度的混凝土施工提供优质的砂石骨料，应采取如下质量控制措施：

（1）反复核实人工骨料料源，确保骨料本身质量。大坝混凝土施工中骨料料源的选择将直接影响工程的质量和造价，为此需要对料源进行长期的勘测、试验研究及比选分析，寻找技术、经济指标优越的砂石料源。试验研究过程中，要确保粗粒径骨料强度及其他物理力学指标满足混凝土设计要求，严格控制软弱颗粒以及针片状颗粒的含量及无定型二氧化硅比率等；在优选料源时要综合考虑开采的难易程度、施工总体布置、场内外交通运输条件、工程实施条件及技术经济指标等。

（2）料场岩石开挖质量控制。为避免有用料源与覆盖土混杂，料场应自上而下分层开采，以弱风化带下部作为无用层与有用层的分界线，先剥离覆盖土后开采毛料。岩石质量控制有如下措施：①毛料采用分梯段开采，合理选择爆破方法控制毛料的块径，将大块率降低至 2% 以下；②爆块开采前监理人员严格审查爆破设计方案；③剥离料区与毛料设立明显的开挖分区标志，界限模糊的部位全部作为剥离料；④在采挖毛料部位，监理及质检人员跟踪旁站检查；⑤采石场作业采用挂牌作业制度。

（3）粗骨料超逊径控制。毛料加工过程中，骨料超逊径比率过大往往是降低混凝土质量的重要因素，因此必须严控人工碎石的超径和逊径。粗骨料超逊径控制的主要措施有：①生产过程中每隔 3h 检测粗骨料的级配及超逊径；②设置缓降器；③每生产 50t 更换一次筛网。

（4）人工砂细度模数控制。人工砂的细度模数调整到不大于 2.8；在装车平台堆场检测砂的细度模数，若发现细度模数偏差超过规范要求，及时反馈到生产车间，调整设备组合；若细度模数偏大，调整棒磨机进料粒径、进料量、装棒量或调整筛分楼的开机组数，调整生产量。

（5）人工砂含水率控制。为了使进入拌和楼的人工砂含水率降低到规定范围内（不大于 6%）且稳定，采取了如下质量控制措施：①机械脱水与自然脱水相结合，在筛分楼洗砂机出口下部安装直线振动筛脱水可使人工砂含水率降低 10% 左右，人工砂下料、堆存和取料分开进行，堆存脱水 3 ～ 5d 后可使含水率降低至 6% 以内；②在成品砂仓底部浇筑混凝土地板，增加盲沟排水设施并定期清理，在仓顶部搭设防雨棚；③分仓运行，推土机喂料，延长砂的脱水时间；④在成品砂石料皮带地弄搭设截水槽或截水板，避免地弄廊道顶板漏水进入输送带。

（6）人工砂石粉含量控制。人工砂石粉含量及掺入石粉的均匀性，会对混凝土性能产生影响，为此业主试验中心开展了人工砂不同石粉含量对混凝土性能影响试验。

三、混凝土生产质量控制

在混凝土生产工艺方面，若称量精准度达不到规定要求、搅拌混凝土时多加水、搅拌不均匀、拌和时间不够等将严重地降低混凝土的质量。为保证混凝土拌和物出机口温度、坍落度、含气量、强度等指标满足质量要求，混凝土生产过程中采取如下质量控制措施。

（一）混凝土配合比优化设计

大坝工程混凝土种类繁多，针对不同使用特性，在配合比参数选择上侧重点不同，且配合比设计是一个持续改进的过程。

（二）称量设备及称量准确性的定期检测

工程规定原材料称量允许偏差，规定每一工作班正式称量前必须对计量设备进行零点校核，计量器的校验周期最长不超过 7d，从而有效地减小系统误差。

（三）冷风机冲霜

当冷风机运行一段时间后，其蒸发器表面因大量灰尘黏附而结上厚厚的霜层，极大地降低了冷风机的热交换效果，引起出机口混凝土拌和物的超温。

（四）二次砸石测温

在夏季混凝土生产中，由于温控混凝土需求量大，常常会出现骨料冷却不彻底、冷却时间不足的问题，导致大骨料“皮焦里生”，表现为混凝土拌和物出楼后温度快速回升，不利于混凝土温控。施工现场采用每班两次砸石测温检查及加强骨料入仓预冷时间检查的措施，确保骨料冷透。

（五）混凝土拌和工艺控制

拌和系统正式投产前要进行混凝土试拌；拌和前检查砂子含水率，当砂子含水率大于 6% 或脱水时间小于 72h 时，停止拌制；掺和料（如粉煤灰等）掺和均匀；控制水泥进罐温度在 60℃以内；骨料二次筛分时不再淋水以避免预冷骨料时冻仓；定期检验拌和物的均匀性、拌和时间、拌和机及叶片的磨损等情况。

（六）混凝土出机口温度、坍落度、含气量控制

严控出机口温度：混凝土生产中采用了二次风冷骨料、加片冰及加冷水拌和混凝土的施工工艺；夏季混凝土生产时，为避免拌和楼小石冻仓，在略提高小石风温的基础上，按风冷 40min，停 20min 方法控制，同时对小石终温加密检测，温度回升至 4℃以上则开冷风。坍落度控制：在骨料下料口检测骨料级配，以便及时调整；严格控制砂子的细度模数在 2.6 ± 0.2 的范围内；混凝土出机后决不允许加水，若坍落度过小可按每立方米混凝土加 2L 增塑剂调试，达不到和易性要求则按废料处理。

（七）检测手段改进

可在风冷的骨料仓内装备多点式温度检测仪；在调节料仓下部廊道出口安装远红外自动测温装置；用手持远红外测温仪检测二次风冷骨料终温及机口温度，手持远红外测温仪要及时更换电池，不定期用水银温度计校核。检测手段的改进，不仅提高了检测效率，而且保证了温控调节的准确性和及时性。

（八）混凝土生产过程检测系统

为及时准确地将混凝土生产的关键设备状态信息反馈给工作人员，可使用混凝土生产过程检测系统。该检测系统的应用为工程技术人员分析混凝土生产质量事故原因提供了第一手资料，也为设备维修提供了重要基础数据。

（九）混凝土生产与运输车辆控制系统

在多品种混凝土同时运输的情形下，需要对其正确标识并正确装车。传统的标识方法是在车辆的前部显著位置插不同颜色的小旗、贴不同符号的纸片或系草束等，然而这些方法易于出错，再加上车辆不按序排队，致使拉错料及打错料的发生，带料人员稍不注意就会严重影响大坝混凝土的质量。

混凝土生产与运输车辆控制系统由车辆识别、生产调度中心、混凝土配合比管理、电控系统及拌和楼组成。其工作原理为：当装有条形识别码的车辆按交通红绿灯指示进

入识别区后，识别棚的光电识别装置将条形码信息传送至主控制机，经识别后主控制机一方面指令拌和楼按条码信息生产混凝土，一方面抬起栏杆放行车辆；车辆进入指定车道后，主控制机自动控制调度中心的控制台，放下识别棚栏杆及相应车道栏杆防止其他车辆驶入。混凝土生产与运输车辆控制系统可使拌和楼形成资源互补，提高拌和楼的生产效率，减少人为操作失误，生产质量受控有序。

第二节　大坝混凝土施工关键工艺

一、原材料优选

混凝土原材料选用低热硅酸盐水泥；选用品质优良的聚羧酸类高效减水剂；限制原材料的碱含量和混凝土总碱含量；在混凝土中将Ⅰ级粉煤灰作为功能材料掺用；缩小水胶比加大粉煤灰掺量。

低热硅酸盐水泥混凝土早期强度低，水化热温升也低，在掺用相同掺量粉煤灰的条件下，对降低混凝土早期水化热温升比中热水泥的效果更好，对改善混凝土早期抗裂性能更为有利。低热水泥可在围堰压重块、导流底孔封堵、蜗壳回填、钢管槽回填、右岸非溢流坝段以及永久船闸工程中应用。以羧酸类接枝聚合物为主体的复合外加剂具有大减水、高保坍、高增强等功能，降低了混凝土水化热，也节约了施工成本。

二、配合比持续优化

根据配合比设计实验，提出施工配合比；施工中根据混凝土抽样结果和实验分析，减少了砂率和用水量；为减少仓面浮浆及减轻泌水，首次将聚羧酸减水剂用于水工大坝混凝土中；针对混凝土坝最易发生裂缝的高标号混凝土，采取优化外加剂掺量、提高粉煤灰用量、使用低热水泥等配合比持续优选措施。

三、骨料冷却

常规的骨料冷却技术存在骨料冷却不彻底、冷却时间不足的问题，导致大骨料“皮焦里生”，不利于混凝土温控。可采用二次风冷骨料技术：首先在地面骨料调节风冷仓中对二次筛分骨料进行第一次连续风冷，然后在拌和楼料仓内对骨料进行第二次连续风冷。完成两次风冷后，加片冰及加冷水拌和混凝土。该技术具有占地面积小、中间环节少、冷却时间充足、冷却彻底、性能优越等优点，两次风冷骨料的终温远远低于水冷骨料加风冷的冷却方式，保证混凝土出机口温度稳定，达到设计要求。

四、遮阳喷雾

大坝混凝土浇筑的运输方案，主要有门塔机运输方案、塔带机运输方案、缆机运输方案及辅以汽车运输、履带式起重机浇筑方案等。目前混凝土大坝快速施工多采用塔带机运输方案为主，辅以门塔机运输及汽车运输的施工方案。塔带机运输中，混凝土直接从拌和楼经供料线运输入仓，供料线较长，周转次数多，为减少拌和料在运输过程中和浇筑仓面温度回升，常采取沿程遮阳、盖保温被（板）、喷雾等措施。

如工程中供料线长度较长的话，在高温季节，混凝土拌和物经长距离运输后温升较大，为保证混凝土施工质量，采用的施工措施有：

（1）在供料线棚顶粘贴5cm厚保温板（聚乙烯苯板），并在皮带上方两侧加装橡皮挡板。

（2）开仓前10～15min用4℃制冷水对供料线皮带进行喷水（皮带下部反面冲水、空转皮带）。

（3）在仓外供料线皮带回转节点处（下方）10m范围内制冷水喷雾降温，改善混凝土输送环境。

（4）供料过程中保证连续下料和皮带上料的层厚均匀。采用汽车运输时，为减少预冷混凝土温度的回升，采用对拌和楼等料的空车喷雾降温、盛料斗上部设有遮阳棚并在运输途中展开、减少混凝土转运次数等降温措施。

又如工程大坝高温时段浇筑混凝土，当遇晴天且气温达到28℃以上时，为确保浇筑温度满足设计要求，减少混凝土温度回升，采取仓面不间断的连续喷雾措施。高温季节仓面喷雾机可有效改善仓面环境。为增强喷雾效果，减少喷雾过程中多余的水入仓，采取如下措施：

第一，沿喷雾管布设拦截槽，收集滴水、漏水，以便有效排出仓外。

第二，喷雾管布设应充分利用仓号周围的模板骨架，原则上越高越好，以延长雾化水的蒸发时间。

第三，加强仓面排水，应配置2支以上的排水吸管。

第四，为了不影响仓面的施工视线，喷雾管应设置多段，能随时开启或关闭其中一段，一般应保证喷雾压力为10～15MPa。

第五，对钢筋密集的仓号，喷雾是首选的温控措施。通过喷雾，仓面小环境温度比气温低5～6℃。

五、通水冷却

个性化冷却通水方法是根据不同标号混凝土的温度变化规律控制冷却水管的材质、直径及间排距，根据通水时进出水温度动态控制通水流量，定期变化通水方向，提高通水质量和通水效率，减小混凝土内的拉应力，达到防止混凝土出现裂缝的目的。个性化冷却通水方法见表6-1。

表 6-1　个性化冷却通水方法

	通水时间	通水水温	通水时长	通水流量	目的	备注
初期通水	冷却水管覆盖后或开仓后（高标号混凝土）	8 ~ 10℃制冷水或江水（江水温度为 11 ~ 15℃时）	7 ~ 14d	前 4 ~ 7d 30 ~ 45L/min，之后 15 ~ 25 L/min	削减混凝土初期温峰，降低大体积混凝土内部最高温度	隔 1d 换 1 次进出水方向，控制进出水温差在 5℃以上；否则，减小流量直至通水量控制标准下限
中期通水	9 月初，首先通 5—8 月浇筑的混凝土，再通 4—9 月浇筑的混凝土	8 ~ 10℃制冷水，可用低于出水温度 2℃的江水初步冷却	至 11 月底控制混凝土温度在 22℃以下	15 ~ 20L/min	减小冬季混凝土内外温差（温度降至 20 ~ 22℃），使混凝土顺利过冬	隔 2d 变换 1 次通水方向，混凝土降温速度不大于 1℃ /d，当坝体温度降至 20 ~ 22℃时全面闷温 5d
后期通水	10 月初	冷水温度 10 月 14℃，11 月及其后 8 ~ 10℃	坝体达到设计灌浆温度为准	通制冷水时大于 18L/min，通江水时为 20 ~ 25L/min	对需进行坝体接缝灌浆及岸坡接触灌浆部位进行冷却	坝体应保持连续通水，每月通水时间不少于 600h，坝体混凝土与冷却水之间的温差不超过 20 ~ 25℃，降温速度小于 1℃ /d
超后期通水	针对高掺粉煤灰混凝土水化反应持续时间长的特点，灌浆完成后，对温度回升部分混凝土进行超后期冷却通水					

六、下料与浇筑法

（一）均匀下料、下料及堆料高度

以往的混凝土下料为点下料，且施工规范中没有对下料及堆料高度作出具体规定。

混凝土浇筑以塔带机浇筑为主，塔带机浇筑混凝土供料连续、强度高，但容易出现混凝土骨料分离的问题。为有效处理骨料分离问题，采取如下布料新工艺：

（1）在拌和楼控制取料速度，保证供料线皮带上料不间断且混凝土在皮带上有一定的堆积厚度。

（2）布料原则上以“先下高标号料、后下低标号料”。下料皮筒应顺铺料方向均匀连续下料，形成鱼鳞状压坡式下料，要求布料条带清晰，厚度均匀，后一条带下料皮筒的中心应正对前一条带的边角。

（3）塔带机下料口距下落面的高度在1.5m以内，对于结构复杂、仓面狭小或有水平钢筋网的部位，一方面可以改变部分钢筋的接头方式，在钢筋网上预留下料口，使塔带机下料皮筒伸到钢筋网下面布料，另一方面可调整浇筑分层高度，尽可能减少钢筋网距混凝土缝面的距离，一般不得大于1.0m。

（4）除特殊部位外不允许定点堆料，堆料高度应小于1.0m。

（5）卸料点距模板或钢筋1 ~ 1.5m范围内，经人工处理后再用平仓振捣机或振捣棒及时平仓振捣。

（二）平层浇筑法

平层浇筑法是指按水平层连续地逐层铺填，第一层浇筑完毕后再浇筑第二层，依次类推，直至设计仓面。为了满足大坝混凝土快速施工、塔带机高强度快速运送混凝土、便于层间冷却水管埋设和混凝土浇筑质量，大坝混凝土浇筑尽量采用平层浇筑法。平层浇筑法施工应遵循如下原则：

（1）迎水面仓位铺料方向与坝轴线平行，上块浇筑方向从上往下，下块浇筑方向从下往上。

（2）混凝土下料顺序应先高标号后低标号。

（3）岩基面、凸凹不平的老混凝土面斜坡上的仓位，由低到高铺料。

（4）廊道、钢管两侧均衡上升，其两侧高差不得超过铺料的层厚。

七、混凝土振捣

（一）φ130振捣棒、二次振捣、排序振捣

针对大坝混凝土级配高、大仓面浇筑、塔带机快速送料入仓等特点，为确保混凝土密实、消除气泡，大力推广使用大功率振捣棒（φ130）和平仓振捣机，提高振捣效率。采用二次振捣的措施减少表面气泡孔；在每仓浇筑最后一坯层混凝土时采用人工排序振捣，以防止漏振、骨料外漏及表面浮浆过厚。

（二）计时振捣

振捣时间及振捣工艺过程控制对大坝混凝土浇筑质量至关重要，振捣时间控制得好，可防止混凝土浇筑中的欠振、漏振和过振。可使用平仓振捣机计时报警器。该装置可根据混凝土标号、级配、含水量的不同为其设置不同的振捣时间，对每一振捣循环进

行提示和约束，对层间结合振捣进行有效控制。计时报警器主要由报警指示灯、集成式仪表主机、超声波测距传感器、配套软件、连接线缆和控制电路等组成，安装于平仓振捣机振捣横梁上计量不同类别混凝土的振捣时间，使振捣作业实现了监控振捣深度、量化振捣时间和统计仓位操作数据的自动化，使振捣质量控制标准更为科学，提高了混凝土浇筑的精细化施工水平。

八、长间歇面纤维混凝土

大坝混凝土施工中，由于闸门吊装、钢管安装、坝前设备拆除、供料线占位跳仓、并缝、备仓等原因可能形成的长间歇面，为防止裂缝发生，通常采取布置防裂钢筋、在收仓的顶部最后一个坯层浇筑纤维混凝土、覆盖分化砂、严格振捣和收仓工艺等措施。除采取上述的结构措施外，还需加强通水和保温，如埋设双层冷却水管，将初期、中期通水冷却一次完成，将坝块温度冷却至22℃以下，采用方木格栅压条固定3cm保温被进行保温。

九、均匀快速上升

间歇期指本层收仓至被覆盖的间歇天数，间歇期控制不仅是利于混凝土层间结合及温控防裂的重要措施，同时也是控制与调整块间高差、加快施工进度的有效方法。大坝混凝土的均匀快速上升可提高混凝土的均衡度，减小质量波动，达到均衡生产。实践表明，大型混凝土坝工程采用薄浇筑层和长间歇期的方法后，由于热量倒灌及施工冷缝面较多等原因，仓面上会出现较多裂缝。而混凝土的浇筑层层间歇期越小，上下两层混凝土的变形不协调就越小，越有利于应力安全；厚浇筑层相当于把两层或多层薄浇筑层之间的间歇期变为零，有利于混凝土均匀快速浇筑。

十、模板工艺

混凝土浇筑中的麻面、漏浆、蜂窝、挂帘、错台等“顽症”与混凝土模板有着紧密的联系，因此模板的材质、模板工艺及模板施工水平等直接影响着混凝土的浇筑质量与外观质量。随着大坝混凝土模板工艺的发展，目前大坝坝体上下游面、坝体内部纵横缝及大部分泄水孔表面多采用多卡模板，多卡模板的支撑系统与木胶面板、保丽板、芬兰板等结合用于拦污栅表面、进水口表面等特殊部位，在竖井、孔洞等部位使用整体提升模板、异形大模板、定型模板等先进模板工艺，有利于消除混凝土浇筑“顽症”及防裂。

十一、块间高差

大坝混凝土施工中，若块间高差过大，先浇块和后浇块块体间形成温差，在结构上会带来一些不利影响，如纵缝键槽被挤压，影响纵缝灌浆质量，严重的也许可能引起键槽的局部损坏；高低块之间形成的缺口成为通风道，先浇坝块长期暴露在大气中，遭受气温陡降的影响，易产生表面裂缝。表面裂缝可通过养护和保温等措施防止，但若接缝不能顺利灌浆，则会影响到坝的整体性，而且可能使刚浇不久的后浇块键槽出现剪切裂缝，因此施工中要限制相邻坝块的高差，做到各坝块均匀上升。

十二、表面永久保温

长期以来，人们只重视大坝混凝土早期表面保温，对后期表面保护重视不够，使坝体表面暴露在空气中。在气温年变化和寒潮的作用下，大坝混凝土表面产生裂缝，进一步发展成为深层裂缝或贯穿裂缝，因此，外部永久保温对混凝土大坝防裂十分重要。

工程坝面保温周期长，且对抗风耐水的要求更高，因而在进行保温施工时，应针对不同材料性能适时采取工艺措施。如在聚氨酯保温材料施工中，枪口与被喷物距离为 300 ~ 500mm，一般以自上而下、左右移动为宜，移动速度务求均匀，喷涂结束后，应先停泵断料后停压缩空气，不要将料罐内的物料排得太净，以免堵塞，尤其是黑料仍可回原桶回收再用，停车后拆下料管，将枪用风吹一吹，用丙酮清洗至料管内流出的液体澄清为止。又如可在聚苯乙烯保温板施工中，先将塑料固定钉穿在保温板上，每张保温板一般用 2 ~ 3 支固定钉；然后将保温板用钢卡固定在钢模内壁，钢卡可卡在板上部中央，也可卡在两块保温板之间；钢模调整好后，调节钢卡，使保温板紧贴在钢模内壁，接缝可用胶带密贴。

对于聚苯乙烯、聚氨酯等泡沫塑料在表面裸露、阳光直射和风化作用下都会老化或自然脱落，用作永久保温的泡沫塑料必须在外面做保护层。

十三、长期养护

大坝混凝土施工中掺入了大量的粉煤灰。掺粉煤灰一方面能节约水泥，减少水化热；但另一方面，延长了水化反应，有的长达 3 年或更长。常规的养护（混凝土浇筑完养护 14 ~ 28d）不能满足混凝土大坝的防裂要求，故混凝土浇筑完毕后，相当长时间内（大于 28d）应保持足够的湿度，创造混凝土良好的硬化条件。

大坝混凝土养护实施要求如下：

（1）每仓混凝土收仓后及时养护直到上面新浇混凝土为止，浇筑完毕短期内应避免太阳光暴晒。

（2）养护应保持连续性，不得采用时干时湿的养护方法，若采用特种水泥，应按专门规定执行。

（3）低流态混凝土、需要利用混凝土后期强度的重要部位及高标号混凝土的养护时间应适当延长，泵送混凝土和抗冲耐磨混凝土在养护 28d 后仍需在表面覆盖保护材料。

（4）当降雨持续时间超过 30min 时，应停止各坝块表面及侧面的养护工作。

（5）混凝土养护应有专人负责，并认真做好养护记录。

第三节　混凝土坝工程养护修理

一、混凝土坝工程防护

针对混凝土坝工程的特点，其防护工作包括混凝土碳化与氯离子侵蚀防护、混凝土冻害防护、化学侵蚀防护等。

（一）混凝土碳化与氯离子侵蚀防护

（1）对碳化可能引起钢筋锈蚀的混凝土表面应采用涂料涂层全面封闭防护。碳化与氯离子侵蚀引起钢筋锈蚀时，应采用涂料涂层封闭等防护措施。

（2）对有氯离子侵蚀的钢筋混凝土表面可采用涂料涂层封闭防护，也可采用阴极保护。

（二）混凝土冻害防护

1. 冰压损坏防护措施

对于易受冰压损坏的部位（包括溢洪道的胸墙、闸墩、闸门等部位），可采用人工、机械破冰或安装风、水管吹风、喷水扰动等防护措施。

2. 冻拔、冻胀损坏防护措施

（1）冰冻期注意排干积水、降低地下水位，减压排水孔应清淤、保持畅通；

（2）采用草、土料、泡沫塑料板、现浇或预制泡沫混凝土板等物料覆盖保温；

（3）在结构承载力允许时可采用加重法减小冻胀损坏。

3. 冻融损坏防护措施

（1）冰冻期注意排干积水，溢流面、迎水面水位变化区出现的剥蚀或裂缝应及时修补；

（2）易受冻融损坏的部位，包括坝面易积水处，溢流面，放空后的输、泄水洞（管）等可采用物料覆盖保温或采用涂料涂层防护；

（3）防止闸门漏水，避免发生冰坝和冻融损坏。

严寒地区冰冻期，要及时排干坝面积水，防止冻融破坏，溢流面、迎水面水位变化区出现的剥蚀或裂缝要及时修补；大坝易受冰压损坏的部位，要采用人工、机械破冰等防护措施；坝面可采用草、土料、泡沫塑料板等物料覆盖保温；融冰期要防止流冰撞击坝体。

（三）混凝土化学侵蚀防护

（1）已形成渗透通道或出现裂缝的溶出性侵蚀，可采用灌浆封堵或加涂料涂层防护。

（2）酸类和盐类侵蚀可采取下列防护措施：

①加强环境污染监测，减少污染排放。

②轻微侵蚀可采用涂料涂层防护，严重侵蚀可采用浇筑或衬砌形成保护层防护。

（四）防护材料

常用防护材料可按表 6–2 选用。防护涂料老化后应及时更新。

表 6–2　常用防护材料与施工方法

名称或类型	适用范围、性能	施工方法
环氧砂浆涂料	防碳化、防氯离子渗透，耐磨、耐化学侵蚀	人工刷涂、高压无气喷涂
呋喃改性环氧涂料	防碳化	人工刷涂、高压无气喷涂
环氧沥青厚浆涂料	防碳化、防氯离子渗透，耐磨、耐化学侵蚀	人工刷涂、高压无气喷涂
丙烯酸涂料	防碳化	人工刷涂、高压无气喷涂
聚氨酯涂料	防碳化、防氯离子渗透，耐磨、耐化学侵蚀	刷涂、喷涂，高压无气喷涂
氯丁胶乳沥青防水涂料	防碳化、防氯离子渗透、防水，耐化学侵蚀	人工刷涂、高压无气喷涂
耐蚀类石材 耐蚀类陶瓷 耐蚀密实混凝土板	防碳化、防氯离子渗透、防水，耐酸蚀	耐蚀水泥砂浆衬砌
聚氯乙烯板、膜	耐酸蚀，防水	合成树脂胶黏剂粘贴
丙乳水泥涂料	防碳化	人工刷涂

二、混凝土坝工程养护

（一）混凝土表面养护

（1）混凝土建筑物表面及沟道等应经常清理，保持表面清洁整齐，无积水、散落物、杂草、垃圾和乱堆的杂物、工具等。

（2）过流面应保持光滑、平整；泄洪前应清除过流面上可能引起冲磨损坏的石块和其他重物。

（3）混凝土建筑物表面出现轻微裂缝时，应加强检查与观测，并采取封闭处理等措施。

（4）出现渗漏时，应加强观测，当设备运行带来安全隐患，或对混凝土表面及表面装饰物产生破坏时，应采取导排措施。

（5）混凝土表面剥蚀、磨损、冲刷、风化等类型的轻微缺陷，宜采用水泥砂浆、细石混凝土或环氧类材料等及时进行修补。若缺陷规模较大，则应纳入修理的范畴。

（二）排水设施养护

（1）混凝土坝坝面、廊道、地下洞室、边坡及其他表面的排水沟、排水孔应经常进行人工或机械清理，保持排水通畅。

（2）坝体、基础、溢洪道边墙及底板、地下洞室、护坡等的排水孔应经常进行人工掏挖或机械疏通。疏通时不应损坏孔底反滤层。无法疏通时，应在附近增补排水孔。

（3）集水井、集水廊道的淤积物应及时清除。抽排设备应经常进行维护，保证正常抽排。

（4）地下洞室的顶拱、边墙等部位出现渗漏且渗漏量较小时，应增设排水孔，并设置导排设施，将渗漏水就近排入排水沟内。若渗漏量较大或渗漏面积较大，则应分析渗漏原因，然后采取相应的修理措施。

（三）变形缝止水设施养护

各类变形缝止水设施是指坝体横缝，溢洪道，输、泄水洞（管），厂房等变形缝止水设施。各类变形缝止水设施应保持完整无损，无渗水或渗漏量不超过允许范围。同时也应定期清理各类变形缝止水设施下游的排水孔，保持排水通畅。

1. 沥青井养护应采取的措施

（1）出流管、盖板等设施应经常保养，溢出的沥青应及时清除。

（2）沥青井应每 5 ~ 10 年加热一次，沥青不足时应补灌，沥青老化时应及时更换，更换的废沥青应回收处理。

2. 变形缝填充材料养护应采取的措施

（1）变形缝充填材料老化脱落时应及时更换相同材料或应用较为成熟的新材料进行充填封堵。

（2）变形缝填充施工前应将变形缝清理干净。若存在渗漏现象，应先进行渗漏处理，保持缝内干燥。

（四）地下洞室养护

（1）地下洞室的衬砌混凝土养护应按混凝土表面养护的规定执行，发现局部衬砌漏水时，应加强观测，并采取封堵和导排措施。

（2）地下洞室内的排水廊道、排水沟、排水孔出现淤积、堵塞或损坏时，应及时采取人工掏挖、机械疏通或高压水冲洗等方法进行疏通和修复。

（3）应加强洞室顶拱、边墙等部位的检查，及时清除裸露岩体表面松动的石块，清理隧洞内的积渣；应对地下厂房渗漏点进行截堵或导排，并做好通风防潮工作。

（4）应加强对地下厂房内岩锚吊车梁的观测，发现裂缝时，应按《混凝土坝养护修理规程》的规定及时分析处理。

（5）过流隧洞应定期进行排干检查与维护。应经常清理过流隧洞进口附近的漂浮物。

（6）地下洞室围岩若出现大面积掉块的现象，应采用喷锚或混凝土衬砌的方法加以保护。喷锚施工应按《水利水电工程锚喷支护技术规范》的规定执行，混凝土衬砌施工应按《水工混凝土施工规范》的规定执行。

（五）闸门及启闭设备养护

1. 闸门表面养护措施

（1）应定期清理闸门、拦污栅上附着的水生物和杂草污物等，确保梁格排水畅通。

（2）应定期清理门槽、底坎处的碎石、杂物以防卡阻。

（3）应做好支承行走装置的润滑和防锈。

2. 闸门防腐处理

闸门的腐蚀一般分为化学腐蚀和电化学腐蚀两类。同时，钢闸门防腐蚀措施主要有两种。一种是在钢闸门表面涂上覆盖层，将钢材母体与氧或电解质隔离，以免产生化学腐蚀或电化学腐蚀。另一种是供给适当的保护电能，使钢结构表面积聚足够的电子，成为一个整体阴极而得到保护，即电化学保护。

钢闸门防腐处理前需进行表面处理，清除钢闸门表面的氧化皮、铁锈、焊渣、油污、旧漆及其他污物。经过处理的钢闸门要求表面无油脂、无污物、无灰尘、无锈蚀、干燥、无失效的旧漆等。目前钢闸门表面处理方法有人工处理、火焰处理、化学处理和喷砂处理等。人工处理就是靠人工铲除锈和旧漆。火焰处理是对旧漆和油脂有机物进行燃烧，使之碳化而清除。化学处理是利用碱液或有机溶剂与旧漆层发生反应来除漆，利用无机酸与钢铁的锈蚀产物进行化学反应清理铁锈。喷砂处理方法较多，常见的干喷砂除锈除漆法是用压缩空气驱动砂粒通过专用的喷嘴以较高的速度冲到金属表面，依靠砂粒的冲击和摩擦除锈、除漆。

3. 闸门防水与止水养护措施

（1）应定期检查止水的整体性，不应有断裂或撕裂。

（2）及时清理杂草、冰凌或其他障碍物。

（3）应及时更换松动锈蚀的螺栓。水封座的粗糙表面应进行打磨或涂抹环氧树脂，保持光滑平整。

（4）应定期调整橡胶水封的预压缩量，使松紧适当；应采取措施防止橡胶水封老化，出现老化现象时应及时更换。

（5）应做好木水封的防腐处理。

（6）应做好金属水封的防锈处理。

4. 闸门启闭设备养护措施

（1）应定期清理机房、机身、备用电源、闸门井以及操作室等。

（2）应及时更换和添加润滑油，保持设备润滑良好。设备润滑部分在每月检查时若发现油质不合格或油位降低，则应及时清洗相关的润滑设备，并更换新油或加油至正常油位。

（3）应定期量测电机绝缘电阻，保持电机干燥。

（4）应定期清除钢丝绳表面的污物，清洗后涂抹油脂保护，且应保证每 3 年对其进行 1 次润滑油的更换。

（5）设备金属结构、外壳、机架、罩壳及闸门等的除锈刷漆宜每 5 年进行 1 次。

此外，在运行过程发现闸门有振动和爬行等异常现象时，应及时分析原因，必要时采取相应的处理措施。对于备用电源及通信、避雷、照明等设施应经常维护，保持正常工作状态。

（六）其他养护

（1）有排漂设施的应定期排放漂浮物；无排漂设施的可利用溢流表孔定期排漂，无溢流表孔且漂浮物较多的，可采用浮桶、浮桶结合索网或金属栅栏等措施拦截漂浮物并定期清理。

（2）应定期监测（指排沙、清淤前、后对坝前及进水口淤积情况的监测）坝前泥沙淤积和泄洪设施下游冲淤情况。淤积影响枢纽正常运行时，应进行冲沙或清淤；冲刷严重时应进行防护。

（3）应定期检查大坝管理信息系统的运行状况，线路、网络、设施出现故障时应及时排除或更换。

（4）应加强安全护栏、防汛道路、界桩、告示牌等管理设施的维护与维修。

三、混凝土坝工程修理

混凝土坝工程的修理包括混凝土表层损坏的修理，混凝土建筑物裂缝的处理，混凝土渗漏的处理，伸缩缝止水设施修理，基础及绕坝渗漏处理，剥蚀、磨损、空蚀及碳化修理。在修理工作中，首先应做好工程的养护工作，防止损坏的发生和发展；在发生损坏后，必须及时修理，防止扩大；在修理时应做到安全可靠、技术先进、注重环保、经济合理。

（一）混凝土表层损坏的修理

混凝土表层修理常用方法有水泥砂浆修补、预缩砂浆修补、喷浆修补、喷混凝土修补、混凝土真空作业修补、压浆混凝土（预填粗骨料混凝土）修补和环氧材料修补等。

1．水泥砂浆修补

水泥砂浆修补工艺较简单，首先全部除掉已损坏的混凝土，并对修补部位进行凿毛处理，然后在工作面保持湿润状态的情况下，将拌和好的砂浆用铁抹抹至修补部位，反复压光后按普通混凝土要求养护。当修补部位深度较大时，可在水泥砂浆中掺适量砾料，以增强砂浆强度和减少砂浆干缩。

2．预缩砂浆修补

预缩砂浆是经拌和好之后再归堆放置 30 ~ 90min 使用的干硬性砂浆。拌制良好的预缩砂浆抗压强度可达 30 ~ 35MPa，抗拉强度可达 2.5 ~ 2.8MPa，与混凝土的黏结强度可达 1.7 ~ 2.2MPa。采用预缩砂浆修补高流速区混凝土的表层缺陷，不仅强度和平整度可以保证，而且收缩性小，成本低廉，施工简便，可获得较好效果。当修补面积较小或工程量较少时，若如无特殊要求，可优先选用预缩砂浆修补。具体如下：

（1）材料与配比

水泥以采用与原混凝土同品种新鲜水泥为原则，水泥品种可按混凝土标号要求选用。砂料用 1.6mm 孔径的筛子过筛，其细度模数为 1.8 ~ 2.0。水灰比 0.3 ~ 0.34，灰砂比 1 ： 2 ~ 1 ： 2.5，并掺入水泥重量 1/10000 左右的加气剂。

（2）拌制方法

将称量好的砂、水泥混合搅拌均匀，再掺入加气剂的水溶液翻拌 3 ~ 4 次（此时砂浆仍为松散体，不是塑性状态），归堆放置 30 ~ 90min 使其预先收缩后，即能使用。水灰比应根据环境因素适当调整。现场鉴定砂浆含水量时，用手能将砂浆握成团状，手上有潮湿而又无水析出表示含水量适当。由于加水量少，要注意水分均匀分布，防止阳光照射，避免出现干斑而降低砂浆质量。

（3）修补工艺

将修补部位的损坏混凝土清除，进行凿毛、清洗，在边缘最小深度大于 2cm 时即可铺填预缩砂浆。在铺填预缩砂浆前，先涂一层厚 1mm 的水泥浆，其水灰比为 0.45 ~ 0.50，然后填入预缩砂浆，分层捣实，直至表面出现少量浆液为止。每次铺料层厚 4 ~ 5 cm，捣实后为 2 ~ 3cm。层与层之间应用钢丝刷或竹刷刷毛，以加强层间结合，否则会产生成层脱壳现象。最后一层的表面必须用铁抹反复压实抹光，并与原混凝土接头平顺密实。侧面施工时要求立模板，分层立模、分层铺填夯实，同时一次加入量不宜过多。铺填完成后的 4 ~ 8h 内由专人养护，宜采用湿草袋覆盖并洒水养护。待强度达到约 5.0MPa 时，应用小锤敲击检查，若声音清脆，则质量良好；若有沙哑声，则为脱壳或结合不良，须凿去重填。

3．喷浆修补

喷浆修补是将水泥、砂和水的混合料经高压通过喷头喷射至修补部位。目前常用的修补喷浆多用干料法。喷浆一般可分为刚性网喷浆、柔性网喷浆和无筋素喷浆。刚性网喷浆是指喷浆层有金属网，并承担水工结构中的全部或部分应力。柔性网喷浆是指喷浆层仅起护面作用，不承担结构应力。混凝土缺陷修补中的挂网喷浆就是指的柔性网喷浆。

至于无筋素喷浆，则多用于浅层缺陷的修补。

4. 喷混凝土修补

喷混凝土是经施高压将混凝土拌料高速注入修补部位，其密度及抗渗能力比一般混凝土大，且具有快速、高效、不用模板以及把运输、浇注、捣固结合在一起的优点。

5. 混凝土真空作业修补

真空作业是采用真空系统将浇筑的混凝土中多余的水量提早吸出，以增加混凝土的早期强度、提高混凝土质量、缩短拆模期限的一种修补方法。混凝土真空作业的装置有移动式和固定式两种。移动式装置可装在汽车上或拖车上，固定式装置的主要设备包括真空泵、真空槽、连接器等。混凝土经真空作业后，其强度提高。但当混凝土的水泥用量大于400kg/m^3，水灰比为0.4以下时，真空作业效果大大降低，不宜再用。

6. 压浆混凝土（预填粗骨料混凝土）修补

压浆混凝土是将一定级配的洁净粗骨料预先填入模板中，并埋入灌浆管，然后通过灌浆管用泵把水泥砂浆压入粗骨料间空隙中胶结而成为密实的混凝土。

压浆混凝土早期强度增长较缓慢，但后期有显著增长，并有较高的抗渗能力，如90d龄期的抗渗能力可达1.5MPa以上，其强度可以达到普通混凝土的强度。它不仅适用于一般抗渗要求高的部位修补，而且也适用于钢筋稠密、埋设件复杂，结构尺寸要求精确度较高以及水下不易浇筑捣固的部位修补。有抗冻要求的压浆混凝土，应在试验合格后才能使用。

7. 环氧材料修补

环氧材料用于混凝土表层修补的有环氧基液、环氧石英膏，环氧砂浆和环氧混凝土等。环氧材料具有较高的强度和抗蚀、抗渗能力，能与混凝土等材料很好地黏结，是一种较好的修补材料。但价格较高，工艺比较复杂，在修补工程量大的情况下，宜与其他方法配合使用，如损坏部位面积较大，且深度超过2 cm时可先用预缩砂浆填补，而将表面预留0.5 ~ 1 cm深度，再涂抹环氧砂浆作保护层。

（二）混凝土建筑物裂缝的处理

1. 裂缝修补原则

裂缝宽度大于钢筋混凝土结构允许的最大裂缝宽度时，应进行裂缝修补。裂缝宽度小于钢筋混凝土结构允许的最大裂缝宽度时，可根据裂缝规模、外观要求等决定是否进行修补。

裂缝修补前应开展裂缝调查，并判定裂缝类型。裂缝修补原则如下：

（1）裂缝尚未威胁到混凝土构件的耐久性或防水性时，应根据裂缝宽度判断是否需要修补。

（2）确认必须进行修补的裂缝，应根据裂缝类型制定修补方案，确定修补材料、修补方法和修补时间。

（3）静止裂缝可及时进行修补，并根据裂缝宽度和干湿环境选择修补材料和修补方法。

（4）活动裂缝应先消除其成因，并观察一段时间，确认已稳定后再按静止裂缝的修理方法进行修补。不能完全消除成因，但确认对结构、构件的安全性不构成危害时，可使用具有弹性或柔韧性较好的材料进行修补。

（5）尚在发展的裂缝应分析其原因，采取措施制止或减缓其发展。待裂缝停止发展后，再选择适宜的材料和方法进行修补或加固。

2. 裂缝调查

裂缝调查分为基本调查、补充调查及专题研究。裂缝调查应制定详细的调查方案，明确调查手段和调查方法。

（1）基本调查

基本调查包括裂缝状况及其附近情况、裂缝发展情况、影响使用情况、设计资料、施工情况以及安全监测资料、建筑物运行及周围环境情况。具体内容如下：

①裂缝状况调查

裂缝状况调查包括：裂缝宽度、裂缝长度；混凝土建筑物的两个对应表面裂缝的位置是否对称、廊道内是否漏水，以此判断裂缝是否贯穿；裂缝形态有无规律性；裂缝开裂部位有无钢筋锈蚀和盐类析出。

②裂缝附近调查

裂缝附近调查包括：裂缝附近混凝土表面的干、湿状态，污物和剥蚀情况；裂缝及其端部附近有无细微裂缝。

③裂缝发展情况调查

裂缝发展情况调查包括：观察裂缝宽度和长度的变化，及其与环境、建筑物作用（荷载）的相关性。

④影响建筑物使用的调查

影响建筑物使用的调查包括：裂缝的漏水量、析出物、钢筋锈蚀、外观损伤，建筑物有无异常变形等。

⑤设计资料调查

设计资料调查包括设计依据、设计作用（荷载）、结构计算成果、钢筋及结构断面图、建筑材料及有关试验数据等。

⑥施工情况调查

施工情况调查包括：混凝土原材料调查；钢筋种类、强度指标和试验资料；混凝土的设计配合比和施工配合比；浇筑及养护情况（包括搅拌、运输、浇筑、养护和施工环境条件）；混凝土试验资料（包括坍落度、含气量、抗压强度、抗拉强度、极限拉伸值、弹性模量等）；基础情况（包括基岩种类、岩性、变形模量、断层及基础处理等）；使用模板情况（包括模板种类、制作与安装、拆模时间等）；施工中的裂缝记录。

⑦安全监测资料调查

安全监测资料调查包括：裂缝发生前后建筑物的变形、渗流、应力、温度、水位等的变化。

⑧建筑物运行情况及周围环境调查

建筑物运行情况及周围环境调查包括：运行期实际作用（荷载）及其变化情况；气温变化情况；相对湿度变化情况；建筑物距海岸或盐湖的距离、海风风向及环境污染等。

（2）补充调查

补充调查包括：建筑物结构尺寸；混凝土劣化度；钢筋及其锈蚀状况；实际作用（荷载）；基础变形；裂缝详查以及建筑物运行及环境变化条件的详查。

3. 裂缝成因分析

混凝土结构裂缝主要有设计、施工、运行管理和其他方面等原因。具体如下：

（1）设计方面的原因

①由于设计考虑不周，如断面过于单薄、孔洞面积所占比例过大，或配筋不够以及钢筋布置不当等，致使结构强度不足，建筑物抗裂性能降低。

②分缝分块不当，块长或分缝间距过大、错缝分块时搭接长度不够。

③温度控制不当，造成温差过大，使温度应力超过允许值。

④基础处理不善，引起基础不均匀沉陷或扬压力增大而使建筑物发生裂缝。

⑤设计不当或模型试验不符合实际情况，泄水时水流引起建筑物振动开裂。

（2）施工方面的原因

①混凝土养护不当，使混凝土水分消失过快而引起干缩。

②基础处理、分缝分块、温度控制或配筋等未按设计要求施工。

③浇筑混凝土时由于施工质量控制不严，使混凝土均匀性、密实性和抗裂性差。

④模板强度不够或振捣不慎，使模板发生变形或位移。

⑤施工安排不当，如上下层混凝土间歇期不够或太长，以及拆模过早等。

⑥施工缝处理不当，或出现冷缝时未按工作缝要求进行处理。

⑦混凝土凝结过程遇外界温度骤降，未做好保温措施，使混凝土表面剧烈收缩。

⑧使用了收缩性较大的水泥，或含碱量大于6/1000的水泥并掺用有碱性反应的骨料，或含有大量碳酸氢离子的水，使混凝土产生过度收缩或膨胀。

（3）运用管理方面的原因

①建筑物运用未按规定执行，在超设计荷载下使用，使建筑物承受的应力大于容许应力。

②维护不善，或者冰冻期间未做好防护措施等而引起裂缝。

（4）其他方面原因

①由于地震、爆破、冰凌、台风和超标准洪水等引起建筑物的振动，或超设计荷载作用而发生裂缝。

②含有碳酸气（或亚硫酸气）的空气，或含有大量碳酸氢离子的水，均对混凝土有

侵蚀作用，产生碳酸盐类，因收缩而引起裂缝。

③由于尚未硬化的混凝土的沉降收缩作用而引起裂缝。

分析裂缝成因时，应根据基本调查结果与表 3.5-6 对照分析开裂原因。根据基本调查结果不能推断开裂原因时，应进行裂缝补充调查，并根据补充调查结果分析开裂原因。根据补充调查结果仍不能推断开裂原因时，应进行专题研究。在此基础上，根据裂缝宽度、裂缝深度、裂缝走向、裂缝宽度变化趋势等，对裂缝类型进行判别。根据裂缝调查结果及裂缝成因分析结果，结合设计对水工建筑物提出的使用要求，对出现裂缝的水工建筑物作出修补或补强加固的判断。

4. 混凝土表面裂缝处理

（1）表面涂抹

表面涂抹方法包括用水泥浆、水泥砂浆、防水快凝砂浆、环氧基液及环氧砂浆等涂抹在裂缝部位的混凝土表面。具体如下：

①水泥砂浆涂抹

先将裂缝附近的混凝土表面凿毛，并尽可能使糙面平整，经洗刷干净后，洒水使之保持湿润，然后用 1 ∶ 1 ~ 1 ∶ 2 的水泥砂浆在其上涂抹。涂抹时混凝土表面不能有流水，最好先用纯水泥浆涂刷一层底浆（厚约 0.5 ~ 1.0mm），再将水泥砂浆一次或分几次抹完。涂抹总厚度一般为 1.0 ~ 2.0cm，最后用铁抹压实、抹光。砂浆配制时所用砂子不宜太粗，一般为中细砂。水泥可用普通硅酸盐水泥，其标号不低于 40 号。温度高时，涂抹 3 ~ 4h 即需洒水养护，并防止阳光直射，冬季应注意保温，切不可受冻，否则所抹的水泥砂浆经冻后轻则强度降低，重则报废。

②防水快凝砂浆涂抹

防水快凝砂浆是在水泥砂浆内加入防水剂（同时又是快凝剂），以达到速凝和提高防水性能的目的。防水剂可采用成品，也可以自行配制。

涂抹工艺：先将裂缝凿成深约 2cm、宽约 20 cm 的毛面，清洗干净并保持表面湿润，然后在其上涂刷一层防水快凝灰浆（厚约 1mm），硬化后即涂抹一层防水快凝砂（厚度 0.5 ~ 1.0cm），再抹一层防水快凝灰浆，又抹一层防水快凝砂浆，直至与原混凝土面齐平为止。

③环氧砂浆涂抹

根据裂缝所处环境分别选用不同配方，如对干燥状态的裂缝可用普通环氧砂浆；对潮湿状态的裂缝，则宜用环氧焦油砂浆或用以酮亚胺作固化剂的环氧砂浆。

（2）表面粘补

表面粘补即用胶黏剂把橡皮或其他材料粘贴在裂缝部位的混凝土面上，达到封闭裂缝防渗堵漏的目的。止水材料有橡皮、氯丁胶片、塑料带或紫铜片等。利用环氧材料胶黏剂粘贴橡皮时有夹板条法和划缝法两种施工方法。

（3）凿槽嵌补

凿槽嵌补是沿混凝土裂缝凿一条深槽，槽内嵌填各种防水材料，如环氧砂浆及预缩砂浆等，以防渗水。它主要用于修理一般对结构强度没有影响的裂缝。

（4）喷浆修补

喷浆修补是在裂缝部位并已凿毛处理的混凝土表面，喷射一层密实而且强度高的水泥砂浆保护层，达到封闭裂缝，防渗堵漏或提高混凝土表面抗冲耐蚀能力的目的。根据裂缝的部位、性质和修理要求及条件，可以分别采用无筋素喷浆、挂网喷浆，或挂网喷浆结合凿槽嵌补等修理方法。

5. 混凝土内部裂缝处理

内部裂缝处理是指在裂缝内部采用灌浆处理，其施工方法通常为钻孔灌浆，但对于浅缝和某些仅需防渗堵漏的裂缝，则可采用骑缝灌浆方法。灌浆材料常用的有水泥和化学材料，按裂缝性质、开度及施工条件等选定。对开度大于 0.3mm 的裂缝，一般可采用水泥灌浆。

水泥灌浆一般是在建筑物上钻孔埋管，然后灌注。其技术要求如下：

（1）钻孔

一般采用风钻孔，孔径 36 ~ 56mm，孔距 1.0 ~ 1.5m。除骑缝浅孔外，不得顺裂缝钻孔，钻孔轴线与裂缝面交角一般应大于 30°，孔深应穿过裂缝面 0.5m 以上。如果钻孔为两排或两排以上，应尽量交错或呈梅花形布置。

（2）冲洗

每条裂缝钻孔完毕后，即进行冲洗，其顺序是按竖向排列孔自上而下逐孔进行。

（3）止浆或堵漏处理

缝面冲洗干净后即可进行止浆或堵漏处理，其方法一般有水泥砂浆涂抹、环氧砂浆涂抹、凿槽嵌堵、胶泥粘贴等。

（4）管路灌浆

一般用直径 19 ~ 38mm 的钢管作为灌浆管，钢管上部加工丝扣。钢管安装前先在外壁裹上旧棉絮，并用麻（铁）丝捆紧，然后用管子钳旋入孔中，埋入深度视孔深和灌浆压力而定。孔口、管壁周围空隙可用棉絮或其他材料塞紧（有的再加铁器卡紧），并用水泥砂浆封堵，以防止冒浆或灌浆管从孔口脱出。

6. 裂缝修补材料、施工环境和养护要求

（1）应选用标号不低于 42.5 的硅酸盐水泥、普通硅酸盐水泥，受侵蚀性介质影响或有特殊的要求时，按有关规范或通过试验选用。

（2）应选用质地坚硬、清洁、级配良好的中砂，砂的细度模数宜为 2.4 ~ 2.6。

（3）各种混凝土及砂浆的配合比应通过试验确定。

（4）修补施工前宜进行工艺性试验。

（5）修补施工宜在 5 ~ 25℃环境条件下进行，不应在雨雪或大风等恶劣气候的露天环境下进行。

（6）树脂类修补材料宜干燥养护不少于 3d；水泥类修补材料应潮湿养护不少于 14d；聚合物水泥类材料应先湿养护 7d，再干燥养护不少于 14d。

（三）混凝土渗漏的处理

1. 渗漏处理介绍

（1）渗漏的种类

水工混凝土建筑物的渗漏，按其发生的部位可分为下列几种：

①建筑物本身渗漏，如由裂缝、结构缝、伸缩缝和蜂窝空洞等引起的渗漏。

②建筑物基础渗漏。

③建筑物与基础岩石接触面渗漏。

④绕过建筑物的渗漏，如绕坝渗漏。

（2）渗漏的成因

混凝土建筑物产生渗漏的原因是多方面的，即使最密实的混凝土，本身仍存有气孔和小孔隙，在水压力作用下也具有一定的渗透性。一般水工混凝土由于设计或施工上的缺陷，或在运用中遭受意外破坏作用，都容易导致建筑物发生渗漏。例如：

①由于勘探工作做得不够，地基留有隐患，水库蓄水后引起渗漏。

②由于设计考虑不周，在某种应力作用下，使混凝土产生裂缝，引起渗漏。

③混凝土施工时未振捣密实，局部产生蜂窝，或因混凝土温差过大和本身干缩而产生裂缝，都会引起渗漏。

④设计、施工中采取的防渗措施不良，或运用期间由于物理、化学因素的作用，使原来的防渗措施失效或遭受破坏，引起渗漏。如帷幕破坏、伸缩缝止水结构破坏或沥青老化、混凝土受侵蚀后抗渗性能降低、预制混凝土涵管接头处理不好、混凝土与基岩接触不良等。

⑤遭受强烈地震及其他破坏作用，使混凝土建筑物或基础产生裂缝，引起渗漏。

（3）渗漏的危害

①建筑物本身渗漏，将使建筑物内部产生较大的渗透压力，甚至影响建筑物的稳定。如果是有侵蚀性的水，还会产生侵蚀破坏作用，使混凝土强度逐渐降低，缩短建筑物的使用寿命。在寒冷地区，渗漏水在露头处冻结成冰堆，会使建筑物受到冻融破坏，特别是坝后式电站，还会威胁电站建筑物及机电设备的安全。

②坝基渗漏、接触面渗漏或绕坝渗漏，会增大坝基扬压力，影响坝身稳定。

（4）需要进行渗漏处理的情况

①作用（荷载）、变形、扬压力值超过设计允许范围。

②影响大坝耐久性、防水性。

③基础出现管涌、流土及溶蚀等渗透破坏。

④变形缝止水结构、基础帷幕、排水等设施损坏。

⑤基础渗漏量突变或超过设计允许值。

⑥影响设备安全运行和耐久性。

（5）渗漏处理需要注意的几个事项

①发现渗漏现象时，应首先进行调查分析，查明原因，判断渗漏的危害性，决定是

否处理。

②渗漏处理应遵循“上截下排、以截为主、以排为辅、先排后堵”的原则。

③渗漏处理方案应根据渗漏调查、成因分析及渗漏处理判断的结果，结合具体工程结构特点、环境条件（温度、湿度、水质等）、时间要求、施工作业空间限制，选择适当的修补方法、修补材料、工艺和施工时机，达到预期的修复目标。

④防水堵漏宜靠近渗漏源头。对于建筑物本身渗漏的处理，凡有条件的，宜在迎水面堵截。

⑤渗漏处理宜在枯水期内进行。

⑥漏水封堵后表面应选用水泥防水砂浆、聚合物水泥砂浆或树脂砂浆等进行保护。

⑦选择修补材料时，应考虑修补材料对水质的无污染性和修补材料在特定环境下的耐久性。

2. 渗漏调查及处理方法

（1）渗漏调查

渗漏调查可分为基本情况调查、调查分析及专题研究。渗漏调查应制定调查方案，明确调查手段和调查方法。其中基本情况调查应包括渗漏状况、溶蚀状况、安全监测资料、设计资料、施工情况、运行管理状况、建筑物使用功能、安全性、耐久性、美观等。在经过渗漏调查之后，应当对调查结果进行分析，其包括：①渗漏状况详查，分析渗漏量与库水位、温度、湿度、时间的关系。②工程水文地质状况和水质分析。③按实际作用（荷载）进行设计复核。④取样测定混凝土抗压强度、容重、抗渗等级和弹性模量等。

经过基本情况调查和调查分析仍不能查明渗漏水来源及途径时，应进行专题研究。

（2）渗漏处理方法

不同渗漏类型的处理方法详见表 6–3。

表 6–3　不同渗漏类型的处理方法

序号	渗漏类型	适用条件	渗漏处理方法	备注	
1	集中渗漏	水压小于 0.1MPa	直接堵漏法 导管堵漏法 木楔堵塞法	直接堵漏法在漏水孔较小时采用，木楔堵塞法和导管堵漏法在漏水孔较大时采用	
		水压大于 0.1 MPa	灌浆堵漏法	也可用于混凝土密实性差、内部蜂窝孔隙较大的情况	
序号	渗漏类型	适用条件	渗漏处理方法	备注	

续表

2	裂缝渗漏	—	直接堵塞法 导渗止漏法 动水灌浆堵漏法	水压较小时采用直接堵塞法；水压较大时采用导渗止漏法；水压大、流速快、渗漏量大采用动水灌浆堵漏法
3	散渗 大面积散渗 严重渗漏、抗渗性能差的迎水面 混凝土密实性较差或网状深层裂缝产生的散渗	轻微散渗	表面涂抹粘贴法	—
		喷射混凝土（砂浆）法	—	
		防渗面板法	—	
		灌浆法	—	
4	变形缝渗漏	—	嵌填法 粘贴法 锚固法 灌浆法 补灌沥青法	补灌沥青法适用于沥青井止水结构的渗漏处理
5	基础渗漏	—	灌浆法	—
6	绕坝渗漏 岩溶渗漏 土质岸坡	岩体破碎	灌浆法	可补设排水孔或导渗平洞
		灌浆法 堵塞法 阻截法 铺盖法 下游导排法	—	
		铺盖法	同时在下游面设反滤、排水设施	

3. 散渗或集中渗漏的处理

混凝土由于蜂窝、空洞、不密实及抗渗标号不够等缺陷，引起散渗或集中渗漏时，可根据渗漏部位、渗漏程度和施工条件等，采取以下一种或多种方法处理。具体如下：

（1）灌浆处理

灌浆适用于建筑物内部混凝土密实性较差、裂缝孔隙比较集中的部位。灌浆材料用水泥，也可用化学材料，应根据具体情况选用。

（2）表面涂抹

表面涂抹适用于大面积细微散渗及水头较小部位，并宜在水位较低时进行。

（3）筑防渗层

防渗层适用于大面积的散渗情况。对于闸、坝等挡水建筑物，防渗层一般做在迎水面；对于隧洞、涵管等输水建筑物或某些水下建筑物，也有做在背水面的。防渗层结构一般有混凝土或钢筋混凝土护面，水泥喷浆（即无筋素喷浆或挂网喷浆）和刚性防渗层 3 种形式。刚性防渗层即水泥浆及砂浆防水层，一般在建筑物背水面采用 4 层，在迎水面采用 5 层，总厚度约 12 ~ 14mm。

（4）堵塞孔洞

该法适用于集中射流孔洞。当射流流速不大时，先将孔洞稍微扩大并凿毛，然后将快凝胶泥塞入孔洞中堵漏，若一次不能堵绝，可分几次进行，直至堵绝为止。当射流流速较大时，可先在孔洞中楔入棉絮或麻丝，以降低流速和漏水量，然后再行堵塞。

（5）套管或内衬

此法适用于漏水范围大，洞壁很薄，且缩小洞径不影响用水要求的涵洞（管）。内衬可采用锯板、钢筋混凝土或预制钢筋混凝土块，套管可采用铸铁管、钢管或钢筋混凝土管等。

（6）混凝土回填

此法适用于局部混凝土疏松，或有蜂窝空洞而造成的渗漏。施工时，先将质量差的混凝土全部凿除，再用现浇或压浆混凝土回填。如空洞较大，用现浇混凝土回填时，可加锚筋或预埋灌浆管进行灌浆。

4. 裂缝渗漏处理

裂缝渗漏处理可采用直接堵塞法、导渗止漏法和灌浆法等，一般先止漏后修补，裂缝修补应按《混凝土坝养护修理规程》的规定执行。大坝上游面水平裂缝的渗漏处理应进行专项设计。本书参考《混凝土坝养护修理规程》相关说明，得到以下关于裂缝渗漏的处理方法：

（1）坝（闸）体裂缝渗漏的处理

根据裂缝发生的原因及其对结构影响的程度、渗漏量大小和集中分散等情况，分别采取以下处理措施：

①表面处理

对渗漏量较大，但渗透压力不影响建筑物正常运用的漏水裂缝，在漏水出口进行处理时，应采取如下导渗措施：

a. 埋管导渗

在裂缝渗漏集中部位埋设引水铁管（其数量视渗漏情况而定），然后用旧棉絮沿裂缝填塞，使漏水集中从引水管排出，再用快凝灰浆或防水快凝砂浆迅速回填封闭槽口，最后封堵引水管。

b. 钻孔导渗

用风钻在漏水裂缝一侧（水平缝则在缝的下方）钻斜孔，穿过裂缝面，使漏水从钻孔中导出，然后封闭裂缝，从导渗孔灌浆填塞。

②内部处理

采用灌浆充填漏水通道，达到堵漏目的。根据裂缝特征，可分别采用骑缝或斜缝钻孔方式；按裂缝开度和可灌性，可分别进行水泥灌浆或化学灌浆；根据裂缝渗漏情况，又可分别采取全缝灌浆或局部灌浆方法。有时为了灌浆的顺利进行或保证灌浆的可靠性，还需先在裂缝上游面采取表面处理堵漏或在裂缝下游面采取导渗并封闭裂缝的措施。

③结构处理结合表面处理

对于影响建筑物整体性或破坏结构强度的渗水裂缝，除内部处理外，有的还需采取结构处理结合表面处理的措施，以达到防渗、结构补强或恢复整体性的要求。结构补强措施多种多样，必须通过专门验算和技术经济比较选定。

（2）涵洞（管）裂缝渗漏的处理

涵洞（管）裂缝渗漏处理按渗漏对结构强度有无影响分别采取相应措施。对影响结构强度的渗漏，在堵漏的同时需进行结构补强。对不影响结构强度的一般渗漏，可分别采取以下所述环氧胶粘贴橡皮或灌浆处理措施，但若为外水内渗的，则还需考虑在洞外采取回填或做止水环等措施，以防接触冲刷。具体如下：

①环氧胶黏剂粘贴橡皮

此法适用于洞（管）内受温度影响的环（横）向裂缝。修补时沿裂缝两侧对原混凝土面凿毛，凿毛深度以使橡皮粘贴后其表面尽量与洞（管）壁齐平为原则。

②灌浆处理

此法适用于直径较大的涵洞（管）的一般裂缝漏水及涵管与围护体（亦称涵衣）之间的接缝纵向漏水情况，且多在洞内进行。当采用水泥灌浆时，可先沿洞壁钻孔，灌浆孔应由疏到密，梅花形布设。钻孔可用风钻或人工打孔，孔深以不打穿洞（管）壁、围护体为限，但基础部分钻孔可适当加深。孔口封闭采用纯压式的阻塞器。灌浆时如有冒浆现象，应先行封堵，并预留排气、排水孔，直至排气、排水孔冒出稠浆后，用木楔或其他方法塞住。对洞壁灌浆处理后，待浆液已终凝尚要沿裂缝重新凿槽时，用高标号水泥砂浆或环氧砂浆等封堵。当采用化学灌浆时，要预先凿槽嵌堵裂缝，再骑缝粘贴灌浆管嘴进行灌浆。灌浆后 1 ~ 2d 将管嘴剔下，并用环氧水泥浆填补压平，最后沿整个封闭带均匀涂刷一层环氧基液。但对沿涵管外壁与围护体之间的接缝纵向渗漏宜采用钻孔灌浆。

第七章 水利工程质量与进度管理

第一节 水利工程质量管理

一、工程质量管理基础

（一）工程项目质量和质量控制的概念

1. 工程项目质量

质量是反映实体满足明确或隐含需要能力的特性之总和。工程项目质量是国家现行的有关法律、法规、技术标准、设计文件及工程承包合同对工程的安全、适用、经济、美观等特征的综合要求。

从功能和使用价值来看，工程项目质量体现在适用性、可靠性、经济性、外观质量与环境协调等方面。由于工程项目是依据项目法人的需求而兴建的，故各工程项目的功能和使用价值的质量应满足于不同项目法人的需求，并无一个统一的标准。

从工程项目质量的形成过程来看，工程项目质量包括工程建设各个阶段的质量，即可行性研究质量、工程决策质量、工程设计质量、工程施工质量、工程竣工验收质量。

工程项目质量具有两个方面的含义：一是指工程产品的特征性能，即工程产品质量；二是指参与工程建设各方面的工作水平、组织管理等，即工作质量。工作质量包括社会工作质量和生产过程工作质量。社会工作质量主要是指社会调查、市场预测、维修服务等。生产过程工作质量主要包括管理工作质量、技术工作质量、后勤工作质量等，最终将反映在工序质量上，而工序质量的好坏，直接受人、原材料、机具设备、工艺及环境等五方面因素的影响。因此，工程项目质量的好坏是各环节、各方面工作质量的综合反映，而不是单纯靠质量检验查出来的。

2. 工程项目质量控制

质量控制是指为达到质量要求所采取的作业技术和活动，工程项目质量控制，实际上就是对工程在可行性研究、勘测设计、施工准备、建设实施、后期运行等各阶段、各环节、各因素的全过程、全方位的质量监督控制。工程项目质量有个产生、形成和实现的过程，控制这个过程中的各环节，以满足工程合同、设计文件、技术规范规定的质量标准。在我国的工程项目建设中，工程项目质量控制按其实施者的不同，包括如下三个方面。

（1）项目法人的质量控制

项目法人方面的质量控制，主要是委托监理单位依据国家的法律、规范、标准和工程建设的合同文件，对工程建设进行监督和管理。其特点是外部的、横向的、不间断地控制。

（2）政府方面的质量控制

政府方面的质量控制是通过政府的质量监督机构来实现的，其目的在于维护社会公共利益，保证技术性法规和标准的贯彻执行。其特点是外部的、纵向的、定期或不定期地抽查。

（3）承包人方面的质量控制

承包人主要是通过建立健全质量保证体系，加强工序质量管理，严格实行“三检制”（即初检、复检、终检），避免返工，提高生产效率等方式来进行质量控制。其特点是内部的、自身的、连续的控制。

（二）工程项目质量的特点

建筑产品位置固定、生产流动性、项目单件性、生产一次性、受自然条件影响大等特点，决定了工程项目质量具有以下特点。

1. 影响因素多

影响工程质量的因素是多方面的，如人的因素、机械因素、材料因素、方法因素、环境因素等均直接或间接地影响着工程质量。尤其是水利水电工程项目主体工程的建设，一般由多家承包单位共同完成，故其质量形式较为复杂，影响因素多。

2. 质量波动大

由于工程建设周期长，在建设过程中易受到系统因素及偶然因素的影响，产品质量产生波动。

3. 质量变异大

由于影响工程质量的因素较多，任何因素的变异，均会引起工程项目的质量变异。

4. 质量具有隐蔽性

由于工程项目实施过程中，工序交接多，中间产品多，隐蔽工程多，取样数量受到各种因素、条件的限制，产生错误判断的概率增大。

5. 终检局限性大

建筑产品位置固定等自身特点，使质量检验时不能解体、拆卸，所以在工程项目终检验收时难以发现工程内在的、隐蔽的质量缺陷。

此外，质量、进度和投资目标三者之间既对立又统一的关系，使工程质量受到投资、进度的制约。因此，应针对工程质量的特点，严格控制质量，并将质量控制贯穿于项目建设的全过程。

（三）工程项目质量控制的原则

在工程项目建设过程中，对其质量进行控制应遵循以下几项原则。

1. 质量第一原则

“百年大计，质量第一”，工程建设与国民经济的发展和人民生活的改善息息相关。质量的好坏，直接关系到国家繁荣富强，关系到人民生命财产的安全，关系到子孙幸福，所以必须树立强烈的“质量第一”的思想。

要确立质量第一的原则，必须弄清并且摆正质量和数量、质量和进度之间的关系。不符合质量要求的工程，数量和进度都将失去意义，也没有任何使用价值，而且数量越多，进度越快，国家和人民遭受的损失也将越大。因此，好中求多，好中求快，好中求省，才是符合质量管理所要求的质量水平。

2. 预防为主原则

对于工程项目的质量，我们长期以来采取事后检验的方法，认为严格检查，就能保证质量，实际上这是远远不够的。应该从消极防守的事后检验变为积极预防的事先管理。因为好的建筑产品是好的设计、好的施工所产生的，不是检查出来的。必须在项目管理的全过程中，事先采取各种措施，消灭种种不符合质量要求的因素，以保证建筑产品质量。如果各质量因素（人、机、料、法、环）预先得到保证，工程项目的质量就有了可靠的前提条件。

3. 为用户服务原则

建设工程项目，是为了满足用户的要求，尤其要满足用户对质量的要求。真正好的质量是用户完全满意的质量。进行质量控制，就是要把为用户服务的原则，作为工程项目管理的出发点，贯穿到各项工作中去。同时，要在项目内部树立“下道工序就是用户”的思想。各个部门、各种工作、各种人员都有个前、后的工作顺序，在自己这道工序的工作一定要保证质量，凡达不到质量要求不能交给下道工序，一定要使“下道工序”这个用户感到满意。

4. 用数据说话原则

质量控制必须建立在有效的数据基础之上，必须依靠能够确切反映客观实际的数字和资料，否则就谈不上科学的管理。一切用数据说话，就需要用数理统计方法，对工程实体或工作对象进行科学的分析和整理，从而研究工程质量的波动情况，寻求影响工程质量的主次原因，采取改进质量的有效措施，掌握保证和提高工程质量的客观规律。

在很多情况下，我们评定工程质量，虽然也按规范标准进行检测计量，也有一些数据，但是这些数据往往不完整，不系统，没有按数理统计要求积累数据，抽样选点，所以难以汇总分析，有时只能统计加估计，抓不住质量问题，既不能完全表达工程的内在质量状态，也不能有针对性地进行质量教育，提高企业素质。所以，必须树立起“用数据说话”的意识，从积累的大量数据中，找出控制质量的规律性，以保证工程项目的优质建设。

（四）工程项目质量控制的任务

工程项目质量控制的任务就是根据国家现行的有关法规、技术标准和工程合同规定的工程建设各阶段质量目标实施全过程的监督管理。由于工程建设各阶段的质量目标不同，因此需要分别确定各阶段的质量控制对象和任务。

1. 工程项目决策阶段质量控制的任务

（1）审核可行性研究报告是否符合国民经济发展的长远规划、国家经济建设的方针政策。

（2）审核可行性研究报告是否符合工程项目建议书或业主的要求。

（3）审核可行性研究报告是否具有可靠的基础资料和数据。

（4）审核可行性研究报告是否符合技术经济方面的规范标准和定额等指标。

（5）审核可行性研究报告的内容、深度和计算指标是否达到标准要求。

2. 工程项目设计阶段质量控制的任务

（1）审查设计基础资料的正确性和完整性。

（2）编制设计招标文件，组织设计方案竞赛。

（3）审查设计方案的先进性和合理性，确定最佳设计方案。

（4）督促设计单位完善质量保证体系，建立内部专业交底及专业会签制度。

（5）进行设计质量跟踪检查，控制设计图纸的质量。在初步设计和技术设计阶段，主要检查生产工艺及设备的选型，总平面布置，建筑与设施的布置，采用的设计标准和主要技术参数；在施工图设计阶段，主要检查计算是否有错误，选用的材料和做法是否合理，标注的各部分设计标高和尺寸是否有错误，各专业设计之间是否有矛盾等。

3. 工程项目施工阶段质量控制的任务

施工阶段质量控制是工程项目全过程质量控制的关键环节。根据工程质量形成的时间，施工阶段的质量控制又可分为质量的事前控制、事中控制和事后控制，其中事前控制为重点控制。

（1）事前控制

①审查承包商及分包商的技术资质。

②协助承建商完善质量体系，包括完善计量及质量检测技术和手段等，同时对承包商的实验室资质进行考核。

③督促承包商完善现场质量管理制度，包括现场会议制度、现场质量检验制度、质量统计报表制度和质量事故报告及处理制度等。

④与当地质量监督站联系，争取其配合、支持和帮助。

⑤组织设计交底和图纸会审，对某些工程部位应下达质量要求标准。

⑥审查承包商提交的施工组织设计，保证工程质量具有可靠的技术措施。审核工程中采用的新材料、新结构、新工艺、新技术的技术鉴定书；对工程质量有重大影响的施工机械、设备，应审核其技术性能报告。

⑦对工程所需原材料、构配件的质量进行检查与控制。

⑧对永久性生产设备或装置，应按审批同意的设计图纸组织采购或订货，到场后进行检查验收。

⑨对施工场地进行检查验收。检查施工场地的测量标桩、建筑物的定位放线以及高程水准点，重要工程还应复核，落实现场障碍物的清理、拆除等。

⑩把好开工关。对现场各项准备工作检查合格后，方可发开工令；停工的工程，未发复工令者不得复工。

（2）事中控制

①督促承包商完善工序控制措施。工程质量是在工序中产生的，工序控制对工程质量起着决定性的作用。应把影响工序质量的因素都纳入控制状态中，建立质量管理点，及时检查和审核承包商提交的质量统计分析资料和质量控制图表。

②严格工序交接检查。主要工作作业包括隐蔽作业须按有关验收规定经检查验收后，方可进行下一工序的施工。

③重要的工程部位或专业工程（如混凝土工程）要做试验或技术复核。

④审查质量事故处理方案，并对处理效果进行检查。

⑤对完成的分项分部工程，按相应的质量评定标准和办法进行检查验收。

⑥审核设计变更和图纸修改。

⑦按合同行使质量监督权和质量否决权。

⑧组织定期或不定期的质量现场会议，及时分析、通报工程质量状况。

（3）事后控制

①审核承包商提供的质量检验报告及有关技术性文件。

②审核承包商提交的竣工图。

③组织联动试车。

④按规定的质量评定标准和办法，进行检查验收。

⑤组织项目竣工总验收。

⑥整理有关工程项目质量的技术文件，并编目、建档。

4. 工程项目保修阶段质量控制的任务

（1）审核承包商的工程保修书。

（2）检查、鉴定工程质量状况和工程使用情况。

（3）对出现的质量缺陷，确定责任人。

（4）督促承包商修复缺陷。

（5）在保修期结束后，检查工程保修状况，移交保修资料。

（五）工程项目质量影响因素的控制

在工程项目建设的各个阶段，对工程项目质量影响的主要因素就是“人、机、料、法、环”等五大方面。为此，应对这五个方面的因素进行严格的控制，以确保工程项目建设的质量。

1. 对“人”的因素的控制

人是工程质量的控制者，也是工程质量的“制造者”。工程质量的好与坏，与人的因素是密不可分的。控制人的因素，即调动人的积极性、避免人的失误等，是控制工程质量的关键因素。

（1）领导者的素质

领导者是具有决策权力的人，其整体素质是提高工作质量和工程质量的关键，因此在对承包商进行资质认证和选择时一定要考核领导者的素质。

（2）人的理论和技术水平

人的理论水平和技术水平是人的综合素质的表现，它直接影响工程项目质量，尤其是技术复杂，操作难度大，要求精度高，工艺新的工程对人员素质要求更高，否则，工程质量就很难保证。

（3）人体生理缺陷

根据工程施工的特点和环境，应严格控制人的生理缺陷，如高血压、心脏病的人，不能从事高空作业和水下作业；反应迟钝、应变能力差的人，不能操作快速运行、动作复杂的机械设备等，否则将影响工程质量，引起安全事故。

（4）人的心理行为

影响人的心理行为因素很多，而人的心理因素如疑虑、畏惧、抑郁等很容易使人产生愤怒、怨恨等情绪，使人的注意力转移，由此引发质量、安全事故。所以，在审核企业的资质水平时，要注意企业职工的凝聚力如何，职工的情绪如何，这也是选择企业的一条标准。

（5）人的错误行为

人的错误行为是指人在工作场地或工作中吸烟、打盹、错视、错听、误判断、误动作等，这些都会影响工程质量或造成质量事故。所以，在有危险的工作场所，应严格禁止吸烟、嬉戏等。

（6）人的违纪违章

人的违纪违章是指人的粗心大意、注意力不集中、不履行安全措施等不良行为，会对工程质量造成损害，甚至引起工程质量事故。所以，在使用人的问题上，应从思想素质、业务素质和身体素质等方面严格控制。

2. 对材料、构配件的质量控制

（1）材料质量控制的要点

①掌握材料信息，优选供货厂家。应掌握材料信息，优先选有信誉的厂家供货，对主要材料、构配件在订货前，必须经监理工程师论证同意后，才可订货。

②合理组织材料供应。应协助承包商合理地组织材料采购、加工、运输、储备。尽量加快材料周转，按质、按量、如期满足工程建设需要。

③合理地使用材料，减少材料损失。

④加强材料检查验收。用于工程上的主要建筑材料，进场时必须具备正式的出厂合格证和材质化验单。否则，应作补检。工程中所有各种构配件，必须具有厂家批号和出厂合格证。

凡是标志不清或质量有问题的材料，对质量保证资料有怀疑或与合同规定不相符的一般材料，应进行一定比例的材料试验，并需要追踪检验。对于进口的材料和设备以及重要工程或关键施工部位所用材料，则应进行全部检验。

⑤重视材料的使用认证，以防错用或使用不当。

（2）材料质量控制的内容

①材料质量的标准

材料质量的标准是用以衡量材料标准的尺度，并作为验收、检验材料质量的依据。其具体的材料标准指标可参见相关材料手册。

②材料质量的检验、试验

材料质量的检验目的是通过一系列的检测手段，将取得的材料数据与材料的质量标准相比较，用以判断材料质量的可靠性。

a. 材料质量的检验方法

书面检验：书面检验是通过对提供的材料质量保证资料、试验报告等进行审核，取得认可方能使用。

外观检验：外观检验是对材料从品种、规格、标志、外形尺寸等进行直观检查，看有无质量问题。

理化检验：理化检验是借助试验设备和仪器对材料样品的化学成分、机械性能等进行科学地鉴定。

无损检验：无损检验是在不破坏材料样品的前提下，利用超声波、X 射线、表面探伤仪等进行检测。

b. 材料质量检验程度

材料质量检验程度分为免检、抽检和全部检查三种。

免检：免检就是免去质量检验工序。对有足够质量保证的一般材料，以及实践证明质量长期稳定而且质量保证资料齐全的材料，可予以免检。

抽检：抽检是按随机抽样的方法对材料抽样检验。如对材料的性能不清楚，对质量保证资料有怀疑，或对成批生产的构配件，均应按一定比例进行抽样检验。

全检：对进口的材料、设备和重要工程部位的材料，以及贵重的材料，应进行全部检验，以确保材料和工程质量。

c. 材料质量检验项目

材料检验项目一般可分为一般检验项目和其他检验项目。

d. 材料质量检验的取样

材料质量检验的取样必须具有代表性，也就是所取样品的质量应能代表该批材料的质量。在采取试样时，必须按规定的部位、数量及采选的操作要求进行。

e. 材料抽样检验的判断

抽样检验是对一批产品（个数为 m）根据一次抽取 n 个样品进行检验，用其结果来判断该批产品是否合格。

③材料的选择和使用要求

材料的选择不当和使用不正确，会严重影响工程质量或造成工程质量事故。因此，在施工过程中，必须针对工程项目的特点和环境要求及材料的性能、质量标准、适用范围等多方面综合考察，慎重选择和使用材料。

3. 对方法的控制

对方法的控制主要是指对施工方案的控制，也包括对整个工程项目建设期内所采用的技术方案、工艺流程、组织措施、检测手段、施工组织设计等的控制。对一个工程项目而言，施工方案恰当与否，直接关系到工程项目质量，关系到工程项目的成败，所以应重视对方法的控制。这里说的方法控制，在工程施工的不同阶段，其侧重点也不相同，但都是围绕确保工程项目质量这个纲。

4. 对施工机械设备的控制

施工机械设备是工程建设不可缺少的设施，目前，工程建设的施工进度和施工质量都与施工机械关系密切。因此，在施工阶段，必须对施工机械的性能、选型和使用操作等方面进行控制。

（1）机械设备的选型

机械设备的选型应因地制宜，按照技术先进、经济合理、生产适用、性能可靠、使用安全、操作和维修方便等原则来选择施工机械。

（2）机械设备的主要性能参数

机械设备的性能参数是选择机械设备的主要依据，为满足施工的需要，在参数选择上可适当留有余地，但不能选择超出需要很多的机械设备，否则，容易造成经济上的不合理。机械设备的性能参数很多，要综合各参数，确定合适的施工机械设备。在这方面，要结合机械施工方案，择优选择机械设备，要严格把关，对不符合需要和有安全隐患的机械，不准进场。

（3）机械设备的使用、操作要求

合理使用机械设备，正确地进行操作，是保证工程项目施工质量的重要环节，应贯彻“人机固定”的原则，实行定机、定人、定岗位的制度。操作人员必须认真执行各项规章制度，严格遵守操作规程，防止出现安全质量事故。

5．对环境因素的控制

影响工程项目质量的环境因素很多，有工程技术环境、工程管理环境、劳动环境等。环境因素对工程质量的影响复杂而且多变，因此应根据工程特点和具体条件，对影响工程质量的环境因素严格控制。

二、质量体系建立与运行

（一）施工阶段的质量控制

1．质量控制的依据

施工阶段的质量管理及质量控制的依据，大体上可分为两类，即共同性依据及专门技术法规性依据。

共同性依据是指那些适用于工程项目施工阶段与质量控制有关的，具有普遍指导意义和必须遵守的基本文件。主要有工程承包合同文件，设计文件，国家和行业现行的有关质量管理方面的法律、法规文件。

工程承包合同中分别规定了参与施工建设的各方在质量控制方面的权利和义务，并据此对工程质量进行监督和控制。

有关质量检验与控制的专门技术法规性依据是指针对不同行业、不同的质量控制对象而制定的技术法规性的文件，主要包括：

（1）已批准的施工组织设计。它是承包单位进行施工准备和指导现场施工的规划性、指导性文件，详细规定了工程施工的现场布置，人员设备的配置，作业要求，施工工序和工艺，技术保证措施，质量检查方法和技术标准等，是进行质量控制的重要依据。

（2）合同中引用的国家和行业的现行施工操作技术规范、施工工艺规程及验收规范。它是维护正常施工的准则，与工程质量密切相关，必须严格遵守执行。

（3）合同中引用的有关原材料、半成品、配件方面的质量依据。如水泥、钢材、骨料等有关产品技术标准；水泥、骨料、钢材等有关检验、取样、方法的技术标准；有关材料验收、包装、标志的技术标准。

（4）制造厂提供的设备安装说明书和有关技术标准。这是施工安装承包人进行设备安装必须遵循的重要技术文件，也是进行检查和控制质量的依据。

2．质量控制的方法

施工过程中的质量控制方法主要有旁站检查、测量、试验等。

（1）旁站检查

旁站是指有关管理人员对重要工序（质量控制点）的施工所进行的现场监督和检查，以避免质量事故的发生。旁站也是驻地监理人员的一种主要现场检查形式。根据工程施工难度及复杂性，可采用全过程旁站、部分时间旁站两种方式。对容易产生缺陷的部位，或产生了缺陷难以补救的部位，以及隐蔽工程，应加强旁站检查。

在旁站检查中，必须检查承包人在施工中所用的设备、材料及混合料是否符合已批准的文件要求，检查施工方案、施工工艺是否符合相应的技术规范。

（2）测量

测量是对建筑物的尺寸控制的重要手段。应对施工放样及高程控制进行核查，不合格者不准开工。对模板工程、已完工程的几何尺寸、高程、宽度、厚度、坡度等质量指标，按规定要求进行测量验收，不符合规定要求的需进行返工。测量记录，均要事先经工程师审核签字后方可使用。

（3）试验

试验是工程师确定各种材料和建筑物内在质量是否合格的重要方法。所有工程使用的材料，都必须事先经过材料试验，质量必须满足产品标准，并经工程师检查批准后，方可使用。材料试验包括水源、粗骨料、沥青、土工织物等各种原材料，不同等级混凝土的配合比试验，外购材料及成品质量证明和必要的试验鉴定，仪器设备的校调试验，加工后的成品强度及耐用性检验，工程检查等。没有试验数据的工程不予验收。

3. 工序质量监控

（1）工序质量监控的内容

工序质量控制主要包括对工序活动条件的监控和对工序活动效果的监控。

①工序活动条件的监控

所谓工序活动条件监控，就是指对影响工程生产因素进行的控制。工序活动条件的控制是工序质量控制的手段。尽管在开工前对生产活动条件已进行了初步控制，但在工序活动中有的条件还会发生变化，使其基本性能达不到检验指标，这正是生产过程产生质量不稳定的重要原因。因此，只有对工序活动条件进行控制，才能达到对工程或产品的质量性能特性指标的控制。工序活动条件包括的因素较多，要通过分析，分清影响工序质量的主要因素，抓住主要矛盾，逐渐予以调节，以达到质量控制的目的。

②工序活动效果的监控

工序活动效果的监控主要反映在对工序产品质量性能的特征指标的控制上。通过对工序活动的产品采取一定的检测手段进行检验，根据检验结果分析、判断该工序活动的质量效果，从而实现对工序质量的控制，其步骤如下：首先是工序活动前的控制，主要要求人、材料、机械、方法或工艺、环境能满足要求；然后采用必要的手段和工具，对抽出的工序子样进行质量检验；应用质量统计分析工具（如直方图、控制图、排列图等）对检验所得的数据进行分析，找出这些质量数据所遵循的规律。根据质量数据分布规律的结果，判断质量是否正常；若出现异常情况，寻找原因，找出影响工序质量的因素，

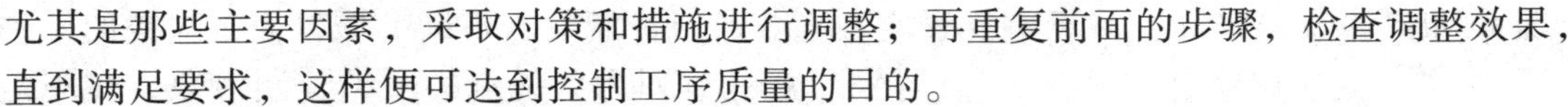

尤其是那些主要因素，采取对策和措施进行调整；再重复前面的步骤，检查调整效果，直到满足要求，这样便可达到控制工序质量的目的。

（2）工序质量监控实施要点

对工序活动质量监控，首先应确定质量控制计划，它是以完善的质量监控体系和质量检查制度为基础。一方面，工序质量控制计划要明确规定质量监控的工作程序、流程和质量检查制度；另一方面，需进行工序分析，在影响工序质量的因素中，找出对工序质量产生影响的重要因素，进行主动的、预防性的重点控制。例如，在振捣混凝土这一工序中，振捣的插点和振捣时间是影响质量的主要因素，为此，应加强现场监督并要求施工单位严格予以控制。

同时，在整个施工活动中，应采取连续的动态跟踪控制，通过对工序产品的抽样检验，判定其产品质量波动状态，若工序活动处于异常状态，则应查出影响质量的原因，采取措施排除系统性因素的干扰，使工序活动恢复到正常状态，从而保证工序活动及其产品质量。此外，为确保工程质量，应在工序活动过程中设置质量控制点，进行预控。

（3）质量控制点的设置

质量控制点的设置是进行工序质量预防控制的有效措施。质量控制点是指为保证工程质量而必须控制的重点工序、关键部位、薄弱环节。应在施工前，全面、合理地选择质量控制点，并对设置质量控制点的情况及拟采取的控制措施进行审核。必要时，应对质量控制实施过程进行跟踪检查或旁站监督，以确保质量控制点的施工质量。

设置质量控制点的对象，主要有以下几方面：

①关键的分项工程。如大体积混凝土工程，土石坝工程的坝体填筑，隧洞开挖工程等。

②关键的工程部位。如混凝土面板堆石坝面板趾板及周边缝的接缝，土基上水闸的地基基础，预制框架结构的梁板节点，关键设备的设备基础等。

③薄弱环节。指经常发生或容易发生质量问题的环节，或承包人无法把握的环节，或采用新工艺（材料）施工的环节等。

④关键工序。如钢筋混凝土工程的混凝土振捣，灌注桩钻孔，隧洞开挖的钻孔布置、方向、深度、用药量和填塞等。

⑤关键工序的关键质量特性。如混凝土的强度、耐久性，土石坝的干容重、黏性土的含水率等。

⑥关键质量特性的关键因素。如冬季混凝土强度的关键因素是环境（养护温度），支模的关键因素是支撑方法，泵送混凝土输送质量的关键因素是机械，墙体垂直度的关键因素是人等。

控制点的设置应准确有效，因此究竟选择哪些作为控制点，需要由有经验的质量控制人员进行选择。

（4）见证点、停止点的概念

在工程项目实施控制中，通常是由承包人在分项工程施工前制定施工计划时，就选定设置控制点，并在相应的质量计划中进一步明确哪些是见证点，哪些是停止点。所谓见证点和停止点是国际上对于重要程度不同及监督控制要求不同的质量控制对象的一种区分方式。见证点监督也称为W点监督。凡是被列为见证点的质量控制对象，在规定的控制点施工前，施工单位应提前24 h通知监理人员在约定的时间内到现场进行见证并实施监督。如监理人员未按约定到场，施工单位有权对该点进行相应的操作和施工。停止点也称为待检查点或H点，它的重要性高于见证点，是针对那些由于施工过程或工序施工质量不易或不能通过其后的检验和试验而充分得到论证的“特殊过程”或“特殊工序”而言的。凡被列入停止点的控制点，要求必须在该控制点来临之前24 h通知监理人员到场实验监控，如监理人员未能在约定时间内到达现场，施工单位应停止该控制点的施工，并按合同规定等待监理方，未经认可不能超过该点继续施工，如水闸闸墩混凝土结构在钢筋架立后，混凝土浇筑之前，可设置停止点。

在施工过程中，应加强旁站和现场巡查的监督检查；严格实施隐蔽式工程工序间交接检查验收、工程施工预检等检查监督；严格执行对成品保护的质量检查。只有这样才能及早发现问题，及时纠正，防患于未然，确保工程质量，避免导致工程质量事故。

为了对施工期间的各分部、分项工程的各工序质量实施严密、细致和有效的监督、控制，应认真地填写跟踪档案，即施工和安装记录。

（二）全面质量管理的理论

全面质量管理（简称TQM）是企业管理的中心环节，是企业管理的纲，它和企业的经营目标是一致的。这就是要求将企业的生产经营管理和质量管理有机地结合起来。

1. 全面质量管理的基本概念

全面质量管理是以组织全员参与为基础的质量管理模式，它代表了质量管理的最新阶段，最早起源于美国，菲根堡姆指出：全面质量管理是为了能够在最经济的水平上，并充分考虑到满足用户的要求的条件下进行市场研究、设计、生产和服务，把企业内各部门研制质量，维持质量和提高质量的活动构成为一体的一种有效体系。他的理论经过世界各国的继承和发展，得到了进一步的扩展和深化。全面质量管理是一个组织以质量为中心，以全员参与为基础，目的在于通过让顾客满意和本组织所有成员及社会受益而达到长期成功的管理途径。

2. 全面质量管理的基本要求

（1）全过程的管理

任何一个工程（和产品）的质量，都有一个产生、形成和实现的过程；整个过程是由多个相互联系、相互影响的环节所组成的，每一环节都或重或轻地影响着最终的质量状况。因此，要搞好工程质量管理，必须把形成质量的全过程和有关因素控制起来，形成一个综合的管理体系，做到以防为主，防检结合，重在提高。

（2）全员的质量管理

工程（产品）的质量是企业各方面、各部门、各环节工作质量的反映。每一环节，每一个人的工作质量都会不同程度地影响着工程（产品）最终质量。工程质量人人有责，只有人人都关心工程的质量，做好本职工作，才能生产出好质量的工程。

（3）全企业的质量管理

全企业的质量管理一方面要求企业各管理层次都要有明确的质量管理内容，各层次的侧重点要突出，每个部门应有自己的质量计划、质量目标和对策，层层控制；另一方面就是要把分散在各部门的质量职能发挥出来。

（4）多方法的管理

影响工程质量的因素越来越复杂：既有物质的因素，又有人为的因素；既有技术因素，又有管理因素；既有内部因素，又有企业外部因素。要搞好工程质量，就必须把这些影响因素控制起来，分析它们对工程质量的不同影响。灵活运用各种现代化管理方法来解决工程质量问题。

3. 全面质量管理的基本指导思想

（1）质量第一、以质量求生存

任何产品都必须达到所要求的质量水平，否则就没有或未实现其使用价值，从而给消费者、给社会带来损失。从这个意义上讲，质量必须是第一位的。贯彻“质量第一”就要求企业全员，尤其是领导层，要有强烈的质量意识；要求企业在确定质量目标时，首先应根据用户或市场的需求，科学地确定质量目标，并安排人力、物力、财力予以保证。当质量与数量、社会效益与企业效益、长远利益与眼前利益发生矛盾时，应把质量、社会效益和长远利益放在首位。

“质量第一”并非“质量至上”。质量不能脱离当前的市场水准，也不能不问成本一味地讲求质量。应该重视质量成本的分析，把质量与成本加以统一，确定最适合的质量。

（2）用户至上

在全面质量管理中，这是一个十分重要的指导思想。“用户至上”就是要树立以用户为中心，为用户服务的思想。要使产品质量和服务质量尽可能满足用户的要求。产品质量的好坏最终应以用户的满意程度为标准。这里，所谓用户是广义的，不仅指产品出厂后的直接用户，而且指在企业内部，下道工序是上道工序的用户。如混凝土工程，模板工程的质量直接影响混凝土浇筑这一下道关键工序的质量。每道工序的质量不仅影响下道工序质量，也会影响工程进度和费用。

（3）质量是设计、制造出来的，而不是检验出来的

在生产过程中，检验是重要的，它可以起到不允许不合格品出厂的把关作用，同时还可以将检验信息反馈到有关部门。但影响产品质量好坏的真正原因并不在检验，而主要在于设计和制造。设计质量是先天性的，在设计的时候就已经决定了质量的等级和水平；而制造只是实现设计质量，是符合性质的。二者不可偏废，都应重视。

（4）强调用数据说话

这就是要求在全面质量管理工作中具有科学的工作作风，在研究问题时不能满足于一知半解和表面，对问题不仅有定性分析还尽量有定量分析，做到心中有“数”，这样才可以避免主观盲目性。

在全面质量管理中广泛地采用了各种统计方法和工具，其中用得最多的有“七种工具”，即因果图、排列图、直方图、相关图、控制图、分层法和调查表。常用的数理统计方法有回归分析、方差分析、多元分析、实验分析、时间序列分析等。

（5）突出人的积极因素

从某种意义上讲，在开展质量管理活动过程中，人的因素是最积极、最重要的因素。与质量检验阶段和统计质量控制阶段相比较，全面质量管理阶段格外强调调动人的积极因素的重要性。这是因为现代化生产多为大规模系统，环节众多，联系密切复杂，远非单纯靠质量检验或统计方法就能奏效的。必须调动人的积极因素，加强质量意识，发挥人的主观能动性，以确保产品和服务的质量。全面质量管理的特点之一就是全体人员参加的管理。“质量第一，人人有责”。

要增强质量意识，调动人的积极因素，一靠教育，二靠规范，需要通过教育培训和考核，同时还要依靠有关质量的立法以及必要的行政手段等各种激励及处罚措施。

4. 全面质量管理的工作原则

（1）预防原则

在企业的质量管理工作中，要认真贯彻预防为主的原则，凡事要防患于未然。在产品制造阶段应该采用科学方法对生产过程进行控制，尽量把不合格品消灭在发生之前。在产品的检验阶段，不论是对最终产品或是在制品，都要把质量信息及时反馈并认真处理。

（2）经济原则

全面质量管理强调质量，但无论质量保证的水平或预防不合格的深度都是没有止境的，必须考虑经济性，建立合理的经济界限，这就是所谓经济原则。因此，在产品设计制定质量标准时，在生产过程进行质量控制时，在选择质量检验方式为抽样检验或全数检验时等场合，都必须考虑其经济效益。

（3）协作原则

协作是大生产的必然要求。生产和管理分工越细，就越要求协作。一个具体单位的质量问题往往涉及许多部门，如无良好的协作是很难解决的。因此，强调协作是全面质量管理的一条重要原则，也反映了系统科学全局观点的要求。

（4）按照 PDCA 循环组织活动

PDCA 循环是质量体系活动所应遵循的科学工作程序，周而复始，内外嵌套，循环不已，以求质量不断提高。

5. 全面质量管理的运转方式

质量保证体系运转方式是按照计划（P）、执行（D）、检查（C）、处理（A）的管理循环进行的。它包括四个阶段和八个工作步骤。

（1）四个阶段

①计划阶段

按使用者要求，根据具体生产技术条件，找出生产中存在的问题及其原因，拟定生产对策和措施计划。

②执行阶段

按预定对策和生产措施计划，组织实施。

③检查阶段

对生产成品进行必要的检查和测试，即把执行的工作结果与预定目标对比，检查执行过程中出现的情况和问题。

④处理阶段

把经过检查发现的各种问题及用户意见进行处理。凡符合计划要求的予以肯定，成文标准化。对不符合设计要求和不能解决的问题，转入下一循环以进一步研究解决。

（2）八个步骤

①分析现状，找出问题，不能凭印象和表面作判断。结论要用数据表示。

②分析各种影响因素，要把可能因素一一加以分析。

③找出主要影响因素，要努力找出主要因素进行解剖，才能改进工作，提高产品质量。

④研究对策，针对主要因素拟定措施，制定计划，确定目标。以上属P阶段工作内容。

⑤执行措施为D阶段的工作内容。

⑥检查工作成果，对执行情况进行检查，找出经验教训，为C阶段的工作内容。

⑦巩固措施，制定标准，把成熟的措施订成标准（规程、细则）形成制度。

⑧遗留问题转入下一个循环。

（3）PDCA循环的特点

①四个阶段缺一不可，先后次序不能颠倒。就好像一只转动的车轮，在解决质量问题中滚动前进逐步使产品质量提高。

②企业的内部PDCA循环各级都有，整个企业是一个大循环，企业各部门又有自己的循环。大循环是小循环的依据，小循环又是大循环的具体和逐级贯彻落实的体现。

③PDCA循环不是在原地转动，而是在转动中前进。每个循环结束，质量便提高一步。PDCA循环上升表明每一个PDCA循环都不是在原地周而复始地转动，而是像爬楼梯那样，每转一个循环都有新的目标和内容。因而就意味前进了一步，从原有水平上升到了新的水平，每经过一次循环，也就解决了一批问题，质量水平就有新的提高。

④A阶段是一个循环的关键，这一阶段（处理阶段）的目的在于总结经验，巩固成果，纠正错误，以利于下一个管理循环。为此必须把成功和经验纳入标准，定为规程，使之标准化、制度化，以便在下一个循环中遵照办理，使质量水平逐步提高。

必须指出，质量的好坏反映了人们质量意识的强弱，也反映了人们对提高产品质量意义的认识水平。有了较强的质量意识，还应使全体人员对全面质量管理的基本思想和方法有所了解。这就需要开展全面质量管理，必须加强质量教育的培训工作，贯彻执行质量责任制并形成制度，持之以恒，才能使工程施工质量水平不断提高。

三、工程质量事故的处理

工程建设项目不同于一般工业生产活动，其项目实施的一次性、生产组织特有的流动性、综合性、劳动的密集性、协作关系的复杂性和环境的影响，均导致建筑工程质量事故具有复杂性、严重性、可变性及多发性的特点，事故是很难完全避免的。因此，必须加强组织措施、经济措施和管理措施，严防事故发生，对发生的事故应调查清楚，按有关规定进行处理。

需要指出的是，不少事故开始时经常只被认为是一般的质量缺陷，容易被忽视。随着时间的推移，待认识到这些质量缺陷问题的严重性时，则往往处理困难，或难以补救，或导致建筑物失事。因此，除明显的不会有严重后果的缺陷外，对其他的质量问题，均应分析，进行必要处理，并做出处理意见。

（一）工程事故的分类

凡水利工程在建设中或完工后，由于设计、施工、监理、材料、设备、工程管理和咨询等方面造成工程质量不符合规程、规范和合同要求的质量标准，影响工程的使用寿命或正常运行，一般需作补救措施或返工处理的，统称为工程质量事故。日常所说的事故大多指施工质量事故。

在水利工程中，按对工程的耐久性和正常使用的影响程度，检查和处理质量事故对工期影响时间的长短以及直接经济损失的大小，将质量事故分为一般质量事故、较大质量事故、重大质量事故和特大质量事故。

一般质量事故是指对工程造成一定经济损失，经处理后不影响正常使用，不影响工程使用寿命的事故。小于一般质量事故的统称为质量缺陷。

较大质量事故是指对工程造成较大经济损失或延误较短工期，经处理后不影响正常使用，但对工程使用寿命有较大影响的事故。

重大质量事故是指对工程造成重大经济损失或延误较长工期，经处理后不影响正常使用，但对工程使用寿命有较大影响的事故。

特大质量事故是指对工程造成特大经济损失或长时间延误工期，经处理后仍对工程正常使用和使用寿命有较大影响的事故。

《水利工程质量事故处理暂行规定》规定：一般质量事故，它的直接经济损失在20万～100万元，事故处理的工期在一个月内，且不影响工程的正常使用与寿命。一般建筑工程对事故的分类略有不同，主要表现在经济损失大小之规定。

（二）工程事故的处理方法

1. 事故发生的原因

工程质量事故发生的原因很多，最基本的还是人、机械、材料、工艺和环境几方面。一般可分直接原因和间接原因两类。

直接原因主要有人的行为不规范和材料、机械的不符合规定状态。如设计人员不按规范设计、监理人员不按规范进行监理，施工人员违反规程操作等，属于人的行为不规范；又如水泥、钢材等某些指标不合格，属于材料不符合规定状态。

间接原因是指质量事故发生地的环境条件，如施工管理混乱，质量检查监督失职，质量保证体系不健全等。间接原因往往导致直接原因的发生。

事故原因也可从工程建设的参建各方来寻查，业主、监理、设计、施工和材料、机械、设备供应商的某些行为或各种方法也会造成质量事故。

2. 事故处理的目的

工程质量事故分析与处理的目的主要是：正确分析事故原因，防止事故恶化；创造正常的施工条件；排除隐患，预防事故发生；总结经验教训，区分事故责任；采取有效的处理措施，尽量减少经济损失，保证工程质量。

3. 事故处理的原则

质量事故发生后，应坚持“三不放过”的原则，即事故原因不查清不放过，事故主要责任人和职工未受到教育不放过，补救措施不落实不放过。

发生质量事故，应立即向有关部门（业主、监理单位、设计单位和质量监督机构等）汇报，并提交事故报告。

由质量事故而造成的损失费用，坚持事故责任是谁由谁承担的原则。如责任在施工承包商，则事故分析与处理的一切费用由承包商自己负责；施工中事故责任不在承包商，则承包商可依据合同向业主提出索赔；若事故责任在设计或监理单位，应按照有关合同条款给予相关单位必要的经济处罚。构成犯罪的，移交司法机关处理。

4. 事故处理的程序和方法

事故处理的程序是：

（1）下达工程施工暂停令；

（2）组织调查事故；

（3）事故原因分析；

（4）事故处理与检查验收；

（5）下达复工令。

事故处理的方法有两大类：

第一，修补。这种方法适用于通过修补可以不影响工程的外观和正常使用的质量事故，此类事故是施工中多发的。

第二，返工。这类事故严重违反规范或标准，影响工程使用和安全，且无法修补，必须返工。

有些工程质量问题，虽严重超过了规程、规范的要求，已具有质量事故的性质，但可针对工程的具体情况，通过分析论证，不需作专门处理，但要记录在案。如混凝土蜂窝、麻面等缺陷，可通过涂抹、打磨等方式处理；欠挖或模板问题使结构断面被削弱，经设计复核验算，仍能满足承载要求的，也可不作处理，但必须记录在案，并有设计和监理单位的鉴定意见。

第二节　水利工程进度管理

施工管理水平对于缩短建设工期，降低工程造价，提高施工质量，保证施工安全至关重要。施工管理工作涉及施工、技术、经济等活动。其管理活动是从制定计划开始，通过计划的制定，进行协调与优化，确定管理目标；然后在实施过程中按计划目标进行指挥、协调与控制；根据实施过程中反馈的信息调整原来的控制目标，通过施工项目的计划、组织、协调与控制，实现施工管理的目标。

一、进度的概念

进度通常是指工程项目实施结果的进展情况，在工程项目实施过程中要消耗时间（工期）、劳动力、材料、成本等才能完成项目的任务。当然，项目实施结果应该以项目任务的完成情况，如工程的数量来表述。但由于工程项目对象系统（技术系统）的复杂性，常常很难选定一个恰当的、统一的指标来全面反映工程的进度。有时时间和费用与计划都吻合，但工程实物进度（工作量）未达到目标，则后期就必须投入更多的时间和费用。

在现代工程项目管理中，人们已赋予进度以综合的含义，它将工程项目任务、工期、成本有机地结合起来，形成一个综合的指标，能全面反映项目的实施状况。进度控制已不只是传统的工期控制，而且还将工期与工程实物、成本、劳动消耗、资源等统一起来。

二、进度指标

进度控制的基本对象是工程活动。它包括项目结构图上各个层次的单元，上至整个项目，下至各个工作包（有时直到最低层次网络上的工程活动）。项目进度状况通常是通过各工程活动完成程度（百分比）逐层统计汇总计算得到的。进度指标的确定对进度的表达、计算、控制有很大影响。由于一个工程有不同的子项目、工作包，它们工作内容和性质不同，必须挑选一个共同的、对所有工程活动都适用的计量单位。

（一）持续时间

持续时间（工程活动的或整个项目的）是进度的重要指标。人们常用已经使用的工期与计划工期相比较以描述工程完成程度。例如计划工期 2 年，现已经进行了 1 年，则工期已达 50%。一个工程活动，计划持续时间为 30d，现已经进行了 15d，则已完成 50%。但通常还不能说工程进度已达 50%，因为工期与人们通常概念上的进度是不一致的，工程的效率和速度不是一条直线，如通常工程项目开始时工作效率很低，进度慢。

到工程中期投入最大，进度最快。而后期投入又较少，所以工期下来一半，并不能表示进度达到了一半，何况在已进行的工期中还存在各种停工、窝工、干扰作用，实际效率可能远低于计划的效率。

（二）按工程活动的结果状态数量描述

这主要针对专门的领域，其生产对象简单、工程活动简单。例如：对设计工作按资料数量（图纸、规范等）；混凝土工程按体积（墙、基础、柱）；设备安装按吨位；管道、道路按长度；预制件按数量或重量、体积；运输量以吨、千米；土石方以体积或运载量等。

特别当项目的任务仅为完成这些分部工程时，以它们作指标比较反映实际。

（三）已完成工程的价值量

已完成工程的价值量即用已经完成的工作量与相应的合同价格（单价），或预算价格计算。它将不同种类的分项工程统一起来，能够较好地反映工程的进度状况，这是常用的进度指标。

（四）资源消耗指标

最常用的有劳动工时、机械台班、成本的消耗等。它们有统一性和较好的可比性，即各个工程活动直到整个项目都可用它们作为指标，这样可以统一分析尺度。但在实际工程中要注意如下问题：

（1）投入资源数量和进度有时会有背离，会产生误导。例如某活动计划需 100 工时，现已用了 60 工时，则进度已达 60%。这仅是偶然的，计划劳动效率和实际效率不会完全相等。

（2）由于实际工作量和计划经常有差别，即计划 100 工时，由于工程变更，工作难度增加，工作条件变化，应该需要 120 工时。现完成 60 工时，实质上仅完成 50%，而不是 60%，所以只有当计划正确（或反映最新情况），并按预定的效率施工时才得到正确的结果。

（3）用成本反映工程进度是经常的，但这里有如下因素要剔除：

①不正常原因造成的成本损失，如返工、窝工、工程停工。

②由于价格原因（如材料涨价、工资提高）造成的成本的增加。

③考虑实际工程量，工程（工作）范围的变化造成的影响。

三、进度控制和工期控制

工期和进度是两个既互相联系，又有区别的概念。

由于工期计划可以得到各项目单元的计划工期的各个时间参数。它分别表示各层次的项目单元（包括整个项目）的持续、开始和结束时间、允许的变动余地（各种时差）等，它们作为项目的目标之一。

工期控制的目的是使工程实施活动与上述工期计划在时间上吻合，即保证各工程活动按计划及时开工、按时完成，保证总工期不推迟。

进度控制的总目标与工期控制是一致的，但控制过程中它不仅追求时间上的吻合，而且还追求在一定的时间内工作量的完成程度（劳动效率和劳动成果）或消耗的一致性。

（1）工期常常作为进度的一个指标，它在表示进度计划及其完成情况时有重要作用，所以进度控制首先表现为工期控制，有效的工期控制能达到有效的进度控制，但仅用工期表达进度会产生误导。

（2）进度的拖延最终会表现为工期拖延。

（3）进度的调整常常表现为对工期的调整，为加快进度，改变施工次序、增加资源投入，则意味着通过采取措施使总工期提前。

四、进度控制的过程

（1）采用各种控制手段保证项目及各个工程活动按计划及时开始，在工程过程中记录各工程活动的开始和结束时间及完成程度。

（2）在各控制期末（如月末、季末，一个工程阶段结束）将各活动的完成程度与计划对比，确定整个项目的完成程度，并结合工期、生产成果、劳动效率、消耗等指标，评价项目进度状况，分析其中的问题。

（3）对下期工作作出安排，对一些已开始、但尚未结束的项目单元的剩余时间作估算，提出调整进度的措施，根据已完成状况作新的安排和计划，调整网络（如变更逻辑关系、延长或缩短持续时间、增加新的活动等），重新进行网络分析，预测新的工期状况。

（4）对调整措施和新计划作出评审，分析调整措施的效果，分析新的工期是否符合目标要求。

五、进度拖延原因分析及解决措施

（一）进度拖延原因分析

项目管理者应按预定的项目计划定期评审实施进度情况，分析并确定拖延的根本原因。进度拖延是工程项目过程中经常发生的现象，各层次的项目单元，各个阶段都可能出现延误，分析进度拖延的原因可以采用许多方法，如下所述：

第一，通过工程活动（工作包）的实际工期记录与计划对比确定被拖延的工程活动及拖延量；

第二，采用关键线路分析的方法确定各拖延对总工期的影响。由于各工程活动（工作包）在网络中所处的位置（关键线路或非关键线路）不同，它们对整个工期拖延影响不同。

第三，采用因果关系分析图（表）、影响因素分析表、工程量、劳动效率对比分析等方法，详细分析各工程活动（工作包）对整个工期拖延的影响因素及各因素影响量的大小。

进度拖延的原因是多方面的，常见的有以下几种。

1. 工期及计划的失误

计划失误是常见的现象。人们在计划期将持续时间安排得过于乐观，包括：

（1）计划时忘记（遗漏）部分必需的功能或工作。

（2）计划值（例如计划工作量、持续时间）不足，相关的实际工作量增加。

（3）资源或能力不足，例如计划时没考虑到资源的限制或缺陷，没有考虑如何完成工作。

（4）出现了计划中未能考虑到的风险或状况，未能使工程实施达到预定的效率。

（5）在现代工程中，上级（业主、投资者、企业主管）常常在一开始就提出很紧迫的工期要求，使承包商或其他设计人、供应商的工期太紧，而且许多业主为了缩短工期，常常压缩承包商的做标期、前期准备的时间。

2. 边界条件变化

（1）工作量的变化，可能是由于设计的修改，设计的错误、业主新的要求、修改项目的目标及系统范围的扩展造成的。

（2）外界（如政府、上层系统）对项目新的要求或限制，设计标准的提高可能造成项目资源的缺乏，使得工程无法及时完成。

（3）环境条件的变化，如不利的施工条件不仅造成对工程实施过程的干扰，有时直接要求调整原来已确定的计划。

（4）发生不可抗力事件，如地震、台风、战争等。

3. 管理过程中的失误

（1）计划部门与实施者之间，总分包商之间，业主与承包商之间缺少沟通。

（2）工程实施者缺乏工期意识，例如管理者拖延了图纸的供应和批准，任务下达时缺少必要的工期说明和责任落实，拖延了工程活动。

（3）项目参加单位对各个活动（各专业工程和供应）之间的逻辑关系（活动链）没有清楚地了解，下达任务时也没有作详细的解释，同时对活动的必要的前提条件准备不足，各单位之间缺少协调和信息沟通，许多工作脱节，资源供应出现问题。

（4）其他方面未完成项目计划规定的任务造成拖延。例如设计单位拖延设计、运输不及时、上级机关拖延批准手续、质量检查拖延、业主不果断处理问题等。

（5）承包商没有集中力量施工，材料供应拖延，资金缺乏，工期控制不紧。这可能是承包商同期工程太多，力量不足造成的。

（6）业主没有集中资金的供应，拖欠工程款，或业主的材料、设备供应不及时。

4. 其他原因

采取其他调整措施造成工期的拖延，如设计的变更，质量问题的返工，实施方案的修改。

（二）解决进度拖延的措施

1. 基本策略

对已产生的进度拖延可以有如下的基本策略：

（1）采取积极的措施赶工，以弥补或部分地弥补已经产生的拖延。主要通过调整后期计划，采取措施赶工，修改网络等方法解决进度拖延问题。

（2）不采取特别的措施，在目前进度状态的基础上，仍按照原计划安排后期工作。但通常情况下，拖延的影响会越来越大。有时刚开始仅一两周的拖延，到最后会导致一年拖延的结果。这是一种消极的办法，最终结果必然损害工期目标和经济效益，如被工期罚款，由于不能及时投产而不能实现预期收益。

2. 可以采取的赶工措施

与在计划阶段压缩工期一样，解决进度拖延有许多方法，但每种方法都有它的适用条件、限制，必然会带来一些负面影响。在人们以往的讨论以及实际工作中，都将重点集中在时间问题上，这是不对的。许多措施常常没有效果，或引起其他更严重的问题，最典型的是增加成本开支、现场的混乱和引起质量问题。所以，应该将它作为一个新的计划过程来处理。

在实际工程中经常采用如下赶工措施：

（1）增加资源投入，例如增加劳动力、材料、周转材料和设备的投入量，这是最常用的办法。它会带来如下问题：

①造成费用增加，如增加人员的调遣费用、周转材料一次性费用、设备的进出场费用。

②由于增加资源造成资源使用效率的降低。

③加剧资源供应困难，如有些资源没有增加的可能性，加剧项目之间或工序之间对资源激烈的竞争。

（2）重新分配资源，例如将服务部门的人员投入到生产中去，投入风险准备资源，采用加班或多班制工作。

（3）减少工作范围，包括减少工作量或删去一些工作包（或分项工程）。但这可能产生如下影响：

①损害工程的完整性、经济性、安全性、运行效率，或提高项目运行费用。

②必须经过上层管理者，如投资者、业主的批准。

（4）改善工具器具以提高劳动效率。

（5）提高劳动生产率，主要通过辅助措施和合理的工作过程，这里要注意如下问题：

①加强培训，通常培训应尽可能地提前；

②注意工人级别与工人技能的协调；

③工作中的激励机制，例如奖金、小组精神发扬、个人负责制、目标明确；

④改善工作环境及项目的公用设施（需要花费）；

⑤项目小组时间上和空间上合理地组合和搭接；

⑥避免项目组织中的矛盾，多沟通。

（6）将部分任务转移，如分包、委托给另外的单位，将原计划由自己生产的结构构件改为外购等。当然，这不仅有风险，产生新的费用，而且需要增加控制和协调工作。

（7）改变网络计划中工程活动的逻辑关系，如将前后顺序工作改为平行工作，或采用流水施工的方法。这又可能产生如下问题：

①工程活动逻辑上的矛盾性；

②资源的限制，平行施工要增加资源的投入强度，尽管投入总量不变；

③工作面限制及由此产生的现场混乱和低效率问题。

（8）将一些工作包合并，特别是在关键线路上按先后顺序实施的工作包合并，与实施者一道研究，通过局部的调整实施过程和人力、物力的分配，达到缩短工期。

通常，A_1、A_2 两项工作如果由两个单位分包按次序施工，则持续时间较长。而如果将它们合并为 A，由一个单位来完成，则持续时间大大地缩短。这是由于：

①两个单位分别负责，则它们都经过前期准备低效率，正常施工，后期低效率过程，则总的平均效率很低。

②由于由两个单位分别负责，中间有一个对 A_1 工作的检查、打扫和场地交接和对 A_2 工作准备的过程，会使工期延长，这由分包合同或工作任务单所决定的。

③如果合并由一个单位完成，则平均效率会较高，而且许多工作能够穿插进行。

④实践证明。采用“设计—施工”总承包，或项目管理总承包，比分阶段、分专业平行包工期会大大缩短。

⑤修改实施方案，例如将现浇混凝土改为场外预制、现场安装，这样可以提高施工速度。例如在一国际工程中，原施工方案为现浇混凝土，工期较长。进一步调查发现该国技术木工缺乏，劳动力的素质和可培训性较差，无法保证原工期，后来采用预制装配施工方案，则大大缩短了工期。当然，这一方面必须有可用的资源，另一方面又考虑会时间造成成本的超支。

3. 应注意的问题

在选择措施时，要考虑到：

第一，赶工应符合项目的总目标与总战略；

第二，措施应是有效的、可以实现的；

第三，花费比较省；

第四，对项目的实施、承包商、供应商的影响面较小。

在制订后续工作计划时，这些措施应与项目的其他过程协调。

在实际工作中，人们常常采用了许多事先认为有效的措施，但实际效力却很小，常常达不到预期的缩短工期的效果。这是由于：

第一，这些计划是无正常计划期状态下的计划，常常是不周全的。

第二，缺少协调，没有将加速的要求、措施、新的计划、可能引起的问题通知相关各方，如其他分包商、供应商、运输单位、设计单位。

第三，人们对以前造成拖延的问题的影响认识不清。例如由于外界干扰，到目前为止已造成两周的拖延，实质上，这些影响是有惯性的，还会继续扩大。所以，即使现在采取措施，在一段时间内，其效果是很小的，拖延仍会继续扩大。

第八章 水利工程施工安全与环境安全管理

第一节 水利工程施工安全管理

一、安全生产事故的应急救援

（一）基本概念

1. 应急预案

应急预案是指针对可能发生的事故，为迅速、有序地开展应急行动而预先制定的行动方案。

2. 应急准备

应急准备是指针对可能发生的事故，为迅速、有序地开展应急行动而预先进行的组织准备和应急保障。

3. 应急响应

应急响应是指事故发生后，有关组织或人员采取的应急行动。

4. 应急救援

应急救援是指在应急响应过程中，为消除、减少事故危害，防止事故扩大或恶化，最大限度地降低事故造成的损失或危害而采取的救援措施或行动。

5. 恢复

恢复是指事故的影响得到初步控制后，为使生产、工作、生活和生态环境尽快恢复到正常状态而采取的措施或行动。

6. 综合应急预案

综合应急预案是从总体上阐述处理事故的应急方针、政策，应急组织结构及相关应急职责，应急行动、措施和保障等基本要求和程序，是应对各类事故的综合性文件。

7. 专项应急预案

专项应急预案是针对具体的事故类别（如煤矿瓦斯爆炸、危险化学品泄漏等事故）、危险源和应急保障而制定的计划或方案，是综合应急预案的组成部分，应按照综合应急预案的程序和要求组织制定，并作为综合应急预案的附件。专项应急预案应制定明确的救援程序和具体的应急救援措施。

8. 现场处置方案

现场处置方案是针对具体的装置、场所或设施、岗位所制定的应急处置措施。现场处置方案应具体、简单、针对性强。现场处置方案应根据风险评估及危险性控制措施逐一编制，做到事故相关人员应知应会，熟练掌握，并通过应急演练，做到迅速反应、正确处置。

（二）综合应急预案的主要内容

1. 总则

（1）编制目的

简述应急预案编制的目的、作用等。

（2）编制依据

简述应急预案编制所依据的法律法规、规章，以及有关行业管理规定、技术规范和标准等。

（3）适用范围

说明应急预案适用的区域范围，以及事故的类型、级别。

（4）应急预案体系

说明本单位应急预案体系的构成情况。

（5）应急工作原则

说明本单位应急工作的原则，内容应简明扼要、明确具体。

2. 生产经营单位的危险性分析

（1）生产经营单位概况

主要包括单位地址、从业人数、隶属关系、主要原材料、主要产品、产量等内容，以及周边重大危险源、重要设施、目标、场所和周边布局情况。必要时，可附平面图进行说明。

（2）危险源与风险分析

主要阐述本单位存在的危险源及风险分析结果。

3．组织机构及职责

（1）应急组织体系

明确应急组织形式，构成单位或人员，并尽可能以结构图的形式表示出来。

（2）指挥机构及职责

明确应急救援指挥机构总指挥、副总指挥、各成员单位及其相应职责。

应急救援指挥机构根据事故类型和应急工作需要，可以设置相应的应急救援工作小组，并明确各小组的工作任务及职责。

4．预防与预警

（1）危险源监控

明确本单位对危险源监测监控的方式、方法，以及采取的预防措施。

（2）预警行动

明确事故预警的条件、方式、方法和信息的发布程序。

（3）信息报告与处置

按照有关规定，明确事故及未遂伤亡事故信息报告与处置办法。

①信息报告与通知

明确 24 小时应急值守电话、事故信息接收和通报程序。

②信息上报

明确事故发生后向上级主管部门和地方人民政府报告事故信息的流程、内容和时限。

③信息传递

明确事故发生后向有关部门或单位通报事故信息的方法和程序。

5．应急响应

（1）响应分级

针对事故危害程度、影响范围和单位控制事态的能力，将事故分为不同的等级。按照分级负责的原则，明确应急响应级别。

（2）响应程序

根据事故的大小和发展态势，明确应急指挥、应急行动、资源调配、应急避险、扩大应急等响应程序。

（3）应急结束

明确应急终止的条件。事故现场得以控制，环境符合有关标准，导致次生、衍生事故隐患消除后，经事故现场应急指挥机构批准后，现场应急结束。

应急结束后，应明确：

①事故情况上报事项；

②需向事故调查处理小组移交的相关事项；

③事故应急救援工作总结报告。

6. 信息发布

明确事故信息发布的部门，发布原则。事故信息应由事故现场指挥部及时准确向新闻媒体通报事故信息。

7. 后期处置

后期处置主要包括污染物处理、事故后果影响消除、生产秩序恢复、善后赔偿、抢险过程和应急救援能力评估及应急预案的修订等内容。

8. 保障措施

（1）通信与信息保障

明确与应急工作相关联的单位或人员通信联系方式和方法，并提供备用方案。建立信息通信系统及维护方案，确保应急期间信息通畅。

（2）应急队伍保障

明确各类应急响应的人力资源，包括专业应急队伍、兼职应急队伍的组织与保障方案。

（3）应急物资装备保障

明确应急救援需要使用的应急物资和装备的类型、数量、性能、存放位置、管理责任人及其联系方式等内容。

（4）经费保障

明确应急专项经费来源、使用范围、数量和监督管理措施，保障应急状态时生产经营单位应急经费的及时到位。

（5）其他保障

根据本单位应急工作需求而确定的其他相关保障措施（如交通运输保障、治安保障、技术保障、医疗保障、后勤保障等）。

9. 培训与演练

（1）培训

明确对本单位人员开展的应急培训计划、方式和要求。如果预案涉及社区和居民，要做好宣传教育和告知等工作。

（2）演练

明确应急演练的规模、方式、频次、范围、内容、组织、评估、总结等内容。

10. 奖惩

明确事故应急救援工作中奖励和处罚的条件和内容。

（三）现场处置方案的主要内容

1. 事故特征

事故特征主要包括：

（1）危险性分析，可能发生的事故类型；

（2）事故发生的区域、地点或装置的名称；

（3）事故可能发生的季节和造成的危害程度；

（4）事故前可能出现的征兆。

2. 应急组织与职责

应急组织与职责主要包括：

（1）基层单位应急自救组织形式及人员构成情况；

（2）应急自救组织机构、人员的具体职责，应同单位或车间、班组人员工作职责紧密结合，明确相关岗位和人员的应急工作职责。

3. 应急处置

应急处置主要包括以下内容：

（1）事故应急处置程序。根据可能发生的事故类别及现场情况，明确事故报警、各项应急措施启动、应急救护人员的引导、事故扩大及同企业应急预案的衔接的程序。

（2）现场应急处置措施。针对可能发生的火灾、爆炸、危险化学品泄漏、坍塌、水患、机动车辆伤害等，从操作措施、工艺流程、现场处置、事故控制、人员救护、消防、现场恢复等方面制定明确的应急处置措施。

（3）报警电话及上级管理部门、相关应急救援单位联络方式和联系人员，事故报告的基本要求和内容。

4. 注意事项

注意事项主要包括：

（1）佩戴个人防护器具方面的注意事项；

（2）使用抢险救援器材方面的注意事项；

（3）采取救援对策或措施方面的注意事项；

（4）现场自救和互救注意事项；

（5）现场应急处置能力确认和人员安全防护等事项；

（6）应急救援结束后的注意事项；

（7）其他需要特别警示的事项。

（四）应急预案的评审和发布

应急预案编制完成后，应进行评审。

1. 要素评审

评审由本单位主要负责人组织有关部门和人员进行。

2. 形式评审

外部评审由上级主管部门或地方政府负责安全管理的部门组织审查。

3. 备案和发布

评审后，按规定报有关部门备案，并经生产经营单位主要负责人签署发布。

建筑施工企业的综合应急预案和专项应急预案，按照隶属关系报所在地县级以上地方人民政府安全生产监督管理部门和有关主管部门备案。

建筑施工企业申请应急预案备案，应当提交以下材料：

（1）应急预案备案申请表；

（2）应急预案评审或者论证意见；

（3）应急预案文本及电子文档。

（五）预案的修订

（1）生产经营单位制定的应急预案应当至少每三年修订一次，预案修订情况应有记录并归档。

（2）下列情形之一的，应急预案应当及时修订：

①生产经营单位因兼并、重组、转制等导致隶属关系、经营方式、法定代表人发生变化的；

②生产经营单位生产工艺和技术发生变化的；

③周围环境发生变化，形成新的重大危险源的；

④应急组织指挥体系或者职责已经调整的；

⑤依据的法律、法规、规章和标准发生变化的；

⑥应急预案演练评估报告要求修订的；

⑦应急预案管理部门要求修订的。

（六）法律责任

（1）生产经营单位应急预案未按照相关规定备案的，由县级以上安全生产监督管理部门给予警告，并处三万元以下罚款。

（2）生产经营单位未制定应急预案或者未按照应急预案采取预防措施，导致事故救援不力或者造成严重后果的，由县级以上安全生产监督管理部门依照有关法律、法规和规章的规定，责令停产停业整顿，并依法给予行政处罚。

二、水利工程重大质量安全事故应急预案

为提高应对水利工程建设重大质量与安全事故的能力，做好水利工程建设重大质量与安全事故应急处置工作，有效预防、及时控制和消除水利工程建设重大质量与安全事故的危害，最大限度减少人员伤亡和财产损失，保证工程建设质量与施工安全以及水利工程建设顺利进行。

《水利工程建设重大质量与安全事故应急预案》属于部门预案，是关于事故灾难的

应急预案，其主要内容包括：

（1）《水利工程建设重大质量与安全事故应急预案》适用于水利工程建设过程中突然发生且已经造成或者可能造成重大人员伤亡、重大财产损失，有重大社会影响或涉及公共安全的重大质量与安全事故的应急处置工作。按照水利工程建设质量与安全事故发生的过程、性质和机理，水利工程建设重大质量与安全事故主要包括：

①施工中土石方塌方和结构坍塌安全事故。

②特种设备或施工机械安全事故。

③施工围堰坍塌安全事故。

④施工爆破安全事故。

⑤施工场地内道路交通安全事故。

⑥施工中发生的各种重大质量事故。

⑦其他原因造成的水利工程建设重大质量与安全事故。水利工程建设中发生的自然灾害（如洪水、地震等）、公共卫生事件、社会安全事件等，依照国家和地方相应应急预案执行。

（2）应急工作应当遵循“以人为本，安全第一；分级管理，分级负责；属地为主，条块结合；集中领导，统一指挥；信息准确，运转高效；预防为主，平战结合”的原则。

（3）水利工程建设重大质量与安全事故应急组织指挥体系由水利部及流域机构、各级水行政主管部门的水利工程建设重大质量与安全事故应急指挥部、地方各级人民政府、水利工程建设项目法人以及施工等工程参建单位的质量与安全事故应急指挥部组成。

（4）在本级水行政主管部门的指导下，水利工程建设项目法人应当组织制定本工程项目建设质量与安全事故应急预案（水利工程项目建设质量与安全事故应急预案应当报工程所在地县级以上水行政主管部门以及项目法人的主管部门备案）。建立工程项目建设质量与安全事故应急处置指挥部。工程项目建设质量与安全事故应急处置指挥部的组成如下：

①指挥：项目法人主要负责人；

②副指挥：工程各参建单位主要负责人；

③成员：工程各参建单位有关人员。

（5）承担水利工程施工的施工单位应当制定本单位施工质量与安全事故应急预案，建立应急救援组织或者配备应急救援人员，配备必要的应急救援器材、设备，并定期组织演练。水利工程施工企业应明确专人维护救援器材、设备等。在工程项目开工前，施工单位应当根据所承担的工程项目施工特点和范围，制定施工现场施工质量与安全事故应急预案，建立应急救援组织或配备应急救援人员并明确职责。在承包单位的统一组织下，工程施工分包单位（包括工程分包和劳务作业分包）应当按照施工现场施工质量与安全事故应急预案，建立应急救援组织或配备应急救援人员并明确职责。施工单位的施工质量与安全事故应急预案、应急救援组织或配备的应急救援人员和职责应当与项目法人制定的水利工程项目建设质量与安全事故应急预案协调一致，并将应急预案报项目法人备案。

（6）重大质量与安全事故发生后，在当地政府的统一领导下，应当迅速组建重大质量与安全事故现场应急处置指挥机构，负责事故现场应急救援和处置的统一领导与指挥。

（7）预警预防行动。施工单位应当根据建设工程的施工特点和范围，加强对施工现场易发生重大事故的部位、环节进行监控，配备救援器材、设备，并定期组织演练。

（8）按事故的严重程度和影响范围，将水利工程建设质量与安全事故分为Ⅰ、Ⅱ、Ⅲ、Ⅳ四级。对应相应事故等级，采取Ⅰ级、Ⅱ级、Ⅲ级、Ⅳ级应急响应行动。其中：

①Ⅰ级（特别重大质量与安全事故）。已经或者可能导致死亡（含失踪）30人以上（含本数，下同），或重伤（中毒）100人以上，或需要紧急转移安置10万人以上，或直接经济损失1亿元以上的事故。

②Ⅱ级（特大质量与安全事故）。已经或者可能导致死亡（含失踪）10人以上、30人以下（不含本数，下同），或重伤（中毒）50人以上、100人以下，或需要紧急转移安置1万人以上、10万人以下，或直接经济损失5000万元以上、1亿元以下的事故。

③Ⅲ级（重大质量与安全事故）。已经或者可能导致死亡（含失踪）3人以上、10人以下，或重伤（中毒）30人以上、50人以下，或直接经济损失1000万元以上、5000万元以下的事故。

④Ⅳ级（较大质量与安全事故）。已经或者可能导致死亡（含失踪）3人以下，或重伤（中毒）30人以下，或直接经济损失1000万元以下的事故。

（9）水利工程建设重大质量与安全事故报告程序如下：

①水利工程建设重大质量与安全事故发生后，事故现场有关人员应当立即报告本单位负责人。项目法人、施工等单位应当立即将事故情况按项目管理权限如实向流域机构或水行政主管部门和事故所在地人民政府报告，最迟不得超过4 h。流域机构或水行政主管部门接到事故报告后，应当立即报告上级水行政主管部门和水利部工程建设事故应急指挥部。水利工程建设过程中发生生产安全事故的，应当同时向事故所在地安全生产监督局报告；特种设备发生事故，应当同时向特种设备安全监督管理部门报告。接到报告的部门应当按照国家有关规定，如实上报。报告的方式可先采用电话口头报告，随后递交正式书面报告。在法定工作日向水利部工程建设事故应急指挥部办公室报告，夜间和节假日向水利部总值班室报告，总值班室归口负责向国务院报告。

②各级水行政主管部门接到水利工程建设重大质量与安全事故报告后，应当遵循“迅速、准确”的原则，立即逐级报告同级人民政府和上级水行政主管部门。

③对于水利部直管的水利工程建设项目以及跨省（自治区、直辖市）的水利工程项目，在报告水利部的同时应当报告有关流域机构。

④特别紧急的情况下，项目法人和施工单位以及各级水行政主管部门可直接向水利部报告。

（10）事故报告内容分为事故发生时报告的内容以及事故处理过程中报告的内容，其中：

①事故发生后及时报告以下内容：发生事故的工程名称、地点、建设规模和工期，

事故发生的时间、地点、简要经过、事故类别和等级、人员伤亡及直接经济损失初步估算；有关项目法人、施工单位、主管部门名称及负责人联系电话，施工等单位的名称、资质等级；事故报告的单位、报告签发人及报告时间和联系电话等。

②根据事故处置情况及时续报以下内容：有关项目法人、勘察、设计、施工、监理等工程参建单位名称、资质等级情况，单位以及项目负责人的姓名以及相关执业资格；事故原因分析；事故发生后采取的应急处置措施及事故控制情况；抢险交通道路可使用情况；其他需要报告的有关事项等。

（11）事故现场指挥协调和紧急处置：

①水利工程建设发生质量与安全事故后，在工程所在地人民政府的统一领导下，迅速成立事故现场应急处置指挥机构负责统一领导、统一指挥、统一协调事故应急救援工作。事故现场应急处置指挥机构由到达现场的各级应急指挥部和项目法人、施工等工程参建单位组成。

②水利工程建设发生重大质量与安全事故后，项目法人和施工等工程参建单位必须迅速、有效地实施先期处置，防止事故进一步扩大，并全力协助开展事故应急处置工作。

（12）各级应急指挥部应当组织好三支应急救援基本队伍：

①工程设施抢险队伍，由工程施工等参建单位的人员组成，负责事故现场的工程设施抢险和安全保障工作。

②专家咨询队伍，由从事科研、勘察、设计、施工、监理、质量监督、安全监督、质量检测等工作的技术人员组成，负责事故现场的工程设施安全性能评价与鉴定，研究应急方案、提出相应应急对策和意见；并负责从工程技术角度对已发事故还可能引起或产生的危险因素进行及时分析预测。

③应急管理队伍，由各级水行政主管部门的有关人员组成，负责接收同级人民政府和上级水行政主管部门的应急指令，组织各有关单位对水利工程建设重大质量与安全事故进行应急处置，并与有关部门进行协调和信息交换。

经费与物资保障应当做到地方各级应急指挥部确保应急处置过程中的资金和物资供给。

（13）宣传、培训和演练。

其中，公众信息交流应当做到：

第一，水利部应急预案及相关信息公布范围至流域机构、省级水行政主管部门。

第二，项目法人制定的应急预案应当公布至工程各参建单位及相关责任人，并向工程所在地人民政府及有关部门备案。

培训应当做到：

①水利部负责对各级水行政主管部门以及国家重点建设项目的项目法人应急指挥机构有关工作人员进行培训。

②项目法人应当组织水利工程建设各参建单位人员进行各类质量与安全事故及应急预案教育，对应急救援人员进行上岗前培训和常规性培训。培训工作应结合实际，采取多种形式，定期与不定期相结合，原则上每年至少组织一次。

（14）监督检查。水利部工程建设事故应急指挥部对流域机构、省级水行政主管部门应急指挥部实施应急预案进行指导和协调。按照水利工程建设管理事权划分，由水行政主管部门应急指挥部对项目法人以及工程项目施工单位应急预案进行监督检查。项目法人应急指挥部对工程各参建单位实施应急预案进行督促检查。

三、水利工程施工安全管理的内容

（一）施工安全管理的目的和任务

施工项目安全管理的目的是最大限度地保护生产者的人身安全，控制影响工作环境内所有员工（包括临时工作人员、合同方人员、访问者和其他有关人员）安全的条件和因素，避免因使用不当对使用者造成安全危急，防止安全事故的发生。

施工安全管理的任务是建筑生产安全企业为达到建筑施工过程中安全的目的，所进行的组织、控制和协调活动，主要内容包括制定、实施、实现、评审和保持安全方针所需的组织机构、策划活动、管理职责、实施程序、所需资源等。施工企业应根据自身实际情况制定方针，并通过实施、实现、评审、保持、改进来建立组织机构、策划活动、明确职责、遵守安全法律法规、编制程序控制文件、实施过程控制，提供人员、设备、资金、信息等资源，对安全与环境管理体系按国家标准进行评审，按计划、实施、检查、总结循环过程进行提高。

（二）施工安全管理的特点

1. 安全管理的复杂性

水利工程施工具有项目固定性、生产的流动性、外部环境影响的不确定性，决定了施工安全管理的复杂性。

（1）生产的流动性主要是指生产要素的流动性，它是指生产过程中人员、工具和设备的流动，主要表现有以下几个方面：

①同一工地不同工序之间的流动；

②同一工序不同工程部位之间的流动；

③同一工程部位不同时间段之间流动；

④施工企业向新建项目迁移地流动。

（2）外部环境对施工安全影响因素很多，主要表现在：

①露天作业多；

②气候变化大；

③地质条件变化；

④地形条件影响

⑤地域、人员交流障碍影响。

以上生产因素和环境因素的影响，使施工安全管理变得复杂，考虑不周会出现安全问题。

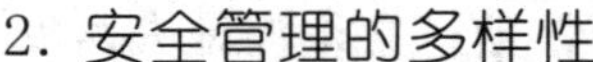

2. 安全管理的多样性

受客观因素影响，水利工程项目具有多样性的特点，使得建筑产品具有单件性，每一个施工项目都要根据特定条件和要求进行施工生产，安全管理具有多样性特点，表现有以下几个方面：

（1）不能按相同的图纸、工艺和设备进行批量重复生产；

（2）因项目需要设置组织机构，项目结束组织机构不存在，生产经营的一次性特征突出；

（3）新技术、新工艺、新设备、新材料的应用给安全管理带来新的难题；

（4）人员的改变、安全意识、经验不同带来安全隐患。

3. 安全管理的协调性

施工过程的连续性和分工决定了施工安全管理的协调性。水利施工项目不能像其他工业产品一样可以分成若干部分或零部件同时生产，必须在同一个固定的场地按严格的程序连续生产，上一道工序完成才能进行下一道工序，上一道工序生产的结果往往被下一道工序所掩盖，而每一道工序都是由不同的部门和人员来完成的，这样，就要求在安全管理中，不同部门和人员做好横向配合和协调，共同注意各施工生产过程接口部分的安全管理的协调，确保整个生产过程的安全。

4. 安全管理的强制性

工程建设项目建设前，已经通过招标投标程序确定了施工单位。由于目前建筑市场供大于求，施工单位大多以较低的标价中标，实施中安全管理费用投入严重不足，不符合安全管理规定的现象时有发生，从而要求建设单位和施工单位重视安全管理经费的投入，达到安全管理的要求，政府也要加大对安全生产的监管力度。

（三）施工安全控制的特点、程序、要求

1. 基本概念

（1）安全生产的概念

安全生产是指施工企业使生产过程避免人身伤害、设备损害及其不可接受的损害风险的状态。

不可接受的损害风险通常是指超出了法律、法规和规章的要求，超出了方针、目标和企业规定的其他要求，超出了人们普遍接受的要求（通常是隐含的要求）。

安全与否是一个相对的概念，根据风险接受程度来判断。

（2）安全控制的概念

安全控制是指企业通过对安全生产过程中涉及的计划、组织、监控、调节和改进等一系列致力于满足施工安全措施所进行的管理活动。

2. 安全控制的方针与目标

（1）安全控制的方针

安全控制的目的是安全生产，因此安全控制的方针是“安全第一，预防为主”。

安全第一是指把人身的安全放在第一位，安全为了生产，生产必须保证人身安全，充分体现以人为本的理念。

预防为主是实现安全第一的手段，采取正确的措施和方法进行安全控制，从而减少甚至消除事故隐患，尽量把事故消除在萌芽状态，这是安全控制最重要的思想。

（2）安全控制的目标

安全控制的目标是减少和消除生产过程中的事故，保证人员健康安全，避免财产损失。安全控制目标具体包括：

①减少和消除人的不安全行为的目标；

②减少和消除设备、材料的不安全状态的目标；

③改善生产环境和保护自然环境的目标；

④安全管理的目标。

3. 施工安全控制的特点

（1）安全控制面大

水利工程，由于规模大、生产工序多、工艺复杂、流动施工作业多、野外作业多、高空作业多、作业位置多、施工中不确定因素多，因此施工中安全控制涉及范围广、控制面大。

（2）安全控制动态性强

水利工程建设项目的单件性，使得每个工程所处的条件不同，危险因素和措施也会有所不同，员工进驻一个新的工地，面对新的环境，需要时间去熟悉、对工作制度和安全措施进行调整。

工程施工项目施工的分散性，现场施工分散于场地的不同位置和建筑物的不同部位，面对新的具体的生产环境，熟悉各种安全规章制度和技术措施外，还需作出自己的研判和处理。有经验的人员也必须适应不断变化的新问题、新情况。

（3）安全控制体系交叉性

工程项目施工是一个系统工程，受自然和社会环境影响大，施工安全控制和工程系统、质量管理体系、环境和社会系统联系密切，交叉影响，建立和运行安全控制体系要相互结合。

（4）安全控制的严谨性

安全事故的出现是随机的，偶然中存在必然性，一旦失控，就会造成伤害和损失，因此安全状态的控制必须严谨。

4. 施工安全控制程序

（1）确定项目的安全目标

按目标管理的方法，在以项目经理为首的项目管理系统内进行分解，从而确定每个岗位的安全目标，实现全员安全控制。

（2）编制项目安全技术措施计划

对生产过程中的不安全因素，应采取技术手段加以控制和消除，并采用书面文件的形式，作为工程项目安全控制的指导性文件，落实预防为主的方针。

（3）落实项目安全技术措施计划

安全技术措施包括安全生责任制、安全生产设施、安全教育和培训、安全信息的沟通和交流，通过安全控制使生产作业的安全状况处于可控制状态。

（4）安全技术措施计划的验证

安全技术措施计划的验证包括安全检查、纠正不符合因素、检查安全记录、安全技术措施修改与再验证。

（5）安全生产控制的持续改进

安全生产控制应持续改进，直到完成工程项目全面工作的结束。

5. 施工安全控制的基本要求

（1）必须取得安全行政主管部门颁发的“安全施工许可证”后方可施工。

（2）总承包企业和每一个分包单位都应持有“施工企业安全资格审查认可证”。

（3）各类人员必须具备相应的执业资格才能上岗。

（4）新员工都必须经过安全教育和必要的培训。

（5）特种工种作业人员必须持有特种工种作业上岗证，并严格按期复查。

（6）对查出的安全隐患要做到五个落实：落实责任人、落实整改措施、落实整改时间、落实整改完成人、落实整改验收人。

（7）必须控制好安全生产的六个节点：技术措施、技术交底、安全教育、安全防护、安全检查、安全改进。

（8）现场的安全警示设施齐全、所有现场人员必须戴安全帽，高空作业人员必须系安全带等防护工具，并符合国家和地方的有关安全规定。

（9）现场施工机械尤其是起重机械等设备必须经安全检查合格后方可使用。

（四）施工安全控制的方法

1. 危险源

（1）危险源的定义

危险源是可能导致人身伤害或疾病、财产损失、工作环境破坏或出现几种情况同时出现的危险和有害因素。

危险因素强调突发性和瞬时作用，有害因素强调在一定时间内的慢性损害和积累作用。

危险源是安全控制的主要对象，也可以将安全控制称为危险源控制或安全风险控制。

（2）危险源分类

施工生产中的危险源是以多种多样的形式存在的，危险源所导致的事故主要有能量的意外释放和有害物质的泄漏。根据危险源在事故中的作用，把危险源分为两大类，即第一类危险源和第二类危险源。

①第一类危险源

可能发生能量意外释放的载体或危险物质称为第一类危险源。能量或危险物质的意外释放是事故发生的物理本质，通常把产生能量的能量源或拥有能量的载体作为第一类危险源进行处理。

②第二类危险源

造成约束、限制能量的措施破坏或失效的各种不安全因素称为第二种危险源。

在施工生产中，为了利用能量，使用各种施工设备和机器，让能量在施工过程中流动、转换、做功，加快施工进度，而这些设备和设施可以看成约束能量的工具，正常情况下，生产过程中的能量和危险物是受到控制和约束的，不会发生意外释放，也就是不会发生事故，一旦这些约定或限制措施受到破坏或者失效，包括出现故障，则会发生安全事故。这类危险源包括三个方面：人的不安全行为、物的不安全状态、环境的不良条件。

（3）危险源与事故

安全事故的发生的以上两种危险源共同作用的结果。第一类危险源是事故发生的前提，第二类危险源的出现是第一类危险源导致安全事故的必要条件。在事故发生和发展过程中，两类危险源相互依存和作用，第一类是事故的主体，决定事故的严重程度，第二类危险源出现决定事故发生的大小。

2. 危险源控制方法

（1）危险源识别方法

①专家调查法

专家调查法是通过向有经验的专家咨询、调查、分析、评价危险源的方法。

专家调查法的优点是简便、易行，缺点是受专家的知识、经验、限制，可能出现疏漏。常用方法是头脑风暴法和德尔菲法。

②检查表法

安全检查表法就是运用事先编制好的检查表实施安全检查和诊断项目，进行系统的安全检查，识别工程项目存在的危险源。检查表的内容一般包括项目类型、检查内容及要求、检查后处理意见等。可用回答是、否或做符号标识，注明检查日期，并由检查人和被检查部门或单位签字。

安全检查表法的优点是简单扼要，容易掌握，可以先组织专家编制检查表，制定检查项目，使施工安全检查系统化、规范化，缺点是只做一些定性分析和评价。

（2）危险源的控制方法

①第一类风险源的控制方法

防止事故发生的方法：消除风险源，限制能量，对危险物质隔离。

避免或减少事故损失的方法有：隔离，个体防护，使能量或危险物质按事先要求释放，采取避难、援救措施；

②第二类风险源的控制方法

减少故障：增加安全系数、提高可靠度、设置安全监控系统。

故障安全设计：包括最乐观方案（故障发生后，在没有采取措施前，使用系统和设备处于安全的能量状态之下）、最悲观方案（故障发生后，系统处于最低能量状态下，直到采取措施前，不能运转）、最可能方案（保证采取措施前，设备、系统发挥正常功能）。

（3）危险源的控制策划

①尽可能完全消除有不可接受风险的风险源，如用安全品取代危险品。

②不可能消除时，应努力采取降低风险的措施，如使用低压电器等。

③在条件允许时，应使工作环境适合于人，如考虑降低人精神压力和体能消耗。

④应尽可能利用先进技术来改善安全控制措施。

⑤应考虑采取保护每个工作人员的措施。

⑥应将技术管理与程序控制结合起来。

⑦应考虑引入设备安全防护装置维护计划的要求。

⑧应考虑使用个人防护用品。

⑨应有可行有效的应急方案。

⑩预防性测定指标要符合监视控制措施计划要求。

⑪组织应根据自身的风险选择适合的控制策略。

（五）施工安全生产组织机构建立

人人都知道安全的重要，但是安全事故却又频频发生，为了保证施工过程不发生安全事故，必须建立安全管理的组织机构，健全安全管理规章制度。统一施工生产项目的安全管理目标、安全措施、检查制度、考核办法、安全教育措施等。具体工作如下：

（1）成立以项目经理为首的安全生产施工领导小组，具体负责施工期间的安全工作；

（2）项目副经理、技术负责人、各科负责人和生产工段的负责人作为安全小组成员共同负责安全工作；

（3）设立专职安全员，聘用有国家安全员职业资格或经培训持证上岗的人员，专门负责施工过程中安全工作，只要施工现场有施工作业人员，安全员就要上岗值班，在每个工序开工前，安全员要检查工程环境和设施情况，认定安全后方可进行工序施工。

（4）各技术及其他管理科室和施工段队要设兼职安全员，负责本部门的安全生产预防和检查工作，各作业班组组长要兼本班组的安全检员，具体负责本班组的安全检查。

（5）工程项目部应定期召开安全生产工作会议，总结前期工作，找出问题，布置落实后面工作，利用施工空闲时间进行安全生产工作培训，在培训工作中和其他安全工作会议上，安全小组领导成员要讲解安全工作的重要意义，学习安全知识，增强员工安全警觉意识，把安全工作落实在预防阶段。根据工程的具体特点，把不安全的因素和相应措施制定成册，使全体员工学习和掌握。

（6）严格按国家有关安全生产规定，在施工现场设置安全警示标识，在不安全因素的部位设立警示牌，严格检查进场人员佩戴安全帽、高空作业佩戴安全带，严格持证上岗工作，风雨天禁止高空作业工作，施工设备专人使用制度，严禁在场内乱拉乱用电线路，严禁非电工人员从事电工作业。

（7）安全生产工作和现场管理结合起来，同时进行，防止因管理不善产生安全隐患，工地防风、防雨、防火、防盗、防疾病等预防措施要健全，都有专人负责，以确保各项措施及时落实到位。

（8）完善安全生产考核制度，实行安全问题一票否决制，安全生产互相监督制，提高自检自查意识，开展科室、班组经验交流和安全教育活动。

（9）对构件和设备吊装、爆破、高空作业、拆除、上下交叉作业、夜间作业、疲劳作业、带电作业、汛期施工、地下施工、脚手架搭设拆除等重要安全环节，必须开工前进行技术交底、安全交底，联合检查后，确认安全，方可开工。施工过程中，加强安全员的旁站检查。加强专职指挥协调工作。

（六）施工安全技术措施计划与实施

1. 工程施工措施计划

（1）施工措施计划的主要内容

施工措施计划的主要内容包括工程概况、控制目标、控制程序、组织机构、职责权限、规章制度、资源配置、安全措施、检查评价、激励机制等。

（2）特殊情况应考虑安全计划措施

①对高处作业、井下作业等专性强的作业，电器、压力容器等特殊工种作业，应制定单项安全技术规程，并对管理人员和操作人员的安全作业资格和身体状况进行检查。

②对结构复杂、施工难度大、专业性较强的工程项目，除制定总体安全保证计划外，还须制定单位工程和分部分项工程安全技术措施。

③制定和完善施工安全操作规程，编制各施工工种，特别是危险性大的工种的施工安全操作要求，作为施工安全生产规范和考核的依据。

④施工安全技术措施包括安全防护设施和安全预防措施，主要有防火、防毒、防爆、防洪、防尘、防雷击、防触电、防坍塌、防物体打击、防机械伤害、防起重机械滑落、防高空坠落、防交通事故、防寒、防暑、防疫、防环境污染等方面的措施。

2. 施工安全措施计划的落实

（1）安全生产责任制

安全生产责任制是指企业对项目经理部各部门、各类人员所规定的在他们各自职责范围内对安全生产应负责任的制度，建立安全生产责任制是施工安全技术措施的重要保证。

（2）安全教育

要树立全员安全意识，安全教育的要求如下：

①广泛开展安全生产的宣传教育，使全体员工真正认识到安全生产的重要性和必要性，掌握安全生产的基本知识，牢固树立安全第一的思想，自觉遵守安全生产的各项法律、法规和规章制度。

②安全教育的主要内容有安全知识、安全技能、设备性能、操作规程、安全法规等。

③对安全教育要建立经常性的安全教育考核制度。考核结果要记入员工人事档案。

④一些特殊工种，如电工、电焊工、架子工、司炉工、爆破工、机操工、起重工、机械司机、机动车辆司机等，除一般安全教育外，还要进行专业技能培训、经考试合格后，取得资格，才能上岗工作。

⑤工程施工中采用新技术、新工艺、新设备时，或人员调动新工作岗位，也要进行安全教育和培训，否则不能上岗。

（3）安全技术交底

①基本要求

a. 实行逐级安全技术交底制度，从上到下，直到全体作业人员。

b. 安全技术交底工作必须具体、明确、有针对性；

c. 交底的内容要针对分部分项工程施工中给作业人员带来的潜在危害，应优先采用新的安全技术措施。

d. 应将施工方法、施工程序、安全技术措施等优先向工段长、班级组长进行详细交底

e. 定期向多工种交叉施工或多个作业队同时施工的作业队进行书面交底，并保持书面交底的交接的书面签字记录。

②主要内容

a. 工程施工项目作业特点和危险点。

b. 针对各危险点具体措施。

c. 应注意的安全事项。

d. 对应的安全操作规和标准。

e. 发生事故应及时采取的应急措施。

（七）施工安全检查

施工项目安全检查的目的是消除安全隐患、防止安全事发生、改善劳动条件及提高员工的安全生产意识。施工安全检查是施工安全控制工作的重要内容，通过安全检查可以发现工程中的危险因素，以便有计划地采取相应措施，保证安全生产的顺利进行。项目的施工生产安全检查应由项目经理组织，定期进行检查。

1. 安全检查的类型

施工项目安全检查类型分为日常性检查、专业性检查、季节性检查、节假日前后检查及不定期检查等。

（1）日常性检查

日常性检查是经常的、普遍的检查，一般每年进行 1 ~ 4 次。项目部、科室每月至少进行一次，施工班组每周、每班次都应进行检查，专职安全技术人员的日常检查应有计划、有部位、有记录、有总结，周期性进行。

（2）专业性检查

专业性检查是指针对特种作业、特种设备、特殊场地进行的检查，如电焊、气焊、起重设备、运输车辆、锅炉压力容器、易燃易爆场所等，由专业检查员进行。

（3）季节性检查

季节性检查是根据季节性的特点，为保障安全生产的特殊要求所进行的检查，如春季空气干燥、风大，重点查防火、防爆；夏季多雨雷电、高温，重点防暑、降温、防汛、防雷击、防触电；冬季防寒、防冻等。

（4）节假日前后检查

节假日前后的检查是针对节假期间容易产生的麻痹思想的特点而进行的安全检查，包括假前的综合检查和假后的遵章守纪检查等。

（5）不定期检查

不定期检查是指在工程开工前、停工前、施工中、竣工、试运转时进行的安全检查。

2. 安全检查的注意事项

（1）安全检查要深入基层，紧紧依靠员工，坚持领导与群众相结合的原则，组织好检查工作。

（2）建立检查的组织领导机构，配备适当的检查力量，选聘具有较高的技术业务水平的专业人员。

（3）做好检查各项准备工作，包括思想、业务知识、法规政策、检查设备和奖励等准备工作。

（4）明确检查的目的、要求，既严格要求，又防止一刀切，从实际出发，分清主次，力求实效。

（5）把自查与互查相结合，基层以自查为主，管理部门之间相互检查，互相学习，取长补短，交流经验。

（6）检查与整改相结合，检查是手段，整改是目的，发现问题及时采取切实可行的防范措施。

（7）建立检查档案，结合安全检查的实施，逐步建立健全检查档案，收集基本数据，掌握基本安全状态，为及时消除隐患提供数据，同时也为以后的职业健康安全检查打下基础。

（8）制定安全检查表时，应根据用途和目的具体确定安全检查表的种类。安全检查表的种类主要有设计用安全检查表、厂级安全检查表、车间安全检查表、班组安全检查表、岗位安全检查表、专业安全检查表，制定检查表要在安全技术部门的指导下，充分依靠员工来进行，初步制定检查表后，经过讨论、试用再加以修订，制定安全检查表。

3. 安全检查的主要内容

安全生产检查的主要内容做好以下五方面的内容。

（1）查思想

主要检查企业干部和员工对安全生产工作的认识。

（2）查管理

主要检查安全管理是否有效，包括安全生产责任制、安全技术措施计划、安全组织机构、安全保证措施、安全技术交底、安全教育、持证上岗、安全设施、安全标志、操作规程、违规行为、安全记录等。

（3）检隐患

主要检查作业现场是否符合安全生产的要求，存在的不安全因素。

（4）查事故

查明安全事故的原因、明确责任、对责任人作出处理，明确落实整改措施等要求。还要检查对伤亡事故是否及时报告、认真调查、严肃处理。

（5）查整改

主要检查对过去提出的问题的整改情况。

4. 安全检查的主要规定

（1）定期对安全控制计划的执行情况进行检查、记录、评价、考核，对作业中存在的安全隐患，签发安全整改通知单，要求相应部门落实整改措施并进行检查。

（2）根据工程施工过程的特点和安全目标的要求确定安全检查的内容。

（3）安全检查应配备必要的设备，确定检查组成人员，明确检查方法和要求。

（4）检查方法采取随机抽样、现场观察、实地检测等，记录检查结果，纠正违章指挥和违章作业。

（5）对检查结果进行分析，找出安全隐患，评价安全状态。

（6）编写安全检查报告并上交。

5. 安全事故处理的原则

安全事故处理要坚持以下四个原则：

（1）事故原因不清楚不放过；

（2）事故责任者和员工没受教育不放过；

（3）事故责任者没受处理不放过；

（4）没有制定防范措施不放过。

（八）安全事故处理程序

安全事故处理程序如下：

（1）报告安全事故；

（2）处理安全事故，抢救伤员，排除险情，防止事故扩大，做好标识、保护现场；

（3）进行安全事故调查；

（4）对事故责任者进行处理；

（5）编写调查报告并上报。

第二节　水利工程环境安全管理

一、环境安全管理的概念及意义

（一）环境安全管理的概念

环境安全是指在工程项目施工过程中保持施工现场良好的作业环境、卫生环境和工作秩序。环境安全主要包括以下几个方面的工作：

（1）规范施工现场的场容，保持作业环境的清洁卫生。

（2）科学组织施工，使生产有序进行。

（3）减少施工对当地居民、过路车辆和人员及环境的影响。

（4）保证职工的安全和身体健康。

环境保护是按照法律法规、各级主管部门和企业的要求，保护和改善作业现场的环境，控制现场的各种粉尘、废水、固体废弃物、噪声、振动等对环境的污染和危害。环境保护也是文明施工的重要内容之一。

（二）环境安全的意义

文明施工能促进企业综合管理水平的提高。保持良好的作业环境和秩序，对促进安全生产、加快施工进度、保证工程质量、降低工程成本、提高经济和社会效益有较大作用。文明施工涉及人、财、物各个方面，贯穿于施工全过程之中，体现了企业在工程项目施工现场的综合管理水平，也是项目部人员素质的充分反映。

文明施工是适应现代化施工的客观要求。现代化施工更需要采用先进的技术、工艺、材料、设备和科学的施工方案，需要严密组织、严格要求、标准化管理和较好的职工素质等。文明施工能适应现代化施工的要求，是实现优质、高效、低耗、安全、清洁、卫生的有效手段。

文明施工代表企业的形象。良好的施工环境与施工秩序能赢得社会的支持和信赖，提高企业的知名度和市场竞争力。

文明施工有利于员工的身心健康，有利于培养和提高施工队伍的整体素质。文明施工可以提高职工队伍的文化、技术和思想素质，培养尊重科学、遵守纪律、团结协作的大生产意识，促进企业精神文明建设，从而达到促进施工队伍整体素质的提高。

（三）现场环境保护的意义

保护和改善施工环境是保证人们身体健康和社会文明的需要。采取专项措施防止粉尘、噪声和水源污染，保护好作业现场及其周围的环境是保证职工和相关人员身体健康、体现社会总体文明的一项利国利民的重要工作。

保护和改善施工现场环境是消除外部干扰、保护施工顺利进行的需要。随着人们的法治观念和自我保护意识的增强，尤其对距离当地居民或公路等较近的项目，施工扰民和影响交通的问题比较突出，项目部应针对具体情况及时采取防治措施，减少对环境的污染和对他人的干扰，这也是施工生产顺利进行的基本条件。

保护和改善施工环境是现代化大生产的客观要求。现代化施工广泛应用新设备、新技术、新的生产工艺，对环境质量要求很高，如果粉尘、振动超标就可能损坏设备、影响功能发挥，使设备难以发挥作用。

保护人类生存环境、保证社会和企业可持续发展的需要。人类社会即将面临环境污染危机的挑战。为了保护子孙后代赖以生存的环境条件，每个公民和企业都有责任和义务保护环境。良好的环境和生存条件，也是企业发展的基础和动力。

二、环境安全的组织与管理

（一）组织和制度管理

施工现场应成立以项目经理为第一责任人的文明施工管理组织。分单位应服从总包单位的文明施工管理组织的统一管理，并接受监督检查。

各项施工现场管理制度应有文明施工的规定。包括个人岗位责任制、经济责任制、安全检查制度、持证上岗制度、奖惩制度、竞赛制度和各项专业管理制度等。

加强和落实现场文明检查、考核及奖惩管理，以促进施工文明和管理工作的提高。检查范围和内容应全面周到，包括生产区、生活区、场容场貌、环境文明及制度落实等内容。应对检查发现的问题采取整改措施。

（二）收集环境安全管理材料

环境安全管理材料主要包括：

（1）上级关于文明施工的标准、规定、法律法规等资料。

（2）施工组织设计（方案）中对施工环境安全的管理规定、各阶段施工现场环境安全的措施。

（3）施工环境安全自检资料。

（4）施工环境安全教育、培训、考核计划的资料。

（5）施工环境安全活动各项记录资料。

（三）加强环境安全的宣传和教育

（1）在坚持岗位练兵的基础上，要采取派出去、请进来、短期培训、上技术课、登黑板报、广播、看录像、看电视等方法狠抓教育工作。

（2）要特别注意对临时工的岗前教育。

（3）专业管理人员应熟练掌握文明施工的规定。

三、现场环境安全的基本要求

现场环境安全管理的基本要求如下所述：

（1）施工现场必须设置明显的标牌，标明工程项目名称、建设单位、设计单位、施工单位、项目经理和施工现场总代理人的姓名、开工日期、竣工日期、施工许可证批准文号等。施工单位负责施工现场标牌的保护工作。

（2）施工现场的管理人员在施工现场应当佩戴证明其身份的证卡。

（3）应当按照施工中平面布置图设置各项临时设施。现场堆放的大宗材料、成品、半成品和机具设备不得侵占场内道路及安全防护设施。

（4）施工现场的用电线路、用电设施的安装和使用必须符合安装规范和安全操作规程，并按照施工组织设计进行架设，严禁任意拉线接电。施工现场必须设有保证施工安全要求的夜间照明；危险潮湿场所的照明以及手持照明灯具，必须采用符合安全要求的电压。

（5）施工机械应当按照施工总平面布置图规定的位置和线路设置，不得任意侵占场内道路。施工机械进场需经过安全检查，经检查合格的方能使用。施工机械人员必须建立机组责任制，并依照有关规定安全检查，经检查合格的方能使用。施工机械操作人员必须建立机组责任制，并依照有关规定持证上岗，禁止无证人员操作。

（6）应保持施工现场道路畅通，排水系统处于良好使用状态；保持场容场貌的整洁，随时清理建筑垃圾。在车辆、行人通行的地方施工，应当设置施工标志，并对沟井坎穴进行覆盖和铺垫。

（7）施工现场的各种安全设施和劳动保护器具，必须定期进行检查和维护，及时消除隐患，保证其安全有效。

（8）施工现场应当设置各类必要的职工生活设施，并符合卫生、通风、照明等要求。职工的膳食、饮水供应等应当符合卫生要求。

（9）应当做好施工现场安全保卫工作，采取必要的防盗措施，在现场周边设立围护设施。

（10）应当严格依照《中华人民共和国消防法》的规定，在施工现场建立和执行防火管理制度，设置符合消防要求的消防设施，并保持完好的备用状态。在容易发生火灾的地区施工，或者储存、使用易燃易爆器材时，应当采取特殊的消防安全措施。

（11）施工现场发生工程建设重大事故的处理，应依照《工程建设重大事故报告和调查程序规定》执行。

（12）对项目部所有人员应进行言行规范教育工作，大力提倡精神文明建设，严禁不良行为的发生，用强有力的制度和频繁的检查教育，杜绝不良行为的出现。对经常外出的采购、财务、后勤等人员，应进行专门的用语和礼貌培训，增强交流和协调能力，预防因用语不当或不礼貌、无能力等原因发生争执和纠纷。

（13）大力提倡团结协作精神，鼓励内部工作经验交流和传帮学活动，专人负责并认真组织参建人员业余生活，订购健康文明的书刊，组织职工收看、收听健康活泼的音像节目，定期参加组织项目部进行友谊联欢和简单的体育比赛活动，丰富职工的业余生活。

（14）重要节假日项目部应安排专人负责采购生活物品，集体组织轻松活泼的宴会活动，并尽可能提供条件让所有职工与家人进行短时间的通话交流，以改善他们的心情。定期将职工在工地上的良好的表现反馈给企业人事部门和职工家属，以激励他们的积极性。

四、现场环境污染防治

要达到环境安全管理的基本要求，主要是应防治施工现场的空气污染、水污染、噪声污染，同时对原有的及新产生的固体废弃物进行必要的处理。

（一）施工现场空气污染的防治

（1）施工现场垃圾、渣土要及时清理出现场。

（2）上部结构清理施工垃圾时，要使用封闭式的容器或者采取其他措施处理高空废弃物，严禁临空随意抛撒。

（3）施工现场道路应指定专人定期洒水清扫，形成制度，防止道路扬尘。

（4）对于细颗粒散体材料（如水泥、粉煤灰、白灰等）的运输、储存要注意遮盖、密封，防止和减少飞扬。

（5）车辆开出工地要做到不带泥沙，基本做到不扬尘，减少对周围环境的污染。

（6）除设有符合规定的装置外，禁止在施工现场焚烧油毡、橡胶、塑料、皮革、树叶、枯草、各种包装物等废弃物品以及其他会产生有毒、有害烟尘和恶臭气体的物质。

（7）机动车都要安装减少尾气排放的装置，确保符合国家标准。

（8）工地锅炉应尽量采用电热水器。若只能使用烧煤锅炉，应选用消烟除尘型锅炉，大灶应选用消烟节能回风炉灶，使烟尘降至允许排放范围内。

（9）在离村庄较近的工地应当将搅拌站封闭严密，并在进料仓上方安装除尘装置，采取可靠措施控制工地粉尘污染。

（10）拆除旧建筑物时，应适当洒水，防止扬尘。

（二）施工现场水污染的防治

1．水污染主要来源

（1）工业污染源：指各种工业废水向自然水体的排放。

（2）生活污染源：主要有食物废渣、食油、粪便、合成洗涤剂、杀虫剂、病原微生物等。

（3）农业污染源：主要有化肥、农药等。

（4）施工现场废水和固体废弃物随水流流入水体的部分，包括泥浆、水泥、油罐、各种油类、混凝土外加剂、重金属、酸碱盐和非金属无机毒物等。

2．施工过程水污染的防治措施

（1）禁止将有毒有害废弃物作土方回填。

（2）施工现场搅拌站废水、现制水磨石的污水、电石（碳化钙）的污水必须经沉淀池沉淀合格后再排放，最好将沉淀水用于工地洒水降尘或采取措施回收利用。

（3）现场存放油料的，必须对库房地面进行防渗处理，如采取防渗混凝土地面、铺油毡等措施。使用时，要采取防止油料跑、冒、滴、漏的措施，以免污染水体。

（4）施工现场100人以上的临时食堂，污水排放时可设置简易有效的隔油池，定期清理，防止污染。

（5）工地临时厕所、化粪池应采取防渗漏措施。中心城市施工现场的临时厕所可采取水冲式厕所，并有防蝇、灭蛆措施，防止污染水体和环境。

3. 施工现场的噪声控制

（1）施工现场噪声的控制措施

噪声控制技术可以从声源、传播途径、接收者的防护等方面来考虑。1. 从噪声产生的声源上控制。

①尽量采用低噪声设备和工艺代替高噪声设备与工艺，如低噪声振捣器、风机、电机空压机、电锯等。

②在声源处安装消声器消声，即在通风机、压缩机、燃气机、内燃机及各类排气放空装置等进出风管的适当位置设置消声器。

（2）从噪声传播的途径上控制

在传播途径上控制噪声的方法主要有以下几种：

①吸声。利用吸声材料（大多由多孔材料制成）或由吸声结构形成的共振结构（金属或木质薄板钻孔制成的空腔体）吸收声能，降低噪声。

②隔声。应用隔声结构，阻碍噪声向空间传播，将接收者与噪声声源分隔。隔声结构包括隔声室、隔声罩、隔声屏障、隔声墙等。

③消声。利用消声器阻止传播。允许气流通过消声器降噪是防治空气动力性噪声的主要装置，如控制空气压缩机、内燃机产生的噪声等。

④减振降噪。对来自振动引起的噪声，通过降低机械振动减小噪声，如将阻尼材料涂在振动源上，或改变振动源与其他刚性结构的连接方式等。

（3）对接收者的防护

让处于噪声环境下的人员使用耳塞、耳罩等防护用品，减少相关人员在噪声环境中的暴露时间，以减轻噪声对人体的危害。

（4）严格控制人为噪声

进入施工现场不得高声呐喊、无故甩打模版、乱吹口哨，限制高音喇叭的使用，最大限度地减少噪声扰民。

（5）控制强噪声作业的时间

凡在人口稠密区进行强噪声作业时，须严格控制作业时间，一般晚10点到次日早6点之间停止强噪声作业。确系特殊情况必须昼夜施工时，尽量采取降低噪声的措施，并会同建设单位找当地居委会、村委会或当地居民协调，出安民告示，求得群众谅解。

（三）固体废物的处理

1. 建筑工地常见的固体废弃物

（1）建筑渣土，包括砖瓦、碎石、渣土、混凝土碎块、废钢铁、废屑、废弃材料等。

（2）废弃建筑材料，如袋装水泥、石灰等。

（3）生活垃圾，包括炊厨废弃物、丢弃食品、废纸、生活用具、碎玻璃、陶瓷碎片、废电池、废旧日用品、废塑料制品、煤灰渣、废交通工具等。

（4）设备、材料等的废弃包装材料。

（5）粪便。

2. 固体废弃物的处理和处置

（1）回收利用

回收利用是对固体废弃物进行资源化、减量化处理的重要手段之一。建筑渣土可视其情况加以利用，废钢可按需要用作金属原材料，废电池等废弃物应分散回收，集中处理。

（2）减量化处理

减量化是对已经产生的固体废弃物进行分选、破碎、压实浓缩、脱水等减少最终处置量，降低处理成本，减少对环境的污染。减量化处理的过程中，也包括和其他处理技术相关的工艺方法，如焚烧、热解、堆肥等。

（3）焚烧技术

焚烧用于不适合再利用且不宜直接予以填埋处理的废弃物，尤其是对于受到病菌、病毒污染的物品，可以用焚烧进行无害化处理。焚烧处理应使用符合环境要求的处理装置，注意避免对大气的二次污染。

（4）稳定的固化技术

利用水泥、沥青等胶结材料，将松散的废物包裹起来，减少废物的毒性和可迁移，减少二次污染。

（5）填埋

填埋是固体废弃物处理的最终技术，将经过无害化、减量化处理的废弃物残渣集中到填埋场进行处置。填埋场利用天然或人工屏障，尽量使需处理的废弃物与周围的生态环境隔离，并注意废弃物的稳定性和长期安全性。

第九章　水利工程与生态环境

第一节　水利工程与生态环境的融合

一、水利工程生态环境效应

在工程实践中我们可以充分了解到，水利工程对于调节区域内水资源分布情况，优化水资源利用结构有着重要的意义。所以，水利工程也成为保障居民生活以及企业生产的重要设施。随着我国水利工程数量的不断增加，人们也发现了水利工程建设会对生态环境造成不同的影响，包括积极影响和消极影响。在可持续发展战略不断深入的今天，人们也开始关注各种施工项目对生态产生的影响。很多专家学者根据项目的具体特性，明确了项目实施及建成后对生态的不同影响，也提出了相应的控制措施，这些措施在实际工程中取得了良好的效果。这里针对水利工程所起到的生态环境效应进行研究，为后续制定相应的生态保护措施提供参考。

水资源是一种可再生的资源，由于我国很多水文资源管理利用者没有认识到水资源管理以及利用的实质，缺乏有效的利用管理机制，水资源得不到有效的利用，并存在水资源浪费的情况。水利工程作为调节区域水资源分布、优化水资源利用结构的重要设施，其水资源生态调节能力已经受到了社会各界的广泛关注。随着环境生态保护意识的加强，我们在兴修水利的同时，也逐渐注意到水利工程给生态环境带来的影响。所以，如何在保证水利工程防洪、灌溉等功能要求的同时，确保工程涉及区域内生态环境质量，将成为水利工程设计、实施的重点和难点。

（一）水利工程生态环境效应概述

目前，根据现有研究，我们对水利工程生态环境效益提出了相应的解释。随着人们对于水利工程研究的不断深入，发现虽然水利工程能够在一定程度上起到水资源分布的正面作用，但是同样也会给环境带来一些负面影响。无论是正面作用还是负面影响，都需要进行深入的研究。

水利工程建设项目起到的环境效应会涉及环境破坏以及环境修复等问题，并且还需要技术人员对维护环境、降低环境负面影响的措施进行讨论。所以，在水利工程建设项目筹备期间，往往需要对项目本身存在的环境效应进行分析，经济效益和社会效益往往单独进行分析，从而提升水利工程正面效应，减少负面效应。

（二）水利工程对自然生态环境的影响

1．对河流系统的影响

以水库建设为例，水库建设完毕后往往需要利用拦河坝进行蓄水，在蓄水的过程中，河流下游流量明显降低，拦河坝上游水面标高提升，水域面积增大。当地水资源分布情况得到了调整，在一定程度上起到调节河流流量，确保当地用水需求的积极作用。

在水库实施泄洪、蓄水操作时，都会对当地河流的流量产生人为影响。如果不能合理计算水库的相应技术参数，那么必然会导致下游生态流量得不到有效保证等问题，甚至会导致河流改道、闭塞等问题的出现。

2．对当地植物的影响

一般来说，水利工程的建设地点都处于距离居民聚集区较远的地区，所以这些地区往往覆盖着较多的森林植被，其生态环境也体现出较强的原始性。由于在项目建设过程中很难避免林木的砍伐，所以会导致项目所在地植被覆盖面积的降低，进而加剧水土流失问题的恶化。如果水土流失问题恶化到一定程度，将导致河床出现不断抬高的趋势，进而降低河道流量的稳定性。另外，由于部分水利工程涉及蓄水的操作，当水面抬高后，也必然导致低海拔区域的植被被淹没，这样就导致低海拔区域植被的死亡。如果在这个区域内有珍稀植物，那么将在一定程度上影响当地植物种类的多样性。但是由于蓄水等活动，对于当地水资源所起到的调节作用，能够让当地植物获得更为充足的水分，能够在一定程度上促进区域范围内植物的生长，避免部分区域干旱、部分区域洪涝问题的出现，将水资源分布现状进行调整优化。

3．对当地动物的影响

在三峡大坝建设过程中，就涉及鱼类洄游的问题，专门为洄游鱼类建设了洄游水道，虽然这种措施在一定程度上保证了鱼类正常的繁殖行为，但是仍然对当地生物的习性产生了一定的影响。另外，当地部分穴居动物会在河岸、湖岸打洞栖息，工程建设过程中以及蓄水过程中则会导致动物栖息地受到破坏，这就影响了动物的正常栖息。部分主要居住在低海拔区域的动物会受到不利影响，其他预期为食物或者被捕食动物的生存状态也将受到不同程度的影响。

4. 对水环境的影响

水环境分为地表水环境以及地下水环境，由于工程建设活动，往往会导致油污、废水等污染物进入当地水体，从而对水体产生不良的影响。另外，在水电站、水库蓄水过程中水面海拔高度的变化也会导致当地水体温度的变化。虽然低温水生动物能够得到相对良好的生存环境，水生动植物种群变化，在一定程度上也丰富了当地物种，一些深水环境下能够生长的微生物、鱼类、水生植物，都能够获得良好的生存环境。但是由于动物种群的变化，水质也会由于水生动植物的生长活动发生不同程度的变化。

5. 噪声污染问题

在实际建设过程中，往往涉及施工设备的运转，所以难以完全避免施工噪声的出现。虽然目前我国对于施工项目噪声控制上已经颁布了相应的控制标准，但是施工噪声仍然能够驱散当地的部分动物，导致动物迁徙到人类活动更少的区域，从而破坏当地的生态多样性。在水利工程投入运营过程中，也会由于设备运转发生一定程度的噪声，这些噪声主要的影响对象就是当地的动物。所以，水利工程设施的设备噪声，是需要技术人员进行重点控制的影响。

随着人们环境保护意识的不断提升，我们发现人们更愿意采用环境友好型的水利工程设施，也将水电作为重要的能源供给方式。但是在研究水利工程建设过程中以及水利工程投入使用后的生态影响我们发现，我们需要对目前的技术方案进行优化，彻底解决项目对河流系统的影响、对当地植物的影响、对当地动物的影响、对水环境的影响、噪声污染问题，从而保证项目的环境效应。

二、水利工程与生态环境保护

随着城镇化进程的加快，城市问题日益凸显，人口拥挤、交通堵塞、空气污染、饮用水质量下降、垃圾处理不及时等问题日益引起了人们的注意。这些都严重影响着城市居民的生活质量，对生态环境也产生严重的破坏。所以，从社会层面上要积极普及环境保护的理念，强化环境保护的意识，积极发展绿色经济和循环经济。从多个角度、发挥社会力量来强化对生态环境的保护，努力构建环境友好型社会，实现经济社会的可持续发展。

要实现城市的可持续发展，就要积极提升城市的生态环境保护意识和能力，积极普及环境保护法律，积极构建环境保护工作机制，加大对环境污染和破坏的治理力度，积极发展城市绿色经济和循环经济，使得城市发展与生态环境实现协调发展，促进城市和人类社会的可持续发展。

（一）社会发展与生态环境之间的关系

1. 城市的生态系统

生态系统是生物学名词，指的是在自然界的空间内，生物和环境是一个统一化的整体，生活和环境之间相互发生影响、相互构成制约，在某个时期内实现相对稳定的动态化的平衡状态。城市生态系统作为人类对自然环境的适应，在一定的区域内实现人口、资源和环境的相互影响所建立起来的经济社会、自然环境的复合体。

2. 城市环境

城市环境指的是人类适应环境、利用环境和改造环境而创造出来的，一般可以分为自然环境和社会环境。社会环境一般指的是人口、经济、社会、文化等，而自然环境包括气候、土壤、地势地貌、植被生物等。在城市形成和发展过程中城市环境发挥着重要的作用。

3. 社会资源利用、再循环利用的原则

循环经济的应用，指的是对资源实现循环利用，不断利用和减量化使得城市污染物和废弃物等有害物质的排放量得以最小化，将那些可以循环、可以重复使用的资源充分再次利用起来。这也是被看作生态系统中在循环过程中的动态化平衡，究其本质就是生态利用模式，这也是当前缓解生态环境恶化、实现可持续发展的重要举措。

（二）水利工程建设的贡献

自古以来就有大禹治水的传说，通过清理河底的泥沙，将河流改道、拓宽等措施来预防水患。古时候的水利工程大多是用来防洪灌溉，修建沟渠，引水浇苗，为农业生产服务，如都江堰，通过在河流上修建堤坝来蓄水，抬高水位，从而为农业灌溉提供用水。

（三）大规模水利工程建设带来的负面影响

对原本自然植被的分布发生改变。河道上大量水利工程建设，会导致植被的多样性减少。下游的沼泽、湿地、草地因水源被拦截，导致缺水，或者因水源蓄积变成蓄水区。原本不同土地的类型被打破，生物的多样性也将直接受到影响。同时，不合理的灌溉，也会造成地下水位的升高，在光照的作用下，导致土地的次生盐渍化或盐碱化。

污染物的排放与沉积。早期人们为了追求经济效益，对污染物的控制不及时，处理不当，大量工业废水，生活污水通过管道流入自然水中。长此以往，水中的污染物浓度越来越高。由于水流较慢，污染物也会在此处沉降到河底和湖底，水的污染问题也愈演愈烈，水质变差，水体富营养化。

对气候的影响。大规模的围湖筑坝，水流的库区形成巨大的湖泊，在光照下蒸腾作用大大增强。库区水位升高，库区面积增大，最直观的影响就是气温与降水，越靠近库区降水量越小。水库的面积越大，蒸发量也就越大，这就对水库周围的植物动物的生存环境造成严重的威胁。并且强大的蒸发，也会形成雾气，不利于空气的流通。大型水库对区域气候的影响尤为严重。

生物的生存环境遭到破坏。自然环境是经过几万亿年的演变而来的，水利工程往往会破坏当地生物生存的自然环境。

对地质地貌的影响。水利建设势必对河流原本的流向、路径造成影响，越大的水利工程对地质的压迫越大。与海洋不同，位于陆地上的水利工程会对板块带来更大压力。巨大的水库蓄水区，库区越广，存放的水量越多，水底的压力也就越大。对板块运动也会产生一定的影响，容易诱发地震、泥石流等地质灾害。

（四）水利建设与生态环境保护的协调发展

在经济发展的同时也应该做好环境保护工作。近年来，长江的污染问题越来越严重保护长江更是刻不容缓。经济过快增长带来的是水资源的不合理利用，水体污染，水利建设与管理的不规范性，这些问题共同导致了如今自然环境的破坏。要在水利建设的同时做好环境保护就必须做到以下几点：

（1）把好水利建设关。加强水利部门对水质、流量等水文因素的把控。严格审批流程，组织专家队伍，对各地水利设施进行考察，科学管理与审批，在进行大规模水利建设时，必须经过全方面严格的考察，全方位，多层次权衡利弊，既要有利于社会经济的发展，也要有利于环境的保护。

（2）合理利用水资源，节约用水。强化节水意识，保护植被，合理放牧，保护区严禁开垦。

（3）大力发展绿色行业。调整产业结构，使用清洁能源，大力推广太阳能发电和风能发电，减少水力、火力发电。污染物集中处理，强化公民意识，减少垃圾入水。

（4）对于已经发生土地沙漠化的地区予以育草植树，涵养水源，减少水土流失；对于已经发生环境破坏的地区采取积极的修复治理措施。

水利工程建设要与环境保护相结合，综合考虑，权衡利弊，合理地利用水资源。饮水思源，发展经济不能建立在破坏环境的基础上，不能走先污染后治理的路。要科学调配，保护人类赖以生存的自然环境，使我们的水更绿，天更蓝。

三、水利工程生态与环境调度初步

经济发展离不开水利工程，但在我们享受水利工程带来的效益时，河流等生态环境却承受着巨大的影响。在工程施工过程中，废水、废电、噪声等对周围水域造成了不利影响，完工的水利工程又改变了水量平衡、水势结构等方面。因此，必要的生态和环境调度是重中之重，考虑经济开发和生态环境双重因素，运用正确的调度方法进行生态环境保护，减少水污染，为人类可持续发展奠定基础。

（一）生态调度简述

生态调度是指从管理层面的角度出发，以满足经济社会发展需求为前提，通过对水利工程的合理调度，达到河流生态健康和可持续性需求的技术手段。水利工程建设的规模不同，对生态环境造成的影响也不尽相同，因此相应的生态调度技术也不尽相同。如在水库调度方案设计和调整中，要明确下游需要保护的目标及其需求，确定维持下游生态功能不受到损害的下泄水流量。生态调度的任务也有很多，尽可能恢复河流的连续性，尽可能保证水库下游的生态用水，尽可能改善生物栖息地质量等。生态调度的重要性不言而喻，降低水利工程建设对生态环境的影响，维护水库生态系统的稳定性，制定合理的、科学的水库调度的计划，从而降低其对河流的不利影响。

（二）水利工程生态与环境相关技术

1. 河流生态健康指标

河流健康是指河流的生机与活力，河流所具有的正常功能和作用。人类需要健康，河流也不例外，健康的河流是人类可持续发展的重要保障，我们没有必要因经济发展而离开“纯自然”的健康河流，创造一个自然和谐的社会是必需的。河流健康指标是河流管理的重要评估工具，也是生态与环境调度的基本保障。人类如何合理地开发河流，离不开一套参考标准，将现实河流的生态情况与标准进行比较，做出评价，科学地进行开发工作。河流生态健康标准主要有五个方面：水流、水质、河岸带、水生生物和物理结构，这些指标组成一个完整的系统。

2. 水库调度运行技术

水库是调节径流、实施水资源调度的重要工具和技术设施，在水资源系统运行调度中占重要作用。水库调度是合理利用其工程和技术设施，在对入库径流进行经济合理调度，尽可能大地减免水害、增加发电和综合利用效益，以实现水资源的充分利用。水库调度可分为：跨流域的水库群联合调度、流域内水库群联合调度和单一水库调度等等。水库调度技术十分复杂，例如水库泄流技术，以河流的需水研究为基础，进行选取增大上下泄洪量，以达到保证水库用水需求的目的。水库调度运行技术将数学模型与物理技术相结合，实现生态环境与水库基本功能协调发展。

3. 社会经济分析

水利工程的生态与环境调度分析主要以生态经济系统为分析对象，应实现经济利益最大化，所以进行社会经济分析是必不可少的。经济效益有很多种，水利工程造成的水污染、生态破坏，实施生态与环境调度给水利工程建设带来的影响等等。

水利工程是水资源有效利用的重要保障设施，它一定程度上防止了洪水给人们带来的灾难，大量的水力发电给人类的生产生活提供了足够的供电需求。但在大力发展水利工程的同时，河流湖泊的生态环境正在遭受着威胁，工程的实施改变了原有的地貌、河流流量等等，对气候、水生物以及人类造成了不利影响。开展生态调度是必需的，通过合理的、科学的调度措施，使人类与自然和谐进步，创造可持续发展社会。

四、水利工程建设与保护生态环境可持续发展

现阶段，为了强化工程项目建设和生态环境关联，需要加大水利工程建设。在新时期背景下，需要加大环境保护的力度，实现生态环境的可持续发展。

水利工程项目的快速发展其对生态环境产生了不小的影响。一直以来，中国的生态环境面临的形势较为严峻。尤其是近年来，在经济技术的推动之下，人们过度地开采自然资源，忽视了生态环境所能承受的范围，打破了生态环境平衡。基于此，要站在生态环境保护可持续发展角度进行分析，实现经济发展和环境保护的双方共赢，以便更好地进行水利工程建设。在平原水库建设过程中，应该加大水利基本建设工作，进行平原水库的建设工作，解决基础的用水需求，针对已建成的平原水库，需要进行及时的养护，做好平原水库的统筹规划，加大水库的运行管理工作。

（一）水利工程建设与保护生态环境可持续发展之间的联系

通常情况下，加大水利工程建设，一方面，它能有效地解决水资源短缺问题，优化水资源的管理效果，集中解决水资源分布不均匀的问题，规避自然灾害。在满足自然条件的基础上进行环境综合因素的分析，确保参建方案符合实际情况。大多数的水利工程建设项目主要是对地下水、地表水进行全方位的调控，能够满足区域可持续发展的客观需求。在某种程度上，水利工程建设是在生态区内结合生存和发展的基础，不仅能够完全地抵御自然灾害产生的威胁，而且能够对资源项目进行合理化使用；另一方面，在水利工程建设项目实施过程中，也能有效地解决水资源分配不均匀的问题，在运维管理和模型之间建立行之有效的控制措施，根据区域的自然条件、人文要素，制定科学的管理框架，减少人为破坏。

（二）水利工程建设对保护生态环境可持续发展的影响

目前，加大水利建设在提高自然灾害防御能力的同时，能有效地削减洪峰洪水，降低自然灾害的危险程度以及发生的频率。在水利开发工程建设时，水电是一种可能可替代的化石燃料。它和传统的火电站相比，能够减少对环境产生的破坏，降低设备的运输压力。因此，水利枢纽渠道在水利工程建设中扮演着重要角色，它有水库调节的作用，有效地增加枯水期的下泄流量、提高自身的自净能力。

然而，在进行生态环境保护过程中，由于绝大部分的河流水库成为设计工程作业的必经之路。因此，在大气自然的作用之下，会使区域降水增多，引起泥石流和地下水过多，在一定范围内出现极端天气和污染。除此之外，它对生态系统有着一定的影响，在进行大型水库建设时，可能改变了河流沿途的河流流域、威胁河流沿途的生态植被以及其他生物的生存环境。

与此同时，加大水利工程建设也会对周围的土地水源产生一定影响，在进行参建过程中，由于建筑原材料以及废弃垃圾会对河流产生影响，掩埋垃圾会对土地的土质产生消极的影响，再加上饵料生物改变水库，水库极端运行会使水分、水质等都发生变化，进而通过影响流域水文生态环境，改变渔业的发展轨迹。值得注意的是，它还会对周围的文物发生破坏，在初期的建设阶段，需要对文物的价值进行预算，避免产生过度的经济损失。

（三）在水利工程建设中实现生态环境保护和可持续发展的具体路径

1. 健全法律法规

水利水电工程和人们的生活密切相关，在水电工程项目实施时，应该加大全方位的控制工作，建立完善的法律法规，对整个施工建设过程进行严格的监管，使其有章可循，不能肆意地破坏生态环境。相关的负责人应该强化责任意识，主动承担起保护生态环境的职责，积极地消除负面影响。与此同时，区域部门还需要严格地参照中国的基本国情，探索行之有效的方式，避免水利水电工程建设时产生的成本损失。在必要的时候，还可以制定有效的补偿措施，建立新型的移民补偿机制。

2. 转变传统的思想理念

现阶段，为了优化水利工程生态系统，确保在流域范围内促进经济社会健康发展，在项目实施建设阶段，应该强化生态环境建设力度，突出生态环境保护的优势，改变传统的思想理念，在工程建设时，要和生态环境可持续发展进行融合，树立科学发展观，实现人和自然协调发展，这样才能在最大范围内进行工程建设和生态环境进行协调。

3. 强化水土保护工作

目前，在工程建设预约保护生态环境可持续发展过程中，不仅要改变人员的思想理念，健全法律法规，还应该强化水土保持工作，加大项目管控，提升水土保持工作的重视程度。针对生态环境较为薄弱的区域，应该积极地建设实践活动，结合区域的现有资源，实现生态环境和水利工程项目的协调发展，在提高水资源管理水平的同时，落实宏观管理机制，树立全面的环保意识。

4. 建立完的维护体系

在生态环境可持续发展项目落实过程中，不同的技术人员对生态环境保护的理解是不同的，为了强化统筹管理的作用，提高关人员的环保意识，要以强化制度的实效性为主，进行综合的考评工作，以工程建设生态环境保护为主，充分挖掘水利工程建设中的积极意义，构建具有实际价值的运行方案，建立完善的维护体系。在具体的操作中，不仅要结合实际需求，强化项目管理，还需要降低项目开展对生态环境产生的影响，实现项目建设和生产环境的可持续发展，充分挖掘潜在的经济价值。

综上所述，为了充分地发挥水利工程建设对周围生态环境产生的积极作用，应该强化区域水土保持工作，做好水土流失治理，一方面，需要强化资金管理，实现国民环境的保护，建立完善的奖惩措施；另一方面，还需要加大宣传工作，植树造林，以更好地推进区域的经济发展。

第二节　生态水利工程建设

生态水利工程建设是从保护生态环境的角度出发，最大限度地满足经济发展对水资源的需求。在水资源污染严重、资源储备紧张等一系列问题的形势下，贯彻实施生态环境保护这一目标，使传统水利工程改革向生态水利工程转变势在必行。

一、生态水利工程的内涵

生态水利工程是指在新建水利工程在传统概念工程建设的基础上同时具有河流生态系统的修复任务，以及对于已建成的水利工程所影响的河流生态系统进行生态修复任务。生态水利工程要坚持经济发展和生态环境保护相结合的规划理念，平衡经济发展与生态环境保护的关系，以系统保护、宏观管控、综合治理的方式进行生态水利工程建设，保护水资源的安全，促进河流生态系统的良性循环。

二、基本原则

（一）安全性与经济性原则

生态水利工程建设的安全性和经济性是建设原则中的首要原则。首先，在进行生态水利工程建设施工方案的制定过程中，要做好对当地生态环境的时间考察，并对当地的地形、地貌以及当地气候、河流形态等因素进行系统记录和科学的分析。其次，将水利工程力学和水文学的相关规律有效结合，保证水利工程能够承受住洪水、干旱等自然因素的影响。最后，在生态水利工程建设过程中要按照最小风险、最大利益的原则，将多种设计方案进行比较分析，降低生态水利工程的风险。

（二）生态恢复原则

对于生态环境修复功能，首先，应该将重点放在生态景观大尺度。其次，生态系统的修复不仅包括水域范围内的河流生态体系，同时还要考虑周边的陆地生态环境；不仅要考虑到河流水域自身生物多样性的恢复，还要包括外来物种的多样性的恢复。生态水利工程的建设要对当地的水文条件和生态环境进行实地考察，全面掌握河流形态和生态环境的多样性，运用新的工程建设理念，为生态多样性提供实行的可能，提升生态系统的自我恢复功能。

（三）整体性原则

河流的生态系统具有整体性，会因为降水量变化和气候变化等因素而发生变化，因此，在进行河流水域生态系统的修复管理过程中，要以长期大景观尺度作为生态环境自我恢复的基础，拒绝使用短期小尺度范围作为生态环境自我修复的基础，而大景观尺度作为生态系统自我修复的基础具有修复效率高、成功率高的优势。因此，生态系统的恢复不仅针对河道的水文系统修复，而且要对河流水域生态系统进行整体性的综合修复。

三、具体策略

（一）加强生态空间管控的约束作用

由于水利规划的约束机制较弱，致使水利工程建设出现了工程入河排污口的规划布局不合理、生态用水和生态空间被占用等一系列的问题。因此，要加强水利工程实施过程中深入贯彻国家生态文明建设的新理念思想战略，全面更新水利规划的相关内容，积极发挥水利“多规合一”空间规划的核心作用，强化生态环境保护约束。

（二）制定建设标准体系

根据生态理念建设的要求，全面革新水利工程规划建设的标准体系，加强推广新技术、新工艺、新材料新管理运用等要素的力度，提升生态水利工程建设的质量和效益。转变传统水利工程追求利益最大化的建设理念，将保护生态环境、修复生态系统作为水利工程建设的首要目标，降低资源消耗和生态损耗，引导水利工程承担生态系统保护的责任。

（三）推进已建水利工程的生态提升

首先，评估已建水利工程与生态环境保护之间的差距，按照确有需要、因地制宜、量力而行、分步实施的原则进行已建水利工程的生态改造；其次，根据水利工程生态修复提升改造的标准，将已建工程按照无须改造、生态化改造等类别进行标准划分，针对性地修复生态受损系统，减缓已建工程对河流水域生态系统以及生态功能的影响。

（四）提升监控力度

充分利用互联网、大数据等现代信息技术，加大生态水利工程的监控和力度，完善修复生态水利工程的监控体系。通过搭建水利工程信息平台，完善河湖生态流向信息监控体系，提高水电站等基站的生态调度管理水平，将生态水利工程有效落实。强化水利工程领导层的生态经济理念，以生态环境保护的理念管理水利工程，实现生态水利工程的最低消耗最大效益的基本原则，促进人与自然和谐发展。

综上所述，由于传统工程水利对生态环境的影响比较大，环境问题日渐严峻，因此生态水利工程更加符合社会经济可持续发展的要求。生态水利工程是保护生态环境功能和修复生态系统的迫切需要，正确处理好水利工程建设与生态环境保护的关系，对河流生态环境恢复有着极大的意义，能够有效地促进社会经济的可持续发展。

四、水利工程生态河道的建设与施工

近年来，随着我国经济水平的不断提高，人们的生活质量也在逐步提高，因此，人们在日常的生产生活中，对于水资源的需求量也就越来越大。但是，由于过去人们对于水资源以及生态环境的保护意识较差，导致我国大量的水土资源开发不够科学完善，导致我国较多的水资源受到严重的破坏。河道本身就是生态环境的重要组成部分之一，随着科学技术领域的不断进步，各种新工艺和新材料不断进入施工领域，给施工建设越来越大的施展空间，也给生态环境带来更多的问题。由于河道建设的基础来源于自然环境、生态河道建设和发展，更接近自然环境，需要根据具体的环境特点进行渠道建设，保留自然特色和生态特色，把建设环境与经济发展环境建设相结合。

生态型河道建设为河道治理提供了一种新思路，不仅能改善河道水环境，促进河道生物多样性，还能美化城镇和乡村，促进城乡和环境的协调发展。

（一）环境生态在河道治理工程中的重要性

河道治理是传统实用工程，是活跃的领域，自 20 世纪 70 年代起水利工程与河流生态系统有着紧密的关系，也引起了国际科技界的广泛重视，成为环境领域中的重要话题。生态水利指的是以生态企业管理为中心，以生态平衡要求与法则为中心，基于生态角度对水利工程建设进行研究，能够实现水资源的循环利用，构建良性循环体系。提高河道治理水平，满足人类的多元化需求，必须要加强生态环境工程的开发力度，确保生态环境稳定发展。生态水利将人与水土置身于统一的范畴内进行综合考虑，兼顾人与自然的众多利益关系，在生态水利规划以及设计施工过程中应用多元化的方式，有助于丰富河道治理内容。河道治理中应用生态水利能够有效地提高应用效率，改善堤坝结构，控制水源蒸发量，提高水资源的使用效率。

通过选用先进材料有效地改善水利工程性能，减少小型水利工程中的病害，同时有效保护水利工程的多样性生活环境，构建和谐生态环境。在河道治理工程中应用生态水利系统，能够避免在建设中存在系统破坏以及环境污染问题，将环境保护与经济效益有效融合，切实取得良好的发展效益。

（二）生态型河道治理的原则

按照“节水优先、空间均衡、系统治理、两手发力”新时代治水工作方针要求，以改善环境质量为核心，以解决河道治理中突出问题为重点，本着河道保护、治理、修复和恢复的理念，大力推进生态河道建设。因此，在生态型河道在建设过程中须遵循以下基本原则：

1. 注重亲水功能，体现人水和谐

工程建设要注重河道潜在亲水功能和服务功能的开发，处理好人与水、人与河的关系，建造相应的基础设施，使河道具有亲水、安全、舒适的特性，营造人与河流和谐相处的环境。

2. 注重自然方式，强化生态化整治

在进行河道整治时，要采取自然的、生态的修复方式，如种植适宜的水生植物，建造沿河两岸绿化带，恢复河道自然生态系统和生物多样性。在河道治理时，应遵循河流的自然演变规律，恢复河道原有的自然形状，不易拆弯取直，形成河道干支流、深潭、浅滩、瀑布相间的合理格局，同时完善生态景观建设。

3. 注重与流域经济社会发展相协调

河道治理要融入当地经济社会发展大格局，结合区域经济定位，对河道进行有助于经济社会与自然生态环境相协调的整治。统筹城乡住宅、交通、基础设施建设等与自然生态系统相融合，提升河道生态服务功能，打造人与自然相和谐统一的宜居环境。

4. 注重城乡和农村污水收集，截断污染源

在进行河道治理时，要在沿河两岸新建贯通河流上下游的截污干管，并完善收集管网，扩大生活污水和工业污水收集范围，做到应收尽收，提高城乡和农村污水处理率。充分发挥河长制的作用，督促相关职能部门将沿河两岸的垃圾、废弃物等及时清运，彻底切断污染源，防止对治理后河道水质二次污染。

（三）生态河道建设的对策

以上的生态环境问题存在于各个河道建设的项目中，对于生态环境而言，其最核心的要素是寻求平衡，因此，只有在河道建设过程中设法维持生态环境原有的平衡性状态，才是对环境的最大保护。

1. 合理使用技术及新材料

在前述的河道建设问题中，关键点在于河道的建设改变了生态原型而在施工中增加生态理念，可以改善这种现状，例如对于没防洪需求的河道，可以采用生态木桩护岸，对于防洪要求较低的河道可以利用预制砌块、加固垫、植物垫、格宾网等设计适宜的驳岸形式。新型材料大多数都具备多孔结构和高透水性，可以更好地适应河道建设，也有利于整体生态环境的物质循环，促进植被更好地生长，而目前这些材料的价格也不高，能够确保投资不会超支。其次在后期维护方面要增加引进适合的生态技术以尽力维持生态现状。

2. 绿化及景观建设必不可少

在河道建设中尽可能地减少对生态环境破坏的同时，还要尽可能地营造良好的生态环境，也就是要在合理预算控制之内，加大对于项目绿化及景观的建设。从对河岸的保护出发，在对原有植被做最大力度的保护后，还可以因地制宜地增加绿色植物的种植范围和种植种类，如树木、灌木、小乔木等，从景观角度出发，则可以将植被的种植空间进行规划，植被可以采取山高至低的种植方式增加错落感，也可以从颜色出发营造由浅至深的渐变感受，这样不但可以增强防止水土流失的功效，还可以增加河道的美观性；同时可以在河道两侧增加部分与人相关的设施，例如，供路人休息的座椅，供居民与水共处的亲水平台等，这样可以使河道的整体生态环境与周边居民的生活环境有机地联合

起来。最重要的是通过绿化和景观的建设，可以进一步地改善河道的生态环境，充分保护河道内生态的多样性，为生物提供更加适宜的生存环境。

3. 统筹兼顾、协同建设

河道建设过程中还需要注重治理周边污染源控制，统筹兼顾，协同建设在企业污水纳管的大环境下，现阶段污水的来源集中在农村生活污水、农业废水和养殖尾水等，若是没有办法削减污染源，那么再好的生态河道建设都无济于事。实施农村生活污水纳管，将放任自流的农村生活污水纳管集中处置后再排放；农业废水也是重要源头之一，要因地制宜地采取措施，通过小型湿地建设，水循环利用等一系列方式，减少农田废水进入河道，削减氮磷入河；对养殖鱼塘进行提标改造，加强水循环利用，增加尾水处理设施，所有入河尾水达标后方可排入。所实施的一切都是为了降低河道的负担，让河道能通过自净来维持生态环境。

4. 建设单位需要加强生态建设的资金预算

生态河道建设在我国还处于公益类型支出，完善的生态河道建设需要投入大量的资金，这就造成多数建设单位难以在预算中增加对生态河道建设的投入诚然，经济效益是需要考虑的，但生态建设是利于环境，利于未来的重要理念，建设单位一定要转变思路，不能仅仅考虑眼前的利益，还要考虑长远的发展，况且如今的生态材料的投入总成本也在随着相关科学技术的发展不断降低，建设单位可以加大资金投入，做好资金管理，确保生态建设能够成为河道建设中的关键一环。

（四）生态河道护岸的类型与应用

1. 自然型护岸

自然型护岸，顾名思义，就是护岸材料大多数为天然植物，依靠大自然原有的植被护岸。一般来说，护岸植物以水生和湿生植物为主，种类多且多为软质景观，物种多样性好。自然型护岸具有工程量小、施工简单、成本低等优点，但同时因为植被的根系加筋作用不强，在抗水流冲刷以及抗岸坡稳定方面的缺点也很明显。因此，自然型护岸一般仅适用于降雨少、水位落差小、流量小的河道。当然，由于这种纯自然型护岸适用范围小，抗滑稳定性差，因此，大多数的自然护岸在岸坡种植植被的同时，在坡脚利用木材、石材等天然材料护底。这些材料一般为树桩、竹篱、草袋等再生材料，对原有植被的生态性干扰小，同时，增强岸坡的抗冲刷能力，但是工程量较大且成本较高，可用于河床不平整、冲刷不严重的河段。

对于自然型护岸来说，由于其护岸材料主要以植物为主，所以该种护岸形式有限，常见的护岸形式有：水生植物护岸、植草护岸、植物纤维垫护岸等。

植草护岸。植草护岸是利用植物根系的加筋作用来抵抗水流对河岸的冲刷作用，起到减少土壤流失，改善土壤结构，维护岸坡生态功能的作用。单纯的植草护坡其实无法有效地维护岸坡稳定，所以一般植草护坡通常与其他人工护坡技术相结合，通常的做法是在河底抛石镇脚，或者使用直立矮墙与混凝土方格结合形式护坡。

河岸防护林护岸。河岸防护林护岸是利用树木或竹子发达的根系产生对水流的阻滞作用，减轻水流对河岸的冲刷和侵蚀，同时还能改良土壤，增加土壤的有机含量，增强土壤的持水能力。

2. 人工型护岸

人工型护岸，就是采用钢筋混凝土、金属格笼等人工材料进一步巩固植被护岸能力，同时兼顾护岸的安全性与景观性，可以说是自然型护岸与传统护岸比较完美的结合，适用于各种类型的河道，不足之处就是工程量大且投资较高。人工型护岸将会是今后河道整治工程采用的主要生态护岸之一。

3. 新型人工型护岸

新型人工护岸，又可细分为土工复合材料护岸技术和新型植被生长基质。由于土工合成材料强度高、耐久性佳、渗透性强，能很好地与岸坡土体、岸坡植被形成稳定的防护体系。

生态袋护岸技术。生态袋护岸技术是一种柔性生态护岸，能适应变化不均的坡面，装有腐殖土等植物生长基质的生态袋与坡脚石笼共同抵御水流冲刷，是一种复合型护岸技术。

土工格室生态护岸技术。土工格室生态护岸技术常见于河道护岸工程，主要在岸坡上铺设土工格室，格室内填入腐殖土、碎石等混合材料，在格室表面植草，是一种兼具生态景观功能和防洪功能的护岸技术。

三维植被网技术。三维植被网技术是在岸坡表面铺设土工合成网格材料，并在表面种植植被，植被根系穿过网格与土壤牢固结合，利用土工材料的高强度以及植物根系的加筋作用形成岸坡防护系统，具有良好的抗冲刷性能。

生态混凝土。生态混凝土的原理是在保持混凝土抗压强度的同时在其中加入生物基质，且要求混凝土的孔隙率大于25%。这种生态混凝土护岸同时兼具传统护岸的防冲要求和植被的生长要求，具有良好的生态景观功能和抗冲刷性能。

水泥生态种植基。水泥生态种植基与生态混凝土功能类似，是一种由土壤、水泥、河沙、肥料和有机质等组成的多孔性三相结构体，是植物生长的良好环境。

土壤固化剂技术。土壤固化剂技术是在土壤中加入特殊的固化剂，经过物理化学反应后形成三维网状结构，提高土壤的强度与密实度，在保证岸坡植被生长环境同时提高岸坡的稳定性。

综上所述，建立和完善健康的河流栖息地和多样化的生物种群是河流生态系统建设的前提。传统的河流建设方案和工程材料忽视了对河流生态环境系统的维护，导致生态环境系统的退化。所以，有必要探索河流生态环境系统和河流演变的特点，并提出对策，实现生态通道的建设项目，给予适当的自由发展，充分地利用生态环境友好工程材料，为了适当地开展建设项目河道建设工作需要全面引入生态理念，将生态融入建设工程的每一细节中，尽量实现项目与自然的和谐相处，不断地改善优化河道建设的各项技术，最终达到保护生态环境的目的。

五、水利水电工程生态堤防的建设

（一）生态堤防的概述及其基本原则

1. 生态堤防的概述

针对生态堤防设计方法，侧重总结了的方案有以下三种：①原生态护岸河堤，具体是在两岸种植芦苇及柳树等亲水性植物，以对河堤进行一定的保护，但是该方案在抵抗洪水等方面难以取得良好的保护效果，因此适用于坡度较缓和的腹地河段；②自然型护岸河堤，实施方法是种植绿色的花草树木，使树木和石头木材等生态材料结合得到堤岸保护体系，该方案适用于坡度较陡以及受冲刷损伤严重的堤岸；③人工型护岸河堤，这种方法主要适用于对防洪需求高的堤岸，常见于自然型护岸河堤并借助钢筋混凝土材料进行加固，该方案在洪水多发区域有着广泛的应用。

2. 生态堤防设计的基本原则

①安全性原则，安全性是工程建设的基础性原则，在生态堤防的设计过程中，需要严格遵守设计标准与要求，最大限度地保护人们的生命财产安全；②整体性原则，生态堤防设计是对河流生态系统上的延伸，生态堤防作为其中重要的组成部分，对整体性原则有严格的要求，即确保生态堤防的设计与原有生态体系的有效结合，共同构建完整的河流体系；③自然性原则，该原则要求在建设过程中不能损坏原有的水土与环境，即在保护环境的基础上，充分利用施工区域的自然环境，从而实现工程造价的有效降低，同时大幅度地提升生态效益；④亲水性原则，指的是在堤防建设过程中，为当地居民打造一个自然舒适的活动场所，便于其近距离欣赏与亲近自然。

（二）水利水电工程中生态地方建设应用

1. 堤线的布置与堤形的选择

在生态堤防建设时，要尽量地避免对自然形态进行破坏，尤其是面临出现分叉的地区，不仅要加大重视程度，更要采取必要建设措施，避免对生态环境造成进一步的危害。要协调好生态保护和治理之间的关系，在保证泄洪问题得到解决的前提下保证生态环境，真正实现河流自身净化功能，为我国良好生态环境的建立奠定基础。

2. 注重防护岸设计的科学性

要想保证生态系统功能的全面发挥，首先要保证防护岸设计的科学合理性，尤其是陆地与水面的结合位置处极其重要，这一结合位的建设，在一定程度上将直接影响生态系统的全面建设质量，甚至直接关乎动植物是否可以实现长期发展。因此，这些区域的设计一定要建立在以科学、合理为标准的基础之上。对以往的同类工程进行分析，其中大部分工程建设均会对河岸造成破坏，所以，在如今的水利水电工程建设中，首先要加大对河岸的保护程度，根据具体情况，采用必要的保护措施，在保证生态系统多样性的同时，加大对动植物的保护力度。

3. 合理设计河流断面

因为河流处于地段以及方位不同，所以不论流速以及深浅都存在一定差异，为了进一步保证河流的多样性不被破坏，首先要注重河流本身所具有的特征，由此在保证生态景观多样性的同时，提升生物群落的数量。在具体设计与施工过程中，要充分地利用各软件技术，利用现代化技术，加大对河道断面的保护力度，充分发挥河道的主导工程，避免单一化问题的出现，以进一步加强河流的多样化程度。

4. 有效利用现代化生态材料

首先，加强生态护坡产品的应用程度，在原来的基础上，进一步保证经济实惠等多方面优势。而在实际应用中，生态护坡的建设要根据施工需求进行具体设计，待平整工作结束后，即可进行铺设土工布阶段，且为了更符合施工需求，在进行铺设时要预留出10cm的空间。其次，吊装工作的质量将直接影响整体施工质量。因此，不仅要采取专门的工具进行吊装，更要按照规定比例进行安装，待安装结束后，即可铺设功能型产品，并用金属板将其进行连接，待连接完成后，最后，依次放入填充物即可。在整体施工过程中，要尤其注重对BSC混凝土的应用，因为这种混凝土相比较于普通混凝土，不仅强度更高且稳定性更高，更能符合施工需求。

总之，生态水利水电工程已成为现代水利水电工程的基本工作要求。水利水电工程的建设，必须综合考虑当地的生态环境制定科学合理的施工方案和保护措施，减轻对当地生态环境的影响和破坏。现代水利水电工程不再是传统的掠夺式、破坏性开发方式，而是以可持续发展为基本原则，追求人与自然的和谐发展。

第三节　水利工程与生态环境的创新研究

一、水利工程生态环境影响因素

随着我国经济的发展，我国很多地方的水利工程建设越来越多，但是，水利工程在施工过程中很有可能会对周边的生态环境造成一定的影响，破坏当地区域原有的生态环境，造成对当地环境不可估量的损失。与此同时，现代水利工程也对施工技术提出了更高的要求，因此，研究水利工程生态环境影响因素具有非常重大的意义。针对这样的情况，将对水利工程生态环境影响因素进行具体的分析研究。

（一）进行水利工程生态环境影响因素分析的重要意义

在水利工程施工的过程中，水利工程作为一项业务复杂和规模庞大的系统化工程，水利工程所涉及的专业学科知识很多，在这样的背景下，就需要在水利工程施工的过程中，充分地了解这些背景知识对于水利工程周边的环境保持有着积极的作用。与此同时，水利工程在施工的过程中，对于周边环境的各种生态因素会造成一定的影响，由于水利工程施工周期一般比较长，并且人们对现代水利提出了更为严格的要求，导致水利工程对周边的生态环境所产生的影响因素很多，因而需要采取相关的治理措施，以保证水利工程周边的生态环境不遭到破坏。在这样的背景下，为了进一步消除水利工程对生态环境造成破坏的隐患，有必要采取有效措施认识水利工程生态环境影响因素，并对水利工程的施工过程进行规范化处理，保护水利工程的周边生态环境。

（二）水利工程生态环境影响因素分析

1. 施工用料对水利工程生态环境的影响

水利工程中的施工用料很多，一般主要包括砂石、水泥、混凝土、砌体砖和石灰等，水利工程施工用料的选择对水利工程的周边生态环境有很大的影响。具体来说，在水利工程施工的实际施工过程中，水利工程施工用料的选择包括施工材料的规格、粉尘含有量和强度等。因此，水利工程施工用料不仅会影响到水利工程的质量，还会影响到水利工程的周边生态环境。截至目前，很多水利工程在使用施工用料的时候，并没有对施工用料进行严格的检查，也没有考虑到施工用料中所含有的成分对于水利工程周边的生态环境所带来的破坏，这样就会导致很多质量不合格、不符合生态环境要求的水利施工用料被使用，从而严重影响到水利工程周边的生态环境质量。

2. 人为因素对水利工程生态环境的影响

水利工程现场施工人员一般包括项目管理人员、监理工程师和现场施工人员等，他们都有不同的工作任务，然而，这些水利工程的施工人员和管理人员也会直接地影响水利工程周边的生态环境。尤其是水利工程的施工管理工作人员，应该及时地与现场施工人员进行技术交流和工序验收等，规范水利工程操作人员的操作行为，防止在进行水利工程施工的过程中，出现水利工程废弃物的随意堆积、水利工程废水的随意排放，以消除水利工程施工过程对周边生态环境的破坏。

3. 施工方法对水利工程生态环境的影响

水利工程的施工方法也会影响水利工程周边的生态环境质量。具体来说，水利工程的施工方法一般包括具体的施工工序、生产技术和操作流程等。在进行水利工程施工方法的确定过程中，首先要考察的就是水利工程周边的生态环境因素，并根据水利工程周边的生态环境因素选择合适的施工方法。如果没有对周边的环境因素进行有效的考察，随意选择施工地点，很有可能会对周边生态环境造成不可挽回的破坏。

4. 施工机械、设备对水利工程生态环境的影响

在水利工程施工的过程当中，一般包括土方开挖、地质勘查和现场测量等操作过程，但是这些操作工序都需要使用很多的机械设备。主要的施工机械设备包括挖掘机械、起重吊装机和搅拌机等，这些机械设备会对水利工程的周边的环境保持具有很大的影响。然而，由于水利工程施工人员操作机械不规范，造成对周边的生态环境的破坏。

（三）解决水利工程生态环境影响因素的具体措施

1. 合理规划水利工程施工范围

水利建设施工的事前控制是影响水利工程周边生态环境的重要因素。因而在水利工程实际过程当中，应该结合水利工程设计的规模、性质和特点等。水利工程前期的准备工作应该选择合理的技术和施工方案，为后续的水利工程施工周边环境的保持打下良好的基础。同时，考虑影响水利工程施工的综合因素，还应加强对水利工程施工过程的管理。当水利工程施工的周期确定之后，还应该充分地考虑水利工程项目的施工难度和投资量情况，同时结合水利工程施工现场的环境特点，以制定出具体的施工方案。但是，在水利工程实际的施工过程当中，还要求设计人员与水利工程施工人员做好交流工作，经过对比和分析，以选择出最优的水利工程施工方案。在水利工程施工之前，应该全面地考察水利工程的设计和进度计划等，进一步完善对设计的水利工程施工方案，以便于确保最终的施工设计方案能够有效地降低对水利工程周边的环境因素造成破坏。

2. 科学建立健全的水利工程生态环境保护体系

一直以来，水利工程施工生态环境保护都存在环保管理体系不健全的问题，因此，提高水利工程生态环境保护管理水平需要科学建立健全的环保管理体系，一般可以从以下几个方面进行：

第一，在进行水利工程环保管理时，管理人员应该多到施工现场检查以下细节问题，进而保障监管制度具有一定的效果，使得水利工程施工监管人员的质量管理工作能够按照完善的监管制度进行，尽可能地降低对周边生态环境的破坏；第二，加强对水利工程施工中质量管理人员的检查，采取有效措施加强约束注册质量管理人员的工作，提高水利工程环保管理工作人员的水平，避免不合格的质量管理工作人员从事到实际工作中，促进水利工程生态环境的保护；第三，制定科学合理的责任制度，一旦出现生态环境问题可以迅速地将生态环境问题追究到个人。

综上所述，在进行水利工程施工的过程中，使水利工程环保受到影响的因素是多种多样的。针对这样的情况，水利工程施工单位应该从施工之前就充分地考虑影响水利工程环境保护的各种因素，降低水利工程施工对周边生态环境的破坏。

二、生态水利工程开工战略

（一）强化对于水利工程的整体安排，因地制宜展开水利工程

第一、在水利工程开工之前，相关部门要求结合、整体了解水利工程开工对该地区生态环境的影响，对水利工程实行具有可行性和可能带来的经济效益和社会效益做整体解析。在整体解析过后完成对水利工程的整体安排。第二，在水利工程进展的时候，要求相关部门可以因地制宜地实行开工，在充足使用各种资源的时候最大限度地降低水利工程开工对生态环境的影响。第三，水利工程开工假如触及居民的迁移问题，就要求政府部门在水利工程实行之前拟定完善的居民迁移要求，来强化居民对水利工程建设开工

的赞成，降低因工程开工实行时需要严格依照相关的法律规范实行，强化对环境保护的关注。第五，在水利工程开工之后要求采用高效的举措对四周的环境实行防护，保障生物的多样性，同时要做好绿化任务。

（二）提高环境承载力，强化生态保护力度

想要强化生态环境保护的能力首先需要提高环境全面承载能力，继而高效地完善全面生态环境。一般在水利工程的建设时候，因为工程开工对河道要采用截流举措，以保证开工的顺利进展，在很大进度上对河道上下游的水文特性发生变化，假如水文特性产生变化对河道水体含量实行随时监测，要做到保证河道有充足的雨水量，继而会加强完善生态环境。其他部分的水利工程建设要求占用河道沿线的村庄和耕地，并且要做出相应的补偿，为了减少该项开支，建设部门在施工之前，就需要对开工现场实行考察，用环境承载力对工程建设的根本要求，尽可能地选择人口比较稀少的地区，不只会免去居民安置费的问题，还会减少建设成本，完成效益的最大化。

（三）强化开工阶段的生态防护

整体的施工阶段是对生态环境破坏最严重的部分，开工的时候会出现许多污染源不能很好地解决，建筑部门和开工部门双方会把责任相互推卸，很难确定出实际的处理方案，对于这种情况，国家相关建设单位对于水利工程中的环境污染拟定严格的处理要求，并把责任机制落实到建设部门的每一个部门，让其切实负起责任，降低影响。除此之外，在开工的时候，建立专门的环保单位，并对施工实行检查，有效地防止开工污染对环境的破坏，最关键的是对开工中的空气污染、自然环境污染、噪声污染、粉尘颗粒污染和用水质量等。

（四）完备生态环境补偿体系

生态补偿体系是完成经济和环保共同效益的一个规划安排，所以水利工程建设部门一定要整理相关的资料，合理分配出生态环境保护的资金，保证在工程建设的时候把这些资金用于生态修复，帮助改善和优化库区周围的自然环境。

对于水利工程项目开工建设的有效落实来讲，可以很明确地表现出理想的作用价值效果，还可以充分地提升相应区域的社会进步水准，所以带来的生态环境污染和破坏问题需要重视，尽可能地采取有效的防控举措实行规避。

三、水利工程规划设计与生态环境

水利工程是我国重要的基础性工程，对于水力发电、农业发展以及航运等领域都有着至关重要的影响，但在水利工程的建设中，由于对原有地质地貌的挖掘破坏以及工程施工产生的污染，都对生态环境造成严重影响，所以这里针对水利工程规划设计对生态环境的影响进行分析，并提出改善对策，以供参考。

随着我国社会的不断进步与发展，在国民物质基础日益夯实的背景下，逐渐提高对生态文明的重视程度，而工程施工作为污染问题的主要来源，必须从规划设计环节加强

绿色环保意识，并对施工环节进行管理控制，才能防止水利工程实际效益与生态效益失衡的问题发生，因此，水利工程的规划设计工作开展，应当注重于勘察分析工作的开展，尽可能地减少生态环境破坏问题。

（一）水利工程对生态环境的影响

1. 水利工程规划影响

水利工程规划设计工作是工程得以顺利开展的前提条件，对工程施工提供指导方向，因此在规划设计工作开展中，工作人员的生态文明意识直接决定工程对于自然环境造成的破坏与影响。随着当前我国对于水利工程的重视程度不断提高，为了满足各界多元化需求，规划设计人员在工作开展中，更加注重对于工程建设效率以及质量的提高，工作重心倾向在工程整体布局规划、组织结构以及工程设备和技术的选用方面，虽然为工程稳定性的提高以及使用寿命的延长提供了保障，但却忽视工程建设对于生态环境所造成的影响，因而导致工程的开展较为粗放，比如，在水库的建设阶段，由于规划设计不合理而对周边生态环境造成了影响，水分蒸发期间降水量出现不稳定的问题，导致局部地区的温度不断提高，破坏周边生态系统。

2. 对水文和水体造成的影响

在水利工程的建设过程中，对于水文水体造成的影响主要体现在水库建设方面造成污染问题的同时，对水利工程的工作质量产生影响。首先，在水库的规划设计中如果缺乏生态环保方面的考虑，则会造成水库的水位不断下降，进而引发系统性问题，造成水库自身对于水资源净化的功能无法充分发挥，水质条件日益恶化；而由于水库水位下降，势必还会干扰水利工程的日常运转，制约发电效率，并对农业灌溉和航运等领域的应用造成影响；其次，从水体角度来看，由于水利工程的规划设计考虑不够全面，水库的水体流速减缓，水库中的污染物质将会不断蔓延扩散，水体污染问题逐渐暴露。

3. 对地质和土壤造成的影响

水利工程的建设，势必需要对原有地质地貌进行挖除破坏，以满足工程建设和使用的实际需求，因此在规划设计阶段，如果缺乏对于地质和土壤的深度考量，难免会由于土质下降而造成水土流失等问题发生，并对地表植物和生态系统产生破坏；其次，在水利大型水库的蓄水过程中，地壳应力增大的情况较为普遍，因而影响岩层孔隙水压力的变化，导致局部地区的地质稳定性与承载能力不足，在工程后期使用中出现沉降和塌陷问题，并且水库水位的提升过程中，周边区域的抗剪强度下降。最后，由于水库当中存在部分污染物质，所以如果在规划设计中对建设区域的土壤和地质缺乏思考，一旦出现泄漏问题，势必会导致污染源扩散，对周边水文环境产生影响。此外，土壤当中多含有丰富的生物量，因而才能具有植被的孕育功能，而水利工程的建设，造成生物量长期受到浸泡而不断减少，土壤自身肥力不足，影响土壤生态功能的发挥。

4. 对生物造成的影响

保持生物多样性，为生物营造良好的生存和发展环境，是加强生态文明建设的重要内容，而在水利工程的建设期间，由于自然环境的破坏，原有生物群落丧失生存家园后将面临着急速的消亡，因此生态系统以链式反应而出现破坏和断裂，造成生物多样性下降生态系统失衡；其次，水利工程的建设还会影响施工区域的气候条件，进而对水中藻类、植被和鱼群的生长发展产生影响，甚至导致大量动植物灭绝的情况发生。

5．对社会环境造成的影响

首先，水利工程的建设势必会占据部分国土资源，因此，对于我国可用空间会造成压缩，一旦在规划设计期间，对当地居民缺乏妥善的安置措施，势必会影响居民的生活质量，并且由于部分居民的毁林开荒，导致水土流失等问题发生。其次，在水利工程的建设过程中，由于机械设备的应用以及技术手段的开展，还会产生大量废气、污水和噪声污染，持续破坏生态环境，甚至还会造成大量病原体改变栖息地，对周边群众的日常生活造成影响的同时，威胁其身心健康。

（二）改善水利工程规划设计对生态环境造成影响的措施

1．转变规划设计理念

新时期下，秉承习近平生态文明思想，加速转变水利工程设计理念，不仅是响应国家号召的积极表现，同时也是促进水利事业趋向现代化、科学化发展的必要手段，因此在具体工作开展当中，工作人员应当保持创新意识，积极构建符合时代要求的环境保护规划设计理念。转变水利工程规划设计理念，工作人员应当从以下两方面入手：①统筹。水利工程具有系统性和复杂性的特点，为了切实保障工程建设质量，并促进工程实际效益与生态效益之间均衡发展，设计人员必须具备大局观和前瞻性，能对工程建设进行统筹规划，具体包括工程整体布局与自然环境之间的和谐共处关系，以及工程建设期间对于自然因素的破坏程度，在保证工程顺利开展的前提下，不断地减少工程建设对于生态环境造成的破坏；②协调。首先，水利工程的规划设计当中，应当加强与生态环境部门的沟通交流，并构建长期稳定的合作关系，以便于调节设计方案，并结合生态环境部门的意见建议保全周边自然环境和生态系统。其次，设计单位应当与施工单位之间进行研究，提高设计方案的合理性与可行性，并向施工单位普及生态文明理念，以提高施工质量。

2．优化规划设计方式

现阶段，水利工程的规划设计工作应当从实际出发，在设计前期，对工程位置进行全面调研分析，考察当地地质条件、气候条件、水文条件以及人文环境，以便提高设计方案的科学性和全面性，在具体设计环节，应当从四个阶段开展工作：①在项目建设书的制定过程中，应当预测工程建设对于环境造成的影响，以便提前部署防护措施，并制定应急方案；②设计人员应当结合自身在调研阶段的分析结果，确保工程设计方案与环境评价之间保持一致，以便提高环境评价的有效性；③设计工作开展期间，设计人员在保障工程整体建设质量以及成本控制的基础上，更应兼顾环境保护效果，并细化有关环境保护的策略方案；④在环境保护方案初步制定完毕后，应当结合具体情况予以深入分析，不断地调整和检测设计方案的可行性。

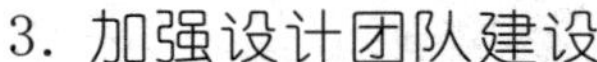

3. 加强设计团队建设

作为水利工程规划设计工作的主体力量，设计人员的综合素养直接影响工作效率与质量，因此，相关单位应当加强设计团队建设，提高设计团队整体工作水平。首先，在设计人员的选聘当中，单位应当注重考察工作人员的整体素养，要求其具备扎实的专业能力、良好的职业素养外，更应明确环境保护的重要意义。其次，在日常工作中，应当建立常态化工作团队培训教育机制，通过专业技能的学习以及国家政策法规的普及，打造一支业务能力过硬、生态意识较强的高质量规划设计团队，有利于全面改善水利工程对于环境破坏的主要问题。此外，对于设计团队还应当予以约束，通过工作制度的制定和完善，提高规划设计人员工作规范性的同时，激发其工作的主动性与积极性。

4. 健全补偿措施

在水利工程的规划设计阶段，为防止对生态环境造成破坏，或对已经遭受破坏的问题进行改善，都应当从思想层面提高重视程度，因此，通过建立健全补偿机制，能有效地对环境问题予以补偿和恢复，比如，对于水利工程建设期间对于树木植被造成的影响，必须通过全面的分析和判断，在尽可能规避破坏的同时，对其影响后果进行估量，并制定补偿处理措施，有利于在水利工程施工完毕后，以最为直观且有效的方式，确保生态系统能得到保护和恢复。健全补偿措施虽然属于事后弥补的手段方式，但却能够协调工程效益与生态效益，确保工程发挥社会价值的基础上，提高生态环境质量。

5. 强化生态环境承载力

强化生态环境承载力是降低工程影响的重要举措之一，也是从源头提高生态环境本身稳定性的主要方式。首先，在水利工程的建设当中，会对河流结构和水文特征产生影响变化，因此，必须确保河流自身的需水量，避免生态问题发生。其次，水利工程对于周边人文环境造成的影响，应当由有关部门发挥引导作用，对移民和耕地进行采取妥善的安置处理方式，或是在规划设计期间进行全面考量，或是以补偿方式，避免居民的生活水平受到影响，进而减少由于人为因素对于生态环境所造成的不必要损害。综上所述，水利工程的规划设计工作，必须应当秉承因地制宜的理念，在深入了解当地环境的前提下，确保工程建设符合环境承载力的同时，以人为干预形式，加强承载力，并选择合理的目标进行开发。

针对目前水利工程对于生态环境造成破坏的问题，必须及时转变工作理念与拓展工作方式，构建以生态文明建设为核心的规划设计体系，促进工程建设效益持续提升的同时，为水利工程的可持续发展提供助力。

参考文献

[1] 司马卫平，廖熠．水生态修复技术 [M]. 延吉：延边大学出版社，2022.
[2] 李红清，闫峰陵，江波．重大水利工程湿地生态保护与修复技术 [M]. 北京：科学出版社，2022.
[3] 李红清．重大水利工程湿地生态保护与修复技术 [M]. 北京：科学出版社，2022.
[4] 董哲仁．河湖生态模型与生态修复 [M]. 北京：中国水利水电出版社，2022.
[5] 王建华，胡鹏．中国水环境和水生态安全现状与保障策略 [M]. 北京：科学出版社，2022.
[6] 董增川．河流堤防建设干扰区生态修复研究 [M]. 北京：科学出版社，2022.
[7] 高秀清．高等职业教育水利类新形态一体化教材水生态修复技术 [M]. 北京：中国水利水电出版社，2021.
[8] 赵颖辉．高等职业教育水利类新形态一体化教材工程水文与水资源 [M]. 北京：中国水利水电出版社，2021.
[9] 张涛，康磊，张彦，刘琼琼．面向风险防控的流域水环境管理模式研究以独流减河流域为例 [M]. 中国环境出版集团，2021.
[10] 殷淑华，刘来胜．河流生态修复与生态廊道构建研究 [M]. 北京：中国水利水电出版社，2021.
[11] 王圣瑞，张淑荣，李剑．湖泊生态修复原理与实践 [M]. 北京：科学出版社，2021.
[12] 林雪松，孙志强，付彦鹏．水利工程在水土保持技术中的应用 [M]. 郑州：黄河水利出版社，2020.
[13] 郑蕾等．水生态修复 [M]. 北京：中国水利水电出版社，2020.

[14] 朱喜，胡云海 . 河湖污染与蓝藻爆发治理技术 [M]. 郑州：黄河水利出版社，2020.
[15] 董哲仁，张晶，张明 . 生态水工学概论 [M]. 北京：中国水利水电出版社，2020.
[16] 李飞鹏，徐苏云，毛凌晨 . 环境生物修复工程 [M]. 北京：化学工业出版社，2020.
[17] 李卫平 . 寒旱区湿地环境特征及生态修复研究 [M]. 北京：中国水利水电出版社，2020.
[18] 熊文，陶江平，陈小娟 . 面向江河湖库生态安全的水库群调度关键技术 [M]. 北京：中国水利水电出版社，2020.
[19] 许建贵，胡东亚，郭慧娟 . 水利工程生态环境效应研究 [M]. 黄河水利出版社，2019.
[20] 董哲仁 . 生态水利工程学 [M]. 北京：中国水利水电出版社，2019.
[21] 郝建新 . 城市水利工程生态规划与设计 [M]. 延吉：延边大学出版社，2019.
[22] 张亮 . 新时期水利工程与生态环境保护研究 [M]. 北京：中国水利水电出版社，2019.
[23] 谢彪，徐桂珍，潘乐 . 水生态文明建设导论 [M]. 北京：中国水利水电出版社，2019.
[24] 肖文胜，陶敏，张家泉 . 工业城市湖泊水污染控制理论与实践 [M]. 中国环境出版集团，2019.
[25] 吴芳，程实 . 河道护岸工程技术 [M]. 郑州：黄河水利出版社，2019.
[26] 秦伯强 . 典型水域生态系统过程与变化 [M]. 北京：高等教育出版社，2019.
[27] 韩瑞 . 基于生态水力学的鱼类动态模拟研究 [M]. 北京：中国水利水电出版社，2019.
[28] 梁士奎 . 闸控河流生态需水调控理论方法及应用 [M]. 北京：中国水利水电出版社，2019.
[29] 赵阳国，郭书海，郎印海 . 辽河口湿地水生态修复技术与实践 [M]. 北京：海洋出版社，2018.01.
[30] 汪义杰，蔡尚途，李丽 . 流域水生态文明建设理论、方法及实践 [M]. 中国环境出版集团，2018.
[31] 王永党，李传磊，付贵 . 水文水资源科技与管理研究 [M]. 汕头：汕头大学出版社，2018.
[32] 朱喜，胡明明 . 河湖生态环境治理调研与案例 [M]. 郑州：黄河水利出版社，2018.
[33] 陈秋常，彭亮，汪科平 . 水利水电工程与水文水资源利用 [M]. 天津：天津科学技术出版社，2018.
[34] 梁文裕，邱小琮，赵红雪 . 沙湖水质改善试验示范研究 [M]. 北京：海洋出版社，2018.

[35] 黄建和 . 长江流域综合规划焦点关注 [M]. 武汉：长江出版社，2018.
[36] 解莹，王立明，刘晓光 . 海河流域典型河流生态水文过程与生态修复研究 [M]. 北京：中国水利水电出版社，2018.
[37] 郭文献 . 水电开发对长江水文生态影响研究 [M]. 北京：中国水利水电出版社，2018.